风景园林设计构成

张清海　著

東南大學出版社
SOUTHEAST UNIVERSITY PRESS
·南京·

图书在版编目(CIP)数据

风景园林设计构成 / 张清海著. — 南京 ：东南大学出版社，2023. 12

ISBN 978 - 7 - 5766 - 1132 - 8

Ⅰ. ①风… Ⅱ. ①张… Ⅲ. ①园林设计 Ⅳ. ①TU986. 2

中国国家版本馆 CIP 数据核字(2023)第 248523 号

责任编辑：朱震霞　　责任校对：子雪莲　　封面设计：毕　真　　责任印制：周荣虎

风景园林设计构成

FENGJING YUANLIN SHEJI GOUCHENG

著　　者：张清海
出版发行：东南大学出版社
社　　址：南京市四牌楼 2 号　　邮编：210096　　电话：025-83793330
出 版 人：白云飞
网　　址：http://www.seupress.com
电子邮箱：press@seupress.com
经　　销：全国各地新华书店
印　　刷：广东虎彩云印刷有限公司
开　　本：700 mm×1 000 mm　1/16
印　　张：17. 25
字　　数：350 千
版　　次：2023 年 12 月第 1 版
印　　次：2023 年 12 月第 1 次印刷
书　　号：ISBN 978 - 7 - 5766 - 1132 - 8
定　　价：115. 00 元

前　言

构成学在西方是有近百年历史的基础课程，横跨绘画、雕塑、建筑等诸多学科，在国内亦有发展，大部分与设计相关专业的教学中都会讲授“三大构成”的相关内容，但其在园林设计领域内仍有许多问题值得深入探讨和研究。如何将构成和园林设计结合起来，或者说将构成视为园林设计的一种思考方式或方法，而不仅仅是完成几张构成作业，为了构成而构成，重点就在于思考“应用”和“如何应用”的问题。从构成学角度为园林设计提出一种可行的、行之有效的思考方法或设计方法成为本书的目的。

工业时代的到来，为现代文明的发展提供了最为直接的动力，同时也引发了社会审美观念的重大改变。风格派、构成主义、至上主义、结构主义等设计团体与艺术流派相继出现，为近现代艺术设计领域注入无限活力。现代园林风格，无论是以丹·凯利为代表的结构主义，还是以伯纳德·屈米为代表的解构主义，抑或是以彼得·沃克为代表的极简主义，无不体现着现代园林在形态上所追求的“基于几何形体的组合与构图，体现纯粹、抽象、理性和秩序”。当然，园林设计绝不仅仅是形态，其涵盖的内容非常综合、广泛，但是一切设计最终的呈现都必须要表现为某种形态。

时至今日，新技术、新材料、新工艺的不断涌现，高度发展的信息传播，环境问题的突显以及地区文化的兴起，等等，促成了当代园林多元化发展的大趋势、大潮流。在新的社会条件下，园林审美正在发生着新的变化，景观设计如何顺应时代的需求？本书对构成学在园林规划设计中的应用作粗浅的梳理与分析，并通过一些优秀设计案例分析，以期得出一些启发性的结论成果，为园林设计者提供一个新视角、一种新方法。

本书探讨构成学在风景园林设计中的应用，主要从两个方面进行。一方面是对构成学本身的学习及其发展过程的了解；另一方面则是从风景园林学和园林设计的角度进行分析，了解两者之间的相互关系，寻求作为造形基础的形态构成与园林艺术表现之间的共通之处，以及具体结合的可能性，从而使园林设计者更为主动地把握构成的学习、将构成原理运用于园林规划设计实践中，提高空间塑造能力、造形能力和艺术素养。

书稿完成之际，首先感谢我的硕士导师姜卫兵教授，姜老师学识渊博、治学严谨，在论文写作期间给予了细致的指导和宝贵的建议。衷心感谢南京农业大学风景园林系郝日明教授、丁绍刚教授等各位老师的大力支持！同时感谢本人课题组的全体研究生，以及风景园林系参与本人课程的历届学生，他们以聪明才智尽心完成的设计作业是本书重要组成部分。特别感谢东南大学出版社编辑提供的大力支持和帮助，使得拙作能够顺利出版。

本书主体内容是在笔者硕士论文的基础上加以整理而成，时间方面的滞后性以及才疏学浅造成的不当之处，恳请读者批评指正！

2023.12

目录

第一章

绪论

1 风景园林行业

随着高度工业化和城镇化的发展，世界各国都面临一个十分严峻的问题：城市的高速扩张发展与乡村的空心化，以及对自然与生态环境的过度索取与破坏，导致极端恶劣天气越来越频繁。为了全人类的长远健康、幸福和欢乐，人类必须与其赖以生存的环境和谐相处，并且合理地利用自然资源。

20世纪90年代以后，中国进入经济高速发展阶段，很多城市进行轰轰烈烈的建设，大拆大建让园林这个相对弱势的专业有了用武之地，同时园林学科也得到了飞速的发展。西方的景观设计理论被广泛地应用到内地，并在一定程度上提高了国内的园林景观设计水平。尽管如此，我们与西方该学科专业的百年历程相比，还存在着较大的差距。在这样一个重要的发展时期，我国的景观设计不可避免地存在着这样或那样的问题，如设计盲目追求所谓的“档次”。“档次”原本是景观设计师应追求的设计理念，问题出在对“档次”的理解上，“档次”往往被理解为宏大的气派或用材的豪华考究，如“大广场”“大草坪”“大雕塑”。而景观设计对人的需要及对人性的关注不够，在这一点上景观设计师本人要负很大的责任。一个设计任务下来，我们往往花很大的精力去研究风格、手法、形式等问题，往往把建成后的形象当作设计追求的最大目标。对于一个建筑作品，我们强调它的功能，这都可以理解，而对景观设计人们都常常忽略它的功能，却津津乐道于它形式上的美——没有足够的树荫、没有足够的休憩设施、没有亲切的尺度等，却有抛光的铺地、华而不实的喷泉、炫目的模纹等。

另外就是景观设计创新不足，模仿盛行。从形式上看，一种明显的倾向就是注重形象和形式，一味地模仿西方园林，特别是欧洲传统的规则式园林，而非优秀的现代园林，让人匪夷所思。而我们自己的东西——优秀的传统园林并没有得到很好的继承和发扬，总觉得它是一种落后的不够现代的东西而被弃之。创新不应简单地理解为“与众不同的形式”。每一个景观都具有其不同的场所特征。场所的环境特性、功能要求、资金投入量以及景观设计师本人的创造力等因素决定了该景观与众不同的个性，而不是放到哪里都可以。对于景观设计师来说，设计之前深刻地理解场所精神并综合协调各种因素，从而进行独立创作，这就是创新。这种创新体现在它的形式上、内容上，或具震撼力或富趣味性、或肃穆或活泼、或浪漫或休闲、或激动人心或平淡无奇，却不雷同。

2000 年后房地产市场开始迅猛发展，为了凸显所谓的“高大上”，“欧陆风”“异国情调”盛行，到处是罗马柱、欧式雕塑和欧式花坛！居住小区的名字把国外能有点知名度的城市名称基本都用了。一些设计师并没有从国外的优秀作品中吸收其精髓内核运用于本国的园林规划设计中，而仅仅是表面化的模仿，以及自我复制般的相互抄袭。而最近几年，开始流行中式院子的大屋顶、木结构、四合院等，即所谓的“新中式”。无论欧陆风、北美风或者中国风，大多呈现为一阵风潮。景观就像从厂房里批量生产一样，缺乏足够的地域性、在地性思考。如何丰富创新景观形式、为景观注入文化内涵，成为现代设计师应该慎重考虑的问题。现在已经进入多样化的社会，人们也逐渐接受了多元化，可以自主地选择自己需要的东西。在房地产市场上的住宅产品，不是要回到传统，也不是要完全西化，而要根据市场和人们多样化的需求，把国际化与地方特色完美融合。风景园林也要做同样的思考。

风景园林作为城市建设的“三驾马车”之一，正受到越来越多的关注和投入。目前，这个专业在中国(包括政府、学会、行业、大学)已经得到重视并有了一定的发展，但因种种原因发展相对滞后，使得风景园林在中国城市建设大潮中远没有达到它应该达到的高度，而且存在很多的误区。其中在规划设计观念上的混乱跟目前整个行业的发展现状一样，出现百家争鸣但却没有达到百花齐放。

时光荏苒，2021 年是新中国风景园林专业教育建立 70 周年，也是风景园林学一级学科批准设立10周年。风景园林学科从早期的绿化美化向更为复杂的人居环境建设课题迈进，并对接美丽中国、生态文明、"碳达峰""碳中和"、乡村振兴等国家战略，不断思考和实践在新兴领域以及社会发展需求下的新思路、新策略，发挥学科优势。可以说，风景园林的发展从相对微观的场地空间迈向了更为广阔的人居环境空间。

2 设计构成的缘起

工业时代的到来，为现代文明的发展提供了最为直接的动力，同时也引发了社会审美观念的重大改变。20世纪初，风格派、构成主义、至上主义、结构主义等设计团体与艺术流派相继出现，为近现代艺术设计领域注入新鲜的血液。由构成主义所奠定的近现代造型的构成思想和方法，后经包豪斯(Bauhaus)的继承、应用和推广，在世界现代艺术和现代建筑中产生重要的影响。构成艺术涵盖平面构成、色彩构成和立体构成，简称三大构成，它主要是对形态结构进行研究、组织、认识以及对形式美的创造表现起着积极的指导作用(班石，2002)。今天应用于艺术设计的构成体系是从包豪斯开始得到初步确立的。包豪斯构成课的表现形式，是按照荷兰风格派的主张"一切作品都要尽量简化为最简单的几何图形，如立方体、圆锥体、球体、长方体或是正方形、三角形、圆形等"来进行实践，进而把这种几何的表现形式推广到设计中。在三大构成中，平面构成主要在二维空间中描绘形象，立体构成主要研究三维空间中的设计内容，而色彩构成则是研究二维、三维空间中有关色彩的协调、对比、变化等的内容。平面构成是立体构成、色彩构成的基础(辛华泉，1999)。构成艺术恰好吻合了工业化的发展要求，功能、简洁、纯粹等成为时代的代名词。

机器生产所表现出的工艺美对传统的手工美产生着强烈的冲击，并直接地影响到建筑领域。"Less is more""Form follows function"……于是人们从包豪斯校舍，从巴塞罗那展厅以及流水别墅等名作中，体验到了建筑的功能之美、空间之美、有机之美等(彭一刚,1998),这种影响一直波及园林领域。园林的发展离不开建筑的发展,究其原因,其一是学科的共通和延续,其二是建筑师和园林师的叠合与交融。一般观点认为,园林学的发展相对滞后于建筑学,其理论体系大多依附于建筑学领域。在与现代建筑学、哲学、文学、艺术等的广泛沟通中,现代园林的发展亦是流派纷呈:理性的与浪漫的、高技术的与人情味的、地方的与历史的、极简的与多元的、艺术的与生态的、后现代的与解构的,等等。它们所呈现于环境与空间艺术表现中的多姿多彩,也就成为现代园林在其蓬勃发展中审美观念最为直接的表述。

本研究旨在通过对构成学在园林规划设计中的应用作较为系统的解析,以期得出一些创新性结论成果,为园林设计者提供一个行之有效的方法。园林设计同所有其他门类的艺术一样,创新是其生命力的源泉,模仿、抄袭必将导致生命之水枯竭,而理论创新则是设计创新的源泉。当然,方法和理论从来都不是绝对的,应用是有一定的层面和范围的,超过这个范围可能会走向事情的反面,园林设计的"泛构成化"是应该被批判和避免的。

3 为什么要学习构成设计

探讨构成学在园林设计中的应用,应该从两个方面进行。一方面是对构成学本身的学习及其发展过程的了解;另一方面则是从园林学和园林设计的角度进行分析,了解两者之间的相互关系,寻求作为造型基础的形态构成与园林艺术表现之间的共同之处,以及具体结合的可能性,从而使园林从业者更为主动地把握构成的学习,更为主动地将构成原理运用于园林规划设计实践中,以提高设计者的空间塑造能力、造型能力和艺术素养。

从构成学的角度看园林设计则是"复杂的构成"——将地形、建筑、植物、水体、铺装、构筑物等诸要素抽象为纯粹的点、线、面和体，依据构成学的原理进行布局和构图，再按照各种园林设计原则(环境生态、行为心理、视觉效果、社会地域等；经济、实用、美观等)进行统筹处理，最后组合成满足一定功能要求的环境。如何去“构成”和谐的空间环境则是本文研究的重点。

在此，就形式美创造中构成艺术与园林设计之间的关系进行简单分析。

(1) 构成学的重点在于形和造型，它以人的视知觉为出发点(大小、形状、色彩、肌理等)，从点、线、面、体等基本要素入手，实现形的生成；强调构成的抽象性，并对不同的形态表现给予美学和心理上的解释(量感、动感、层次感、张力、场力、图与底等)。这些也都是园林设计中进行有关园林形式美的探讨，是经常涉及的问题。因而，构成的系统学习有利于学生对园林设计中造型、布局、构图认识的深化和能力的提高。

(2) 构成的重要特点之一是具有方法上的可操作性，它所提出的各种造型方法都是以由点、线、面、体所组成的基本形为发展基础的，基本形是进行构成时直接使用的“材料”。对这些“材料”按构成的方法加以组织，建立一定的秩序，就是创造“新形”的过程，即基本形——秩序——新形。在园林设计中，同样存在着与之类似的情形。园林通常都含有大量重复设计元素(如植物、小品、建筑、台阶、水池、铺装等)，它们既是构成园林环境的物质形态，又可抽象为形态构成中的点、线、面、体等基本要素或基本形，从而通过构成的方法，建立秩序，进行形式美的创造。而园林空间功能的实现，则有赖于其空间使用秩序的建立。入口、活动(动)、休憩(静)等作为基本单元，进行组合扩展和建立使用秩序。这种模式上的相似性为构成在园林设计中的应用提供了相关的物质基础。

因此，园林设计如果撇除了功能、生态、地域文化等实用性、现实性要求，单纯从视觉景观效果来考虑园林环境设计，那么我们可以得到如下的观点：

（1）园林场地的平面布局设计等同于平面构成设计；

（2）园林建筑与园林小品等实体类景观的设计等同于立体构成设计；

（3）园林空间（“虚体”类景观）的设计等同于空间构成设计；

（4）但凡牵涉到视觉效果的景观设计都离不开色彩构成理论的指导。

园林设计虽是一门高度综合性的专业，但它最终将以空间景观的视觉形式展现给人们，是可以让人享受其中的艺术产品，有明确的形体、空间、界面。与过去相比，现代园林在审美观念上，明显地表现出多样性和兼容性等特点；在造型手段上，更为注重几何形体的应用和它们在抽象意味上的表达。这一切都要求景观设计师具有很强的创造力和对形式美进行抽象表达的扎实功底。构成学学习的核心内容，就是抽象了的形以及形的构成规律，这正是一切现代造型艺术的基础。而形态构成通过物理、生理和心理等现代知识，对形的审美所进行的分析与解释，则对我们认识、把握现代园林的审美特点与趋向，具有重要的实践指导意义（田学哲等，2005）。

4　本书特色

首先，对构成艺术与园林设计进行理论分析，挖掘其中的内在联系，总结出理论状态下的应用规律与可操作性。然后，经过查阅资料和对国内外可行的设计实践经验进行归纳与总结，并将理论探讨与实例分析相结合。在理论分析的基础上，辅以大量的图形说明，做到通俗易懂。

本文从分析构成的起源、探讨现代园林的定义以及现代园林设计师对构成的应用探索开始，全面阐述构成的基本概念、造型要素及形式法则，形成文章的理论框架；根据构成的造型方法分类（单元类、分割类、变形类和空间法）来展开论述构成艺术与具体园林实践的结合，并以理论为基础，通过大量实例分析来展现灵活运用构成艺术进行园林景观设计的丰富手段，达到景观创作形式的多样化。

需要强调的是，从物质的形式看，形有二维和三维之分，因此，构成就包含平面构成和立体构成两方面的内容。虽然两者有一定的差异，但其构成的规律却是基本相同或相通的。这样的认识有助于我们将两者联系起来，从整体的高度上完整地把握它们，不至于将它们分割，因此本书将平面构成和立体构成融合在一起，整体研究其与园林设计的关系。

本书重点讲述了利用构成设计的基本要素和基本方法理解并操作景观设计，但是在强调景观形式的同时仍然要注意景观内容与景观功能的要求。根据全书的论述，在分析构成艺术在现代园林景观设计中的理论应用与实践操作的基础上，需要掌握如下一些观点：

(1) 构成学的造型要素与园林景观要素在一定程度与范围内一一对应。园林要素可以作为点、线、面和体来理解和操作，并进行构图与构思、构成与设计。

(2) 构成学的形式法则与园林设计手法在一定程度与范围内一一对应。通过构成在现代园林景观设计中的应用实践总结出，在进行园林设计时必须注意秩序的控制和变化的丰富。二者协调好，设计才能做得好。

(3) 根据构成学中造型方法的不同类型去理解园林设计，可以得出很多具体的、切实可行的操作方法，如网格控制、网格叠加、形的集结、分割与变形，等等。

(4) 在园林空间设计的理解上，将空间视为体(虚体)来看待，就可以对其“表面”(界面)进行操作。运用空间构成的相关理论将园林设计演化为“空间构成”。

(5) 大量的实例实践证明，构成艺术在现代园林景观设计中得到了广泛的应用，构成理论可以在一定程度上像数学公式一样被使用。这既可以在某种程度上改变景观设计过程中创作的无序状态，又可以很好地解决构图与设计之间的问题。

(6) 处理好形式与功能之间的关系。园林景观具有很强的功能性，功能性是景观存在的必要条件，形式则是为了满足功能需要所采取的方式。应用构成是取得好的设计方案的手段之一，而不是全部，要避免设计的泛构成化，避免方案炫目而不实用。

(7) 处理好形式与内容之间的关系。园林设计的内容就是将场地、建筑、设施、植物等物质形态要素合理布局以满足功能要求。最好将形式与内容有机结合形成整体，在遇到形式与内容相冲突的情况下，形式必须为内容让路。

(8) 处理好形式与形式之间的关系。形式是景观给予人们的第一印象，如果处理不好就可能会使整个园林环境成为视而不见的摆设。因此，设计的每一个环节都应该时刻注意形式美法则的运用。

通过对形态构成学在园林规划设计中的应用研究，以期得出一些启发性结论成果，为指导园林设计提供一种行之有效的方式方法以及欣赏、分析园林景观的方式方法，亦希冀能对园林学科的理论建设起到添砖加瓦的作用。由于形态构成理论的应用源于工艺美术院校中的工业设计基础教学，其中有关空间构成部分的内容，则是本人结合风景园林学的特点和需要，加以充实和完善的，这也是本书的最大创新之处。

需要指出的是，虽然上面阐述了园林设计与构成艺术两者结合的许多有利条件和切实可行性，但以造型训练为目的的形态构成和以实际工程为目的的园林设计，毕竟有着本质的差别。即使单就园林艺术形式的创造而言，除造型问题外，尚涉及文化、历史、社会、技术等多种因素，以及在具体创作中存在着对园林意境、个性、风格等的追求，这些都是我们不能苛求于形态构成实现的。

第二章

概念：设计·构成·园林

无论是园林艺术还是构成艺术都属于设计的范畴，因此在阐述园林与构成之前论述一下设计，理清其概念，这样有助于理解和沟通两个不同学科，为构成在园林设计中的应用作一个理论上的铺垫。

1　设计的内涵与外延

1.1　设计的概念

在设计概念的产生过程中，劳动起着决定性的作用。在人类尚未形成之前，地球上的一切都是自然界的造化，山川河流、动植物等都是大自然的造化。直立行走使人类的双手得到了解放，劳动创造了人，劳动改变了人类。由于人类能从事有意识、有目的的劳动，因而产生了生产的目的性，这种生产的目的性，正是设计最重要的特征之一。劳动的目的就是造物，它是一项活动、一个过程，人类正是通过造物活动来不断调整与自然的关系，从而逐渐增加对自然界的认识和控制。人类的造物必然涉及设计（有目的的创新和创造），这是与自然界的造物根本区别所在（刘永德等，1996；吴家骅，1999）。但自然的美是设计的源泉。

原始的形体是美的形体，因为他们使我们能够清晰地辨认。

——勒·柯布西耶

可以这样理解，设计是一种构思与计划，通过一定的手段利用视觉的方式表达出来。设计的本质是寻求尚不存在的东西。设计也是解决问题的过程，设计求解的一个显著特征就是它没有唯一解。因此，设计者必须对问题详加分析，探索各种可能的答案，经过仔细的评价，最后从中筛选出最合适的答案(顾大庆,1991;贝弗林,2006)。

1.2　设计的领域

设计无处不在。设计就在我们的日常生活当中,一个现代人的生活离不开四样基本的设计活动:(1)环境规划设计;(2)建筑设计;(3)工业产品设计;(4)视觉传达设计(杨志疆,2003)。如果将设计领域由大到小排列下来,大致有区域规划、城市规划、城市设计、场地设计、建筑设计、室内设计、家具设计、产品设计、视觉设计等。随着社会的发展和环境的不断改变,景观设计师的工作在现代人的生活中占据了越来越重要的地位,无论城市公园、广场、居住区环境都对公众的生活产生越来越重要的影响。园林设计师涉及的领域从宏观规划到微观实体,作为设计师除了要熟练掌握与园林有关的设计原理和方法,还要关注其他设计领域及锻炼解决相关问题的能力。

1.3　设计的经验

简单地说,设计就是把东西摆在一起,使彼此关系有意义的一种活动。设计能力的强弱与我们动手制作的经验多少有关。人人都会设计,每天都在做,如给朋友亲手制作一张贺卡;把家里的小院子收拾干净,种上几株植物,并在大门两侧摆放对称的花盆;搭积木;做风筝;等等。这既是生活也是设计。桌子上的书、钢笔、墨水瓶、台灯凌乱不整时,你将台灯移到桌子的左上方,将书放在靠近座位的一边,将钢笔放在右手可及的地方,等等,很显然,你创造了一种秩序,将不同的事物组织在一个统一的目的之下,这个过程广义地说也是设计(顾大庆,1991)。园林设计也可以这样理解——将植物、道路、水体、地形、建筑、设施等根据一定的原则和规律摆放在一起,满足人的多方面的需求(图 2-1)。

一块铺沙场地、一副秋千、一个告示牌再加几棵大树，一个良好的儿童游戏场所就形成了

图 2-1　一个园林环境的设计

1.4　设计活动的四个阶段

与设计有关的活动大致有四个阶段，即产生问题的阶段、设计阶段、制作（建造）阶段和使用阶段（田学哲，1999）。非专业化的设计活动中，需求、设计、制作和使用的主体常常是一个人，如我们在日常生活中所遇到的许多设计问题一样。不同于古代的匠人同时担任设计和制造工作，现代专业化的设计活动由于分工而将设计与制作分开。园林设计的专业学习主要集中在设计过程，注重对学习者的设计和创新能力的培养和训练，但是具有设计的整体概念非常重要，即设计中要换位思考，设计整体概念的强弱来自我们的设计经验、生活经验的多少。因此，热爱生活是学习园林设计的基本条件。生活既是设计的目的，生活又是设计的源泉，只有那些热爱生活、善于观察、勤于动脑、喜好制作的人才有可能成为优秀的设计师（顾大庆，1991）。

建筑是生活的镜子。你只需将目光投向建筑，去感受过去的存在，一个地方的精神；它们是社会的反映。

——贝聿铭

无论在什么样的环境里,只要抱着对生活无限热爱的态度,以及对事业和人生孜孜不倦地追求的精神,人生一定会活得很精彩。

——丹·凯利

1.5 设计的评价

什么样的设计算是成功的好的设计?古罗马建筑理论家维特鲁威在《建筑十书》提出了"坚固、实用、美观"的建筑三原则,并对当时的建筑结构、材料、美学原理和施工技术进行了总结。从产品角度看,基本要求应该是实用、经济、美观。景观最基本的评价标准同样是实用、经济和美观(洪得娟,1999)。

(1) **实用**主要指的是考虑使用的环境条件,满足使用要求,即解决功能问题。对于园林设计就是设计者要考虑协调人与环境的关系、人的舒适度、大众行为与心理,创造满足不同人的各种活动、休憩等行为要求的空间。

(2) **经济**则要考虑制作和生产的因素(材料和制作工艺)。设计者必须解决诸如选择合适的材料、尺寸和做法,解决耐久性、坚固性及建造经济等问题。

(3) **美观**是指创造令人愉悦的形式。设计者将各种因素综合起来,产生的答案有很多可能性,他要考虑一个能令大众喜爱、给大众以享受的环境,而不是孤芳自赏的东西。

上述基本的评价标准尽管简单,但无论对于工业产品设计、建筑设计还是景观设计都是可行的。当然,一个优秀的设计除了要考虑上述基本原则外,还要考虑时间、生态、文化风俗等因素对于设计的影响。显然,一个成功的设计必须关心社会需求,良好的环境不只是重视形象上的包装或是只在表面形式上做文章,人的行为因素和行为特征更应当引起设计者的重视。受欢迎的景观设计,不仅体现城市精神,同时肩负着培养、塑造公众品格的重任，因此这里所指的实用绝不仅仅限于使用功能方面，而应进一步扩展到精神领域。随着社会的发展、生产力水平的突飞猛进，以前消费者注重实用和耐用，现在新一代消费者越来越倾向于首先要美观、有感染力(艺术的或精神的)。尽管如此，在景观设计领域还是应该秉持功能优先的原则。

美国著名设计家与设计教育家帕培勒克(Victor Papanek)先生曾提出："在现时代的美国，一般学科教育都是向纵深发展，唯有工业与环境设计教育是横向交叉发展的。"设计生产是精神生产和物质生产相结合的特殊社会生产，设计创造是以综合为手段，以创新为目标的高级、复杂的脑力劳动过程。作为设计创造主体的设计师必须具备多方面的知识和技能。这些知识和技能，随着时代的发展而发展，在不同的设计领域，既有共同或相似的基础知识技能，也有各自侧重的方面(潘鲁生，2005)。"设计思维"由尼格尔·克诺斯(Nigle Cross)于1999年提出，是区别于科学思维和人文思维的第三种智力范畴，三者在研究对象、研究方法和文化价值三个方面都表现出不同的本质区别(见表2-1)。

表2-1　三种思维表现特征

名称	研究对象	研究方法	文化价值
科学思维	自然世界	受控的实验、分类、分析	客观、理性、中立，关注"真实"
人文思维	人类世界	类比、比喻、评价	主观、想象、承诺，关注"公正"
设计思维	人工世界	建模、图示化	实用、独创、共鸣，强调"适宜"

建筑作为"大艺术""大设计"，对其他各种专业设计都有直接或间接的影响，例如哥特式、洛可可式的家具设计都是由相同风格的建筑设计直接影响而来的。格罗皮乌斯在《包豪斯宣言》中甚至称"建筑是一切造型艺术的最终目标"(惠特福德，2001)。因此，即使不是建筑专业的设计师，"结识"了建筑这门综合式的设计，也可能会对其自身专业设计获益良多。设计师不仅要熟悉中外艺术设计史论，同时还要关注当代艺术设计的现

状与发展趋势,这样才能开阔视野,加深文化艺术修养,增强专业发展的后劲。设计师通过对古今中外艺术设计的欣赏、分析、比较与借鉴,可以获取广泛有益的启迪与灵感,避免陷入“计无所出,创意枯竭”的困境(奚传绩,2005)。

2　构成的起源与发展

“构成”在《现代汉语词典》中被解释为“形成”和“造成”,可以把它理解为,物质经过发展变化而具有某种特点,或者出现某种情形和局面。从造型艺术来说,构成则具有另一番更为深刻的含义。构成是一个近代造型的概念。19世纪末,随着工业文明的发展,传统的以依赖原型为共同特点的“模仿”“描写”“变形”的造型方法已很难满足时代的需求,为摆脱这种困境,人们需要创造一种全新的思想和方法。而这种新思想和新方法的转变,首先出现在科学领域中,如物理学认为物质可无限分解、系统论也提供了现代方法学等。由科学领域所取得的研究成果,以及由它所形成的新的科学文化氛围,对其他学科领域产生了深刻的影响,当然也波及造型艺术领域,并引起了造型艺术领域关于“构成”思想和方法的一场变革(韩巍,2006;辛华泉,1999)。

明确出现这场变革的当属在苏联形成的“构成主义”(Constructivism)运动。1922年,阿列克塞·甘(Aleksei Gan)发表了《构成主义宣言》,这是第一次在文字上出现“构成主义”这个词(詹和平,2006)。由构成主义所奠定的近现代造型的构成思想和方法,后经包豪斯(Bauhaus)的继承、应用和推广,在世界现代艺术和现代建筑中产生重要的影响。正如阿列克塞·甘从实用的角度把构成定义为“把不同的部件装配起来的过程”,康定斯基也从抽象艺术的角度认为所谓构成就是“把要素打碎进行重新组合”。这种造型概念严格地说已远不只是一种构图原理,而是强调把“要素”进行“组合”作为核心理论,发展出一套新的形态构成的方法。虽然在中国古代还没有系统的形态构成理论，但精辟的见解并不缺乏。老子在《道德经》中说："朴散则为器。""朴"指朴素本初的东西，可理解为未经加工的木材；"散"即分解、制作。意思是说将原始材料分解为基本要素，再进行加工组合，制成器具。老子的这句话看似平常，却深刻揭示了物质形态的形成规律，即把要素进行重新组合是构成形态的基本思想和方法。

2.1　构成艺术的相关流派

2.1.1　风格派(de Stijl)

1917年，几何抽象主义画派在荷兰出现，一些青年艺术家以《风格》杂志为中心，组成了一个名为"风格派"(de Stijl)的造型艺术团体。创始人为凡·杜斯堡(Theo van Doesburg)，主要领袖为蒙德里安(Piet Mondrian)，主要成员有画家蒙德里安和凡·杜斯堡、雕刻家万顿吉罗(G. Vantongerloo)、建筑师奥德(J. J. P. Oud)和里特维德(Gerrit Rietveld)等(罗小未，2004)。风格派完全拒绝使用任何的具象元素，他们认为最好的艺术就是基本几何形象的组合和构图，主张用纯粹几何形的抽象来表现纯粹的精神，主张净化了的美学。他们认为抛开具体描绘，抛开细节，才能避免个别性和特殊性，获得人类共通的纯粹精神表现(王向荣等，2002)。

在"抽象化与单纯化"的口号下，风格派提倡数学精神，凡是缺乏明确秩序的东西都被他们称作是巴洛克，统统予以反对。渗透到设计领域里表现为对几何形体、空间、色彩构图关系的热衷。风格派绘画艺术常是横竖线条、原色和黑、白、灰色及基本几何形象的组合和构图。蒙德里安、杜斯堡等人的绘画，在平面上把横线和竖线加以结合，形成直角或长方形，并在其间安排原色红、蓝、黄。蒙德里安认为绘画是由线条和颜色构成的，所以线条和色彩是绘画的本质，应该被允许独立存在。他说用最简单的几何形和最纯粹的色彩组成的构图才是有普遍意义的永恒的绘画(罗小未，2004)。他的不少画就只有垂直和水平线条，间或涂上一些红、黄、蓝的色块,题名则为"有黄色的构图""直线的韵律""构图第×号,正号负号"等(图 2-2),代表作有《红、黄、蓝的构成》(1929 年)、《百老汇爵士乐》(1942—1943 年,纽约现代美术馆)(王向荣,2002)。万顿吉罗则把这种原则运用到雕塑中,与蒙德里安不同的是,他的作品是以数学的解析为基础的,由一些简单的立体单元,用垂直和平行的对称方式组合成一定的空间模式。

风格派对 20 世纪上半期的建筑产生了相当大的影响(王向荣,2002;陶云,2007)。最能体现风格派特征的建筑是里特维德设计的位于荷兰乌德勒支的一所住宅(图 2-3)。简单的立方体,光洁的白、灰色混凝土板,白、红、黑色的横平竖直的线条以及大片的玻璃错落穿插,如同蒙德里安的绘画。风格派有时又被称为"新造型派"(Neoplasticism)或"要素派"(Elementarism)。总的看来,风格派是 20 世纪初期在法国产生的立体派(Cubism)艺术的分支和变种。

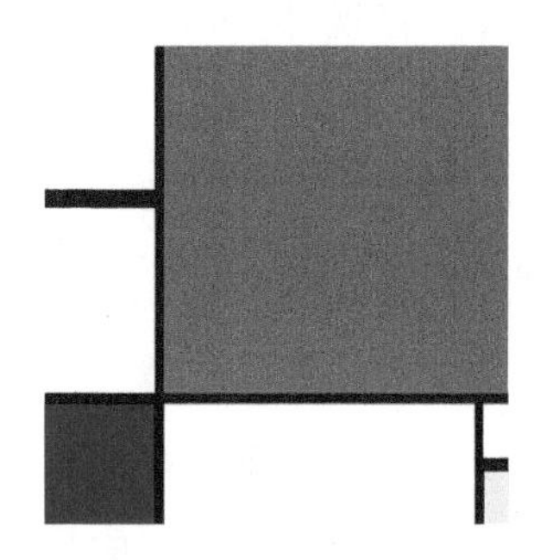

图 2-2 蒙德里安的绘画

图 2-3 施罗德住宅

2.1.2 构成派或构成主义(Constructivism)

构成主义是兴起于俄国的艺术运动,大约开始于 1917 年受到马克思主义刺激之下的俄国革命之后,持续到 1922 年左右。马列维奇(Kasimir Malevitsch)于 1913 年提出了"至上主义(Suprematism)",即用一些方形、三角形、圆形作为"新的象征符号"来创造绘画,与巴黎的立体派(Cubism)遥相呼应,雕塑家弗拉基米尔·塔特林(Vladimir Tatlin)、纳姆·加博(Naum Gabo)等,正视当代机械技术与材料科学的发展,熔未来派与立体派为一炉，发展成为所谓构成派(Constructivism)。构成派在旨趣和做法上与风格派没有什么主要的区别，实际上两派的有些成员到后来也在一起活动了。作为一种艺术作风，它淡化了作品的主题性，试图打破艺术门类之间的界限，强调对于技术的表达，或者说对于技术的表现。构成主义雕塑的探索代表了20世纪工业、科技向艺术渗透的趋向，由塔特林设计的"第三国际纪念碑"是这场艺术运动中产生的最重要作品，由抽象几何体与线条组成的雕塑看起来像个工程构筑物，体现了构成派的追求(图2-4)。构成主义对于工业设计的重要意义为：他们的目的是将艺术家改造为"设计师 Designers"。但是这是以我们现在可以理解的语句所言，事实上，在当时"设计 Design"的观念仍未成形，当今所谓的设计的意义并未充分浮现，因而他们采取不同的说法："生产艺术 Production Art"(王向荣，2002；罗小未，2004；陶云，2007)。构成主义的主要代表人物有：维斯宁三兄弟、彼特·贝伦斯、塔特林、马列维奇等。

图2-4　第三国际纪念碑手稿

当时，俄国构成主义者高举着反艺术的旗帜，避开传统艺术材料，例如油画、颜料、画布和革命前的图像。因此，艺术品可能来自于现成物，例如林材、金属、照片或者纸。艺术家的作品经常被视为系统的简化或者抽象化，在所有领域的文化活动，从平面设计到电影和剧场，他们的目标是要透过结合不同的元素以构筑新的现实。构成主义者认为：所有艺术家应该进入工厂，在那里才有真实的生命。艺术同时也将为构筑新社会而服务。因此，传统提供愉悦经验的艺术概念必须被抛弃，取而代之的是大量的生产和工业，这与新社会和新政治秩序是密不可分的。

至于风格部分，里茨斯基(El Lissitzky)对基本风格得出如下结论：不细节雕琢、是诚实的，重视整体、是精确的。不是来自于黔驴技穷的形式或者虚构的幻想,而是简洁中的丰富性。整体或细节上,能由圆与直线所构成、是几何学的,是由双手借助现代机器所打造的、是工业的。基于上述的特质,对于家具设计得出如下结论:它包含了对结构、体积,以及体积的结合和空间的轮廓、尺度、比例、模块和节奏的表达。在艺术的检验、材料的本质与材质色彩之下,这些元素最终的基本仍在于:机能。透过如此的方法,设计师便能生产出传达新苏联生活的产品。

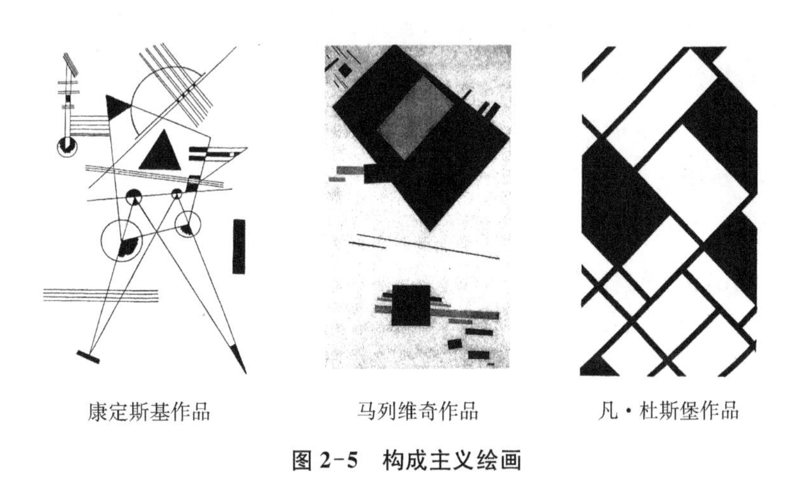

康定斯基作品　　马列维奇作品　　凡·杜斯堡作品

图 2-5　构成主义绘画

风格派和构成派既表现在绘画和雕刻方面,也表现在建筑装饰、家具、印刷装帧等许多方面。一些原来是画家的人,后来也从事建筑和家具设计。例如:凡·杜斯堡和马列维奇都是既搞绘画雕刻又搞建筑设计的。风格派和构成派热衷于几何形体、空间和色彩的构图效果。作为绘画和雕刻艺术,他们的作品不反映客观事物,因而是反现实主义的(图 2-5)。但是,如果我们把风格派和构成派只是当作一种工艺美术方面的流派来看,那么它们在造型和构图的视觉效果方面进行的试验和探索还是有很大价值的。新材料出现了,技术和工艺改变了,社会经济条件和生活方式变化了,人们的美学观念和爱好也跟着转变了。建筑、家具、服饰、交通工具、纺织品、日用器具和印刷品等各种器物都要改变它们的造型。因此,对于形式和空间作一般性的试验研究也是现代生产和生活提出来的要求。风格派、构成派以及现代西方其他许多艺术流派在这些方面所作的试验和探索，对现代建筑及实用工业品的造型设计是有启发意义的。

20世纪20年代，深受至上主义和构成主义影响的康定斯基(Wassily Kandinski)、保罗·克利(Paul Klee)等人到包豪斯任教，对包豪斯的教学体制的形成起到了重要的作用。正是在包豪斯，构成学理论与教学实践有了完美的结合，通过包豪斯的国际声望以及其教员和学员的广泛传播，其学术思想遍及全球。其教学体制成为现代工艺美术、工业设计、建筑设计、景观设计教学的基础，对这些工业结合艺术的学科向现代主义(Modernism)方向的发展起到了重要的作用。

2.1.3 结构主义(Structuralism)

结构主义(Structuralism)产生于20世纪初，由语言学家索绪尔(Saussure)在“语言规则和单词”中提出。索绪尔认为：语言规则可使单词从中自我表现出价值，它决定了话语的结构。这一模式随后被人们用于其他人文科学领域(韩巍，2006)。结构主义只是一种思维方式或思考方法，这种思维方式存在这样一种普遍的假设，即世界的“现实”本质上不属于物自身，而属于我们在事物之间发现的关系。否认“实体的”观点，而赞成“关系的”观点，这在物理学和数学领域尤为突出。在形式上，结构主义者认为结构是一个包容着各种关系的总体，这些关系由可以变化的元素组成，元素的改变需要依赖于整体结构，但可以保持自身的意义。元素的互换不改变整体结构，而元素关系的更改则会使结构系统发生变化(韩巍，2006；詹和平，2006)。在很多现代建筑的形态表现上，都可以看到这样的关系特征。

自20世纪60年代以后，国际园林界形成的一些重要先锋运动或思潮，也均可归因于结构主义的影响，如园林类型学、园林符号学、场所理论、文脉理论等。至于后来的解构主义，从某种意义上讲也可以看作是由结构主义的观点所引发的逆向思维的结果。既然结构主义如此重要，那么，要成为结构主义者就应该知道什么是“结构”。

首先，结构作为整体性概念而存在于实体的排列组合之中。结构的整体性不同于一个集合体或混合物，各部分相加之和不等于整体。反之，一个完整、连贯与合理的结构整体带来的属性和便利远远多于其组成部分单独获得的属性和便利之和。正如一个好的园林环境不能只从单个的植物或小品的角度去理解一样。

其次，结构概念的第二层含义是它具有转换功能。结构不是静态的，结构通过“生长、变化和共存”可以形成各种关系。例如通过生长而形成聚集或并列关系，通过变化而形成等级关系，通过共存而形成多价空间，等等。在园林中，由单一空间构成的园林是极其少见的。各种用途的空间聚集是构成园林和形成结构的前提。由于园林的形式和空间都存在着实际的差别，因而等级关系可以在全部的至少是绝大多数的园林构图中被观察到。一般来讲，可以通过采用特别的尺寸、独特的形状和关键的位置这三方面的变换来获得等级关系。通过重叠和共存关系而形成的多价空间则是现代公共空间观念中特有的品质。多价空间意味着共享、用途的多元性、空间归属的不确定性和空间分界的模糊性等。

再次，结构概念的第三层含义在于它具有自足性。这体现了结构主义者对形式含义的理解。结构主义认为，要使任何单独的形式要素“有意义”，并不在于让要素本身有什么独特的性质，而是在于使该要素同其他要素之间建立起差异或同一关系。这一点在结构的转换功能中已经表达得很清楚了，但对于结构主义来讲，形式的含义虽然有它的历史根源，但更应看重它在当前的结构上的属性。由结构(构成)过程造成的种种“关系”本身就是含义的源泉。含义只不过是这种可能出现的编码变换，这种观点颇有信息论的味道。

总之，结构主义的基本命题可以表述为：关系即形式，即结构；形式与内容统一。

2.1.4　包豪斯(Bauhaus)

1919年，德国魏玛美术学会与魏玛应用美术学校合并，创立“国立包豪斯设计学校”，格罗皮乌斯担任校长职务。“包豪斯”是德文 Das Staatliches Bauhaus 的译称，英文译名应为 State Building Institute。“Bauhaus”是格罗皮乌斯专门生造的一个新字(惠特福德，2001)。“bau”在德语中是“建造”的意思，“haus”在德语中是“房子”的意思，因此“Bauhaus”就是“造房子”。从这个新造字的字面就能看出，格罗皮乌斯是试图将建筑艺术与建造技术这两个已被长期分隔的领域重新结合起来。更广泛地说，艺术与工艺应该合而为一，唯有如此，才是真正的现代设计。因此，在现代设计史上，公元 1919 年成了一个重要的起点，在这一年的 4 月 1 日，是世界上第一所真正为发展现代设计教育而建立的学院，为工业时代的设计教育开创了新纪元(图 2-6)。1933 年 7 月包豪斯迫于政治压力被封闭，不得不结束其 14 年的发展历程。在学校 14 年的历史中，共计有 1 250 名学员，校长及任期分别为：格罗皮乌斯(1919—1928)、汉斯・迈耶(1928—1931)、密斯・凡・德・罗(1931—1933)(亚瑟，2002)。

包豪斯的全体教员几乎囊括了整本现代主义者的《名人录》：瓦尔特・格罗皮乌斯——德国建筑大师，现代主义建筑的倡导人之一，现代工业设计教育最重要的奠基人之一；密斯・凡・德・罗——德国现代主义建筑大师，现代工业设计教育重要的奠基人之一，玻璃摩天大楼的开创者；汉斯・迈耶——德国建筑大师；约翰・伊顿——画家，玄派教条主义者，欣赏东方哲学和宗教，三大构成教学的主创者；马谢・布鲁尔——匈牙利建筑师、家具设计师；莫霍里・纳吉——瑞士设计师，构成主义推崇者、煽动性教育家；凡・杜斯堡——风格派画家；保罗・克利——德国表现主义学派成员；瓦西里・康定斯基——俄国画家，抽象派绘画创始人；威廉・瓦根菲尔德——灯具设计师；等等(亚瑟，2002)。

包豪斯教育注重对学生综合创造能力与设计素质的培养。包豪斯的课程基本涵盖了现代设计教育所包含的造型基础、设计基础、技能基础三方面知识，此课程体系为现代设计教育奠定了重要基础。鉴于上述包豪斯的师资，使包豪斯将现代美术诸流派发展的基本原理也纳入了包豪斯

图 2-6 包豪斯的教员合影

导师们站在包豪斯主楼屋顶上。从左至右依次是:约瑟夫·阿尔博斯、欣纳克·舍佩尔、乔治·穆奇、拉兹洛·莫霍利·纳吉、赫伯特·拜耶、乔斯特·斯密特、瓦尔特·格罗皮乌斯、马塞尔·布劳耶、瓦西里·康定斯基、保罗·克利、列奥尼·费宁格、根塔·斯托兹和奥斯卡·施莱默。

造型教育的轨道;而且还使当时各种造型思潮得以聚集,并进一步形成体系,最后促成视觉语言的产生。正如时人所评论的,"包豪斯的工作,使人理解了隐藏在现代绘画后面的新观点"(惠特福德,2001)。包豪斯的研究基于一种对新空间的探索,这种探索最早始于综合立体主义。20 世纪初期,俄国的至上主义、荷兰风格派都是这方面的反映,是包豪斯将这种地方性的视觉语言整理上升至具有国际视觉语言特性的造型理论。

包豪斯的创始人格罗皮乌斯针对工业革命以来所出现的大工业生产"技术与艺术相对峙"的状况,提出了"艺术与技术新统一"的口号,这一理论逐渐成为包豪斯教育思想的核心(图 2-7)。包豪斯的崇高理想和远大目标可以从《包豪斯宣言》中得到体现。包豪斯的重要文献有:《包豪斯宣言》1919 年、《国立魏玛包豪斯纲领》1919 年、《国立包豪斯的理论与组织》1923 年、《新建筑与包豪斯》1923 年(奚传绩,2005)。从相关文献中可以看出包豪斯的一些基本原则:艺术与技术相统一;设计的目的是人,而不是产品；设计必须遵循自然和客观的原则来进行；等等。包豪斯发展了现代的设计风格，为现代设计指出了正确方向。

图 2-7 魏玛包豪斯的手工作坊

简而言之，包豪斯作为20世纪最具影响力也最具争议的艺术院校，在当时是最具乌托邦思想和精神的中心。它创立了现代设计的教育理念，由于其锐意探索、大胆革新，而对现代主义艺术风格的形成产生了关键性的影响，特别是对现代建筑设计、工业生产、图形设计等设计领域影响深远，从而以“包豪斯风格”闻名于世。包豪斯，已成为现代艺术发展和现代艺术教育之路上的里程碑。

2.2 构成学的基本理论概述

2.2.1 构成的概念

单纯从工艺美术的角度看，构成是一个造型概念，也是现代造型设计领域中的一个专业术语；构成是一门视觉艺术，是现代视觉传达艺术的理论基础；构成是由视觉与知觉相互联系起来的一种感官语言，并且以抽象的几何形的变化为主要表现形式。简单说，构成就是“组装”，就是将两个或两个以上的元素，按照形式美的基本规律（依赖设计者的主观审美判断),组成新的造型,表达新的意念,并赋予其视觉化的、力学化的观念(辛华泉,1999;朱翔,2000)。

构成的两个核心:一是造型要素;二是感情心理要素。所谓造型要素:构成形态的基本元素(点、线、面、体)、色彩、结构、材料、技法、法则,构成学从产生的开始就为设计注入了理性的力量。感情心理要素:造型要素通过视觉、知觉所引起的情感心理反应。在景观设计中,造型要素与物质要素和设计方法相联系;而感情心理要素则和空间及场地给予人的心理反映有关。

构成的基本主张:视觉形式本身就是创作的内容(纯粹构成);形态、色彩等因素作为构成主体,完全或几乎不再现具体的对象,追求造型的纯粹化、抽象化、简洁化;通过形态、色彩创造出强烈的运动感、空间感、节奏感、韵律感、梦幻感等视觉效果,给人以美的感受。设计中应尽可能避免一切具象形和材料所带来的局限和束缚,用最纯粹的几何形态,不考虑其材质,专注于要素(点、线、面、体)的构成关系——如何构成?如何对话?

构成注重的是"形"和"造型"。从物体的形式看,形有二维和三维之分,因此,构成包含平面构成和立体构成两方面的内容;造型即形的产生过程,它们之间既有联系又有区别。景观设计的重要任务之一就是运用构成的原理和方法把各造型要素(景观要素)组织起来,使它们满足功能要求,创造出美的形式,这是学习构成的目的(田学哲等,2005)。实践得出,学习构成是提高设计师设计能力、审美能力和创新能力的有效手段,尤其在抽象思维表达能力方面具有重要作用。

2.2.2　构成的应用领域

日常生活中所接触的物体都是有一定的形状的,从某种角度看,人类在劳动中创造物品的过程,实际就是一个造型过程,构成设计所要研究的"形"以及形的构成规律,是一切造型艺术的基础。调查发现,构成学已经在建筑设计、雕塑设计、室内设计、家具设计、工业产品设计、视觉传达设计(广告、装帧)等设计领域(图 2-8)有着广泛而深入的应用与研究(杨贤春等,2001),只是构成研究的侧重点有所不同:自然的构成给我们灵感和启示;工业设计的构成强调使用功能;广告、装潢等设计强调视幻效果;标志、装饰图案等强调符号意义;在建筑与环境设计领域,我们主要关注的是形态构成中高度抽象的形和形的构造规律和美的形式(图 2-9)。

图 2-8　构成设计的不同应用场景

图 2-9　宣传包豪斯丛书的张贴物

2.2.3　构成的分类

从不同角度,构成的分类则有所不同,下面从两个角度对构成的分类进行阐述。

2.2.3.1　按表现形态分类

一般的观点,根据构成形态表达主体的不同,将构成分为平面构成(Plane Formation)、色彩构成(Color Formation)和立体构成(Three-Dimensional Composition)三大类,简称"三大构成",它们之间既有联系,又有区别,其中平面构成是构成的基础。

平面构成是指在二维的平面范围内,按照一定的秩序和规律将既有的形态(自然形态、人工形态、抽象形态)进行分解、组合,从而构成新形态的组合形式(图 2-10)。平面构成的应用范围很广,从绘画到实用美术的各个领域,几乎都是在平面中进行构成的。即使是立体构成也离不开平面构成。这是因为,立体构成的最终制作效果总是要借助平面图形来展示;立体构成的表面处理,也涉及平面构成。因此,平面构成是最基本的造型活动,是设计人员从事设计的必需指南。平面构成的基本手法根据构成内容的侧重点不同,又可以分为重复构成、近似构成、渐变构成、发射构成、变异构成、结集构成、分割构成、空间构成、肌理构成、对比构成、视幻构成等。

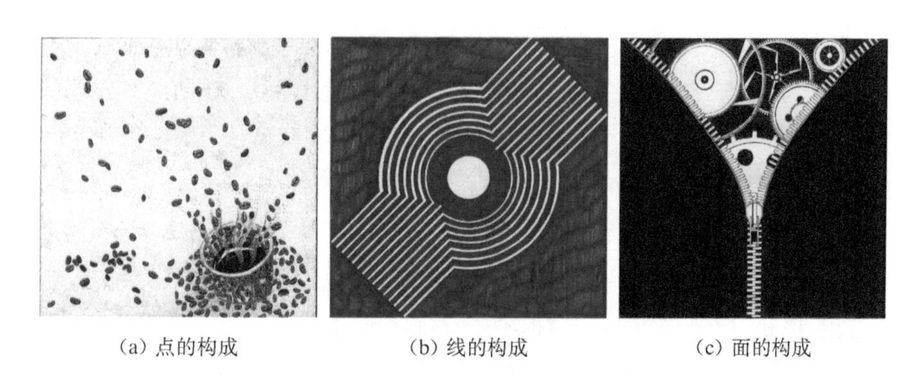

(a) 点的构成　　(b) 线的构成　　(c) 面的构成

图 2-10　平面构成实例

色彩构成,又可称为"色彩的相互作用",是在色彩科学体系的基础上,研究符合人们知觉和心理原则的配色创造,即将复杂的视觉表面现象还原成最基本的要素,运用心理物理学的原理去发现、把握和创造尽可能美的效果。从构成角度理解,就是将两种或两种以上的颜色,按照不同的需要,运用形式美的法则,重新进行组合、搭配,构成新的美的色彩关系(图 2-11)。

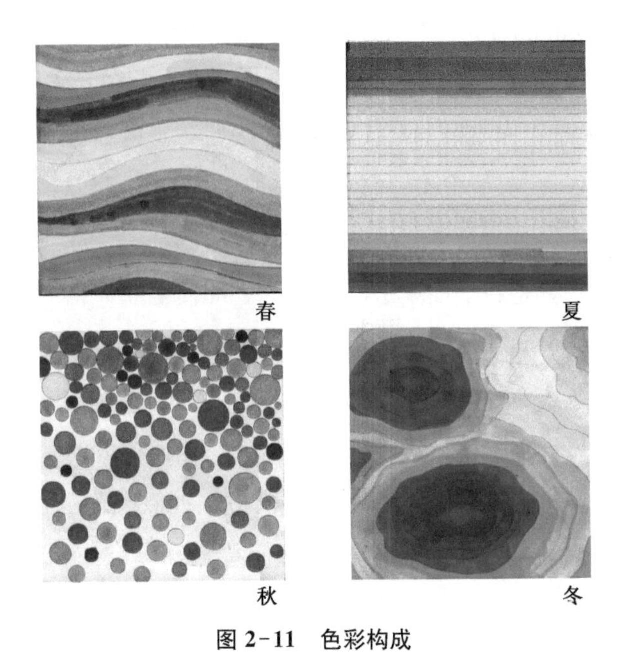

图 2-11　色彩构成

色彩构成主要是研究人们主观意识对色彩的反应，而不能简单地理解为研究色彩的客观规律。色彩构成的基本形，不是靠色彩写生得来的，而是对表现对象的色彩进行加工、提炼、夸张和概括后，形成的一种具有一定心理作用的主观色彩浓郁的理论颜色。

一般将配色分成三类要素：光学要素（明度、色相、彩度）、存在条件（面积、形状、位置、肌理）、心理因素（冷暖、进退、轻重、软硬、朴素、华丽等）。创造时运用逻辑思维去选择与搭配恰当的色彩。这对于绘画和设计虽说都一样，但在具体运用上则有着很大的不同：(a)绘画是表现既有物，意在确认其真实存在性，所以很重视条件色与环境色；色彩设计是创造一个没有过的新形态，重点在于构成，所以强调正常光照下的物体色。(b)绘画用色来表现物体，目的在于准确生动地再现物体的样相；色彩设计在形体上渲染色彩，目的在于把形体润饰得协调和美观。(c)绘画以作者的主观感受为转移，主要强调配色的心理效果；色彩设计要掌握色的科学性（生理、物理、心理），以便选择功能所需要的色彩，当然也包括满足美观的要求。(d)绘画是画家个人完成的,创作比较自由;色彩设计与产品一起是依靠社会的经济力、材料和劳动力来完成的,故而受社会的制约。

立体即三维度的空间实体,构成即组合、拼装、切割、构造等方法,立体构成就是在三度空间中,把具有三维形态的要素,按照形式美的构成原理,进行组合、拼装、构造,从而创造一个符合设计意图的、具有一定美感的、全新的三维形态的过程。

立体构成主要是研究空间的立体造型。根据构成材料的不同,立体构成可分为线材构成、面材构成和块材构成(图 2-12)。立体构成与平面构成有许多共同之处,所不同的是立体构成是在三度空间内创造形象,而平面构成则是在二度空间内创造形象。所以,从一定意义上说,立体构成比平面构成更为复杂。立体构成的过程,就是一个从分割到组合的过程,是使用各种材料,按照形式美的法则组合成新的立体形态的过程。立体构成的训练对于提升空间想象能力和空间塑造能力具有非常重要的作用。

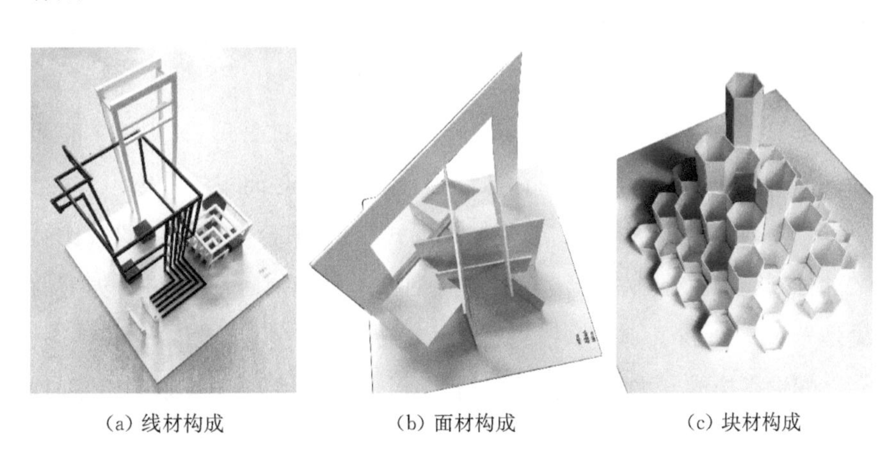

(a) 线材构成　(b) 面材构成　(c) 块材构成

图 2-12　立体构成实例

比较研究发现,在平面、色彩、立体“三大构成”中,平面构成和立体构成的独立性较强,不存在相互替代的可能,而色彩构成与平面构成两者在内容上存在着很大的重叠性和重复性。平面构成重点研究形(可以理解为特定颜色的形)在二维平面上的组织方式及其视觉效果。色彩构成可以理解为平面构成的一个分支,即在统一的原则、方法的基础上增加了色彩叠加、色相对比、色度推移、明度推移等更加专门的色彩知识。因此,本文对色彩构成的内容未作具体的研究。

2.2.3.2 按造型方法分类

清华大学田学哲等老师编写的《建筑初步》中根据基本造型方法的不同,将形态构成大致分为单元类、分割类、变形类和空间法四类,更有利于从空间与形体的视角去观察、思考设计。本文将着重研究此四种构成方法在园林设计中的应用。

单元类造型方法,即以相同或相似的形或结构作为造型的基本单元,重复运用它们而形成新的形态,其中又可细分为骨格法和聚集法。骨格法:形的基本单元按照“骨骼”所限定的结构方式组织起来,形成新形。其中骨格有平面骨格和空间骨格之分,常见构成类型有重复构成、发射构成、变异构成等。聚集法与骨格法的区别就是其没有明显的、确定的结构方式,基本单元之间通过聚集,以非显性的内在逻辑结构进行组织,形成新形。

分割类构成方法,即对原形进行分割及分割后的处理,分割产生的部分称为子形,子形重新组合后形成新形,原形可以是简单的形或形体,也可以是复杂的形体。常见的分割构成形式有:等形分割、等量分割、比例数列分割和自由分割,原形经过上述一种或多种分割后,可以进行如下的处理——减缺、穿孔、移动、错位、滑动、旋转等,而产生新形。

变形类构成方法是指将原形进行变形,使之产生要瓦解原形的倾向,从而产生新的形态。具体操作手法有扭曲、挤压、拉伸、膨胀等,这一方法更多运用于体的构成中。

空间法是指利用空间的作用来组织形体。在平面构成中是把相对于形而言的“底”看作是空间,立体构成中的空间则是具体的。形态构成中的空间法中的空间与空间设计中的空间的区别在于:前者的空间仅仅是形和形之间组织的“黏合剂”，重点在形体；后者正相反，形体只是围合空间的工具，重点在空间。它们的着眼点不同，空间的概念在其中的作用也不同。当然，实际上往往是空间和形体二者并存，很难将它们划分得一清二楚。

实际在进行构成创作的过程中，我们往往会综合运用上述手法，以得到我们想要的作品。目前国内很多教学实践大多基于第一种分类方法即将构成分为平面构成、色彩构成和立体构成三大类，并进行单独的讲授与训练，这也许有助于教学实践；但构成是一个整体的概念，割裂的教学可能导致学生对于构成把握的片面，只注重某一方面而忽略其他，不利于构成的学习。从物质的形式看，形有二维和三维之分，因此，构成就包含平面构成和立体构成两方面的内容。虽然两者有一定的差异，但其构成的规律却是基本相同的。这样的认识有助于我们将两者联系起来，从整体的高度上完整地把握它们，而不至于将它们分割，色彩则始终是形的重要表达主体(图 2-13)。另外，在园林景观专业的教学中还有一种泛构成化倾向，即将构成仅仅视为一种艺术手段，学生的创作训练也仅仅是“为了构成而构成”，没有将构成的普遍原理运用于景观设计中去，很多设计方案仅仅单纯追求平面的构成视觉效果，对于设计的核心——使用者——人的考虑往往很不够，即没有很好地解决构成在园林设计中的应用问题，方案炫目而不实用。

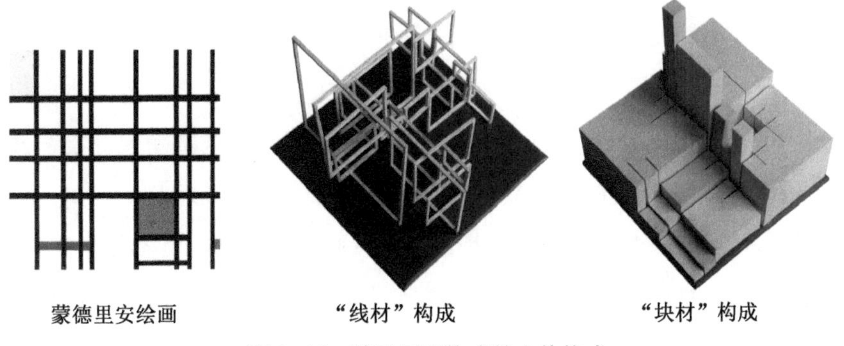

图 2-13　基于平面构成的立体构成

3　风景园林的内涵与外延

3.1　现代园林的含义

第二次世界大战后，由于高度工业化、现代化和人口迅猛增长，世界各国都面临一个十分严峻的问题：城市爆炸，自然环境和人工环境生态系统的破坏。为了全人类的长远健康、幸福和欢乐，人类必须与他赖以生存的环境和谐相处并且合理地利用自然资源。人类社会的未来，由于对自然资源需求不断增长的严重威胁，在此严峻局面下，仍然要保持生存环境不受破坏、自然资源不致浪费，那就需要有一种与自然系统、自然演变进程和人类社会发展密切联系的特殊的新知识、新技术和新经验。这种新的专业就是 Landscape Architecture（L. A.）。这个专业是从欧洲 13 世纪的造园术发展而来的；到了 19 世纪，这种新的专业的名称，是由美国 Landscape Architects 之父 F. L. Olmsted（奥尔姆斯特德）在 1858 年提出来的，专业的核心应是"城市环境的绿色生物系统工程"和"园林艺术"。当今，这个专业的领域已经扩大到地球表层规划的范畴（孙筱祥，2002）。中国（包括政府、学会、行业、大学的专业设置）早在 20 世纪 80 年代已经把 Landscape Architecture 这一专业名称译成"风景园林"（刘家麒，2004）。

现在，尽管关于专业名称的称谓在使用上依然很多——风景园林、园林、景观、造园、景园、景观建筑、环境艺术等，关于专业名称与概念也曾出现过争论，直至 2011 年 3 月，风景园林学成为和建筑学、城乡规划学一样的一级学科，三位一体的格局初步形成，名称才算正式确定。

笔者以为，一个专业的名称是重要的，但不是主要的，更不是全部，不必纠缠于此，具体是哪一个，有行业学会和教育主管部门来定就可以了。其实，上述的称谓没有绝对的对与错，不同学科背景的人侧重点不一，偏向或偏爱某一称谓全属正常。表述或使用时无论是园林还是景观,只要对其专业范围和研究内容有相当的了解就都是可以的,其内涵比名称重要得多,即了解并懂得风景园林是一门融科学、艺术和工程技术于一体的综合性学科。从事风景园林的人,必须有广博的知识以及相当的实践经验,方能胜任。因此,本文中的称谓表述,有时为园林,有时为景观,并非不统一,而是根据研究的具体对象而定。

哈佛大学城市规划系第一任系主任亨瑞·文森特·哈伯德(Henry Vincent Hubbard)与该系图书馆馆长西奥多·金贝儿(Theodora Kimball)将现代的风景园林学定义为:将土地及景观视为一种资源,并依据自然、生态、社会与行为等科学的原则以从事规划与设计,使人与资源之间建立一种和谐、均衡的整体关系,并符合人类对于精神上、生理健康与福利上的基本需求(洪得娟,1999)。

在《景观设计学——场地规划与设计手册》一书中,作者西蒙兹(2000)认为:景观设计学是关于景观的分析、规划布局、设计、改造、管理、保护和恢复的科学和艺术。景观设计学是一门建立在广泛的自然科学和人文与艺术学科基础上的应用学科。尤其强调土地的设计,即通过对有关土地及一切人类户外空间的问题进行科学理性的分析,设计问题的解决方案和解决途径,并监理设计的实现。

根据解决问题的性质、内容和尺度的不同,景观设计学包含两个专业方向,即景观规划(Landscape Planning)和景观设计(Landscape Design)。前者是指在较大尺度范围内,基于对自然和人文过程的认识,协调人与自然关系的过程,具体说是为某些使用目的安排最合适的地方和在特定地方安排最恰当的土地利用;而对这个特定地方的设计就是景观设计。

其实,景观设计本身并不神秘,它的研究对象就是环境、人以及人与环境的关系。景观设计的任务只是告诉大家:景观跟人一样,有习性、有表情、有客观的尺度,通过一定的方式方法是可以把握的。城市中心广场跟居住区内的广场不一样，如同人与人不一样。为什么呢？因为场所不同、环境不同、使用者不同、尺度不同、精神不同、氛围不同，等等。究其本质，仍然是人的问题、人的活动问题。因此，细部景观设计跟人的生活、生活环境、生存形态相关。只有充分了解人类的生活习性和与环境的关系，我们对景观设计才可以做到心中有数。

3.2 风景园林的基本功能

好的园林规划设计就是以最佳方式从事土地的开发利用，使得环境更适合人类居住，使人们生活更健康、更有乐趣。园林可以在公众、城市、社会、自然等众多方面展现价值(洪得娟，1999)。其具体的作用可简单归结以下几点：

(1) 感官上的满足与需求——空间美的立体艺术，听觉、视觉、嗅觉、味觉、触觉的享受；

(2) 安慰身心、增进健康、教育教化——给予心理的安定感，提供活动与运动的空间，辅助教育净化心灵；

(3) 改善城市生态环境——没有绿色就没有生命，净化空气、调节气候、减少噪音、保持水土等；

(4) 安全上的需要——防灾避难，防风、防沙、防火、防震，伪装掩护等；

(5) 政治文化窗口——展现国土与城市美好、生活水准、政治文化昌盛高低。

3.3 风景园林学的专业范围

依据研究的范围可将风景园林学的专业范围作如下的界定，即宏观园林、中观园林和微观园林。

宏观层面——涉及地球表层总体规划与评估，如土地、自然资源规划，未来土地使用的适宜性与容许量等内容。

中观层面——涉及较大尺度的景观规划设计，如风景区规划、城市规划、保护区规划、绿地系统规划、城乡规划等，侧重规划，设计为辅。它提供长远的、建设性的、可持续的发展蓝图，一般要分年分阶段实施。

微观层面——涉及细部景观设计，大到公园设计、道路广场设计、居住区及庭院设计等，小到雕塑小品、种植配置、水池花池、铺地栏杆、桌凳垃圾箱等景观小品设计，几乎涵盖室外造型艺术的一切。

构成原理的应用更多是在微观园林设计方面，即细部景观设计。所谓细部景观设计就是（在规划的基础上）对具体的特定的小尺度的场地及设施进行深入的构思、分析，进而制定具体的实施方案。具体的细部景观设计工程内容有：特定的场地设计（如公园、居住区、广场、小游园等）、建筑设计、景观设施设计、道路景观设计等。此阶段注重满足使用者的需求（生理和心理），对尺度的人性化、设施的舒适度、视觉的美感等方面有很高的要求，与前期的规划相比，设计师的主观创造性将得以更多地发挥，很多富有特色的景观亦是通过这些个性而丰富的细部体现出来的，如劳伦斯·哈普林设计的波特兰系列广场之演讲堂南广场的瀑布，彼得·沃克设计的哈佛大学的泰纳喷泉等景观，既感性、人性、单纯而美丽，又属于公众、服务公众，美观但绝不是单纯的视觉艺术品。

3.4 园林设计的五个方面

一个园林景观设计，最初的构思出发点是什么呢？如何才能称得上是好的成功的设计呢？刘滨谊（1999）曾提出景观设计三元论，即一个好的园林设计要从最基本的三个方面考虑问题：视觉景观形象、环境生态绿化和大众行为心理。笔者以为，还要加上两个要素：社会历史文化和时空设计概念。任何一个具有时代风格和现代意识的成功之作，无不包含着对这五个方面的刻意追求和深思熟虑，所不同的只是视具体的规划设计情况，各自所占的比重不同而已。

(1) 时空设计概念——空间是园林设计的核心，但园林不仅仅是空间的也是时间的。园林需要体验和品味，不同的时间——早晨、中午、傍晚；春、夏、秋、冬——呈现不同的景观。植物作为重要的设计要素，其最大的特征是有生命性，随着时间的推移植物不断成长不断改变形态，这是设计师需要关注的。

(2) 视觉景观形象——主要是从人类视觉形象感受要求出发，根据美学规律，利用空间与实体景观，研究如何创造令人赏心悦目的环境形象。构成学的研究核心就是形及形的构成规律，所以，视觉景观形象便是本文的研究重点。

(3) 环境生态绿化——主要是从人类的生理感受要求出发，根据自然界生物学原理，利用阳光、气候、动物、植物、土壤、水体等自然和人工材料，研究如何创造令人舒适的物理环境。设计师在对环境景观整体把握上，要有可持续性发展的眼光，要有对低耗、节能、高效的把握，对环境景观服务的终极目标——健康与舒适性的把握，如果脱离了这一些，任何豪华与艺术的设计就是多余的、奢侈的。

(4) 大众行为心理——主要是从人类的心理精神感受需求出发，根据人类在环境中的行为心理乃至精神活动的规律，利用设计的引导，研究如何创造令人身心愉悦的空间环境。人是园林环境的使用主体，景观设计应坚持以人为本、使用为本原则。

(5) 社会历史文化——景观设计应坚持社会的、历史的、地域的原则。真正的现代景观设计是人与自然、人与社会、人与文化的和谐统一。景观作品，一定要关注融合当地文化和历史以及运用园林文学：借鉴诗文，创造园林意境；引用传说，加深文化内涵；题名题联，赋予诗情画意。充分利用当地的文化资源，达到与当地风土人情、文化氛围相融合的境界。对于任何事物的本体，存在（being）、意义（meaning）、追求（pursuit）是哲学认识论所要回答的三大基本问题。对于文化传承与人文关怀的思考可以上升到景观设计的哲学追求。

4　构成与园林的结合

4.1　感官与形式认知

从出生时起，我们逐渐认知周围的环境。首先我们只注意到母亲的脸，后来我们逐渐看得远些，看到房间的样子和家庭的其他成员。我们的世界小而有限。长大一些以后，我们认识了邻居，认识了度假的地方。再后来，长大成人，我们去旅行的距离更远了，可以获得更宽广的关于野外地区的知识。通过这些成长和发展的过程，通过学习、接受被告知的东西和提出问题，我们部分地被周围环境和我们的经验所塑造。最终我们每个人，即地球上 80 亿人中的每一个人都对世界有独特的看法。这些看法充满了喜欢和不喜欢，对一些地区的详识以及对另一些地区的忽视。当然这些都是不断改变的。我们同时保留着合理的和不合理的见解，并根据个人的观点提出大量假设。

感官构成了我们对世界的认识，感官也构成了我们设计的尺度（贝尔，2004）。人类感官有五类：视觉、听觉、嗅觉、触觉与味觉。其中，通过视觉和听觉摄取的信息占人类通过感官摄取的信息总量的 90%，而视觉单独就占到 85%，在所有的认知体系中，视觉起到了决定性的作用。"目击而道存"——直接的视觉感受是形式信息的第一源泉和前提，即看而知之（刘云月，2004）。因此，视觉景观形象是设计的一个重点。而同时，视觉形式是构成研究的重点。当然，基于景观功能的综合考虑，五感设计在不同的园林环境中都应该统筹考虑或有所侧重。

我们已经知道形式的概念包含了事物内在诸要素的结构、组织和存在方式。这是一种抽象的认识或抽象的知识。在园林设计中，形式问题首先是一种视觉要素，了解这一点至关重要。甚至可以说，直接的视觉是园林设计中有关信息含义和思想的第一源泉和前提（Meinig D W，

1976)。正因如此,我们看到在当代所谓的虚拟空间和虚拟园林中,设计者仍然无可奈何地并煞费苦心地把这个“虚拟对象”呈现在人们的眼前。这就是形象与思辨之间的辩证法。不同时代的园林设计和同一时代的不同园林师均难以摆脱这个法则。从形式分析的角度来看,为了掌握园林形式的构成情况和呈现出的视觉特征,我们必须对这种视觉特征进行概念性的归纳,从而了解其内在的运作规律。

4.2 视觉形式的重要性

我们的性格、个人的偏爱和愿望各不相同,混合在一起使得一切从事保护、发展或管理环境的人感到很困难。在更宽广的景观中,特别是在公共空间和公众能到达的区域,如果考虑有大量的人能看到,以各种方式使用并关心所看到的东西,那么这些区域的拥有者或占有者就不是唯一的“使用者”(贝尔,2004)。规划师、园林师、工程师、普通公众和政府等的活动都影响着景观,因此进行这些活动时需要特别谨慎。公众越来越关心以各种形式表现的环境条件,并觉得他们有权对环境中发生的一切事情发表意见。因此,要考虑很多人的意见就成为景观设计需要关注的重要前提,那么我们就需要一种方式来理解我们所看到的东西,并知道如何把这种理解作为设计和管理过程的第一步。

正是在这一点上,我们需要考虑美学的位置和追求美的问题。正如南·费尔布拉泽(Nan Fairbrother)在她的著作《景观设计的本质》中所指出的,“人是有意识创造景观的动物,是故意改变其环境设计的惟一物种,其惟一的理由是为了自己能获得美的享受”(Newton N T,1971)。如果我们回顾人类文化发展的千年史,我们发现人们总是喜爱事物的外表,从有简单装饰的早期陶器到宗教建筑、宫殿建筑群、花园和狩猎场(贝尔,2004)。我们总是基于外观认为某些景观比另一些更有价值,否则就不会对需要保护的美景区域达成共识。外观不如功能重要或许是近几十年来西方社会美学价值或美学认知的特征,例如建筑史上的现代运动真诚地试图在功能之外表现形式，但却没有得到许多已建成建筑的使用者的大力支持。部分原因是人们希望能以视觉格局和功能格局来理解建筑或城市景观，也可能许多人就是觉得它们“丑陋”。

景色或美学价值是景观的合理“产品”，认识到这一点也是有益的。众所周知，人们愿意为一所景色优美的房子花更多的钱，而许多地区的经济在很大程度上依赖旅游业，游客来欣赏美景，或利用美丽的景观作为其他娱乐形式的场所。

现在，设计者面临的问题之一是，对人的尺度、装饰和多样性的重新关注经常是混乱的，表现为肤浅的、简单的形式，易于被不审慎者转化为装饰性仿制品（西蒙兹，2000）。或许这种设计者和公众之间的不同理解是由于缺乏共同的视觉表达语言，从而不能在美学问题上开展正当的辩论。因此我们要求的是一种美学词汇，它不仅能使我们识别格局，还使我们能说更多的话，而不只是“我喜欢那种景观”或“我不喜欢那种景观”。特别是，我们需要一种词汇，使两个或两个以上的人能够讨论和评价他们所看到的东西（或者设计方案），并且以合理的有见地的方式讨论其优点和缺点，以便对一个特定景观价值的见解或者对一个包含美学的活动方针达成广泛的共识。

4.3 形态构成

由以上讨论可以看到，形态构成既与要素有关，也与要素的组合方式即结构有关。虽然纯构成主义者的重点并不在结构本身而在构成的形式，但结构毕竟是存在的。特别是维斯宁兄弟的构成主义建筑作品更是以现实功能为出发点，表现了这种结构的存在性。当然，若从“结构主义”的角度来看待构成主义的结构则是另一回事。“结构”在《辞海》中被解释为：“同‘功能’相对。物质系统内各组成要素之间的相互联系、相互作用的方式。是物质系统组织化、有序化的重要标志。物质系统的结构可分为空间结构和时间结构。任何具体事物的系统结构都是空间结构和时间结构的统一。结构既是物质系统存在的方式，又是物质系统的基本属性，是系统具有整体性、层次性和功能性的基础与前提。”可见，结构是物质各要素之间以及要素与系统之间关系的组合方式，并在构成物质系统过程中有着不可忽视的重要作用。根据结构的含义，形态结构的研究所关注的重点不仅包括要素，而且也包括各要素之间所建立的各种关系(韩巍，2006)。

形态构成作为造型艺术的基础，对它的研究范畴各组成部分进行解析，它包括了“形”以及“形”的构成规律。具体说，包括了“原形”“要素”“结构”“新形”四个部分。原形是指现实中存在的物质，这些物质都可以看成是进行形态构成的原始的形，或称为原形。要素是指任何原形都可以分解为要素，复杂的原形可以分解成简单的基本形要素，而基本形要素又可以分解为基本要素。结构是指将要素与要素之间、要素与整体之间的关系组合起来的一种方式，即结构方式。新形是指要素按照一定的结构方式组合起来所产生的形。新形不同于原形，并不是对原形的复原，而是通过形态构成创造的新的形态(詹和平，2006)。

空间是以形态的方式而存在的，因而是可以操作的。

4.4 园林设计过程与构成的关系

形式决定内容还是内容决定形式？我认为，不同的人有不同的见解，不同的情况适用不同的方法，没有绝对的谁决定谁，更多的情况下形式与内容是一个整体、共体、一体，相互作用，相互关联，相互表现。形式服从于功能的方法压抑着创造性，无论是有意识地想得到美的结果，还是想直接在感觉上模仿自然过程，都没有什么创造的空间。

构成只是为我们提供了一种方法——一种思考方法——一种解决问题的方法，对于形的把握、对于空间的把握、对于美的把握等，这种方法不是绝对的，但是是有效的。

园林设计过程第一阶段的目标在于用词汇识别现存景观的格局并用空间术语进行表述，然后分析格局的来源和任何正在进行的过程。之后，可以加入与现场相关的功能方面的描述，并且搜寻由现存格局触发的针对设计方向的灵感。如果现存的格局因为某种原因不能永存,则虽然美学要求显而易见,但解决办法要求更有创意的抽象思维(贝尔,2004)。此时,构成学理论便得到了发挥。在设计中功能和美学是融合的,而不是一个比另一个低下,或者只作为装饰。这种方法也允许对设计提出批评,除了功能和成本准则以外,还可以用审美的准则进行评价。这种方法绝不束缚创造,而是提倡创造性的表达,虽然在这个领域中通常都要求功能和美学方面的平衡,而且简化论者处理质量和成本的方法通常要在追求完美方面做出妥协。

当然,设计不仅是要把要素组织在一起,成为在视觉上令人愉悦的安排,它还要在功能、成本和美学之间求得平衡(西蒙兹,2000)。甲方在前两方面大多数是痛快的,但是涉及美学时往往越俎代庖、擅作主张。我相信,在一定程度上这是由于设计的奥秘以及通常在感知上的主观性。一旦把设计的合理性基础解释清楚,实用主义的人们通常更愿意以一种严肃性的态度来处理这个问题,就像对待实践性和成本一样。

形体类设计是一个造形的过程,园林设计除了造形,核心的问题是空间的营造,园林设计者解决问题的终结是以提出一个或若干个能满足设计条件的空间为标志的。无论是铺装设计、水体设计、小品设计、植栽设计、地形设计等最后都要统一于空间。可以这样理解园林设计的渐进往复的过程:形式与造形→形和形的关系→因形而产生的空间→空间与环境→环境与人→人与形→形式与造形。

构成关注的是形式,但园林是综合的,因此,不要把园林等同于构成!

4.5　构成在园林设计中的应用

构成学的造型手段是各建筑流派赖以存在的重要美学依据。构成艺术给建筑师的启示是:建筑师应运用统一、均衡、节奏、韵律等美学法则,既传达人文主义情感,又创造出构成形式的直觉意义(朱瑾,2001)。对于园林设计师而言,构成艺术同样如此。构成学在现代园林设计中的应用研究是一种对设计方法的研究。由于构成学始于西方,其在西方艺术(园林)设计中出现的频率远远高于东方,勒·柯布西耶、丹·凯利、彼得·沃克等都对构成艺术在景观设计中的应用作过有益的研究与实践。如彼得·沃克的剑桥中心屋顶花园和伯奈特公园等都是极具特点的"构成型"景观设计作品。其中剑桥中心屋顶花园建在多层停车场建筑的顶层,在屋顶花园设计中进行了大胆的艺术浓缩,采用的是一种艺术性很强的构成布置手法,平面上以紫色砂石做底,中心部分用淡蓝色预制混凝土方砖以网格点缀,东西两侧布置低矮带状花坛,以直线、斜线、垂直线为造型要素交错组织成一幅几何线条图案。由于屋顶上不能栽种高大的乔木,设计师为了在竖向视线上获得变化,利用构成的手法设计了五组大框架、入口框门、五根小框柱和两只方形花棚架。这些雕塑般的小品风格统一,均由涂成白色的金属管组合而成,就像一片白色的小"树林",在紫色地面衬托之下格外醒目(王晓俊,2006b)。该花园是一种从现代主义,特别是立体主义与极少主义中汲取养分,以艺术性为园林设计生命,以构成艺术为平面布置手法的一种大胆尝试(郑永莉,2005)。

构成学在现代园林设计的应用研究中,我们主要关注的是形态构成中高度抽象的形和形的构造规律及美的形式。在园林设计领域,除了要关注形体,更重要的是"空间",对空间的把握和塑造是园林设计的根本。因此,从某种意义上说,园林设计就是空间设计;从构成的角度理解,园林设计就是"空间构成"。

从一般意义上我们将园林要素分为地形、建筑、植物、水体、铺装、构筑物等物质要素。从构成的角度看,园林景观设计则是"复杂的构成",要将上述诸要素按照构成学原理进行布局和处理,并依据各种原则——环境生态绿化、大众行为心理、视觉景观形象、时空设计概念、社会历史文化等组合成满足相关功能要求的环境。

构成学在景观设计中的应用层面大致可归结为三种:构成外化、构成中化与构成内化。

(1) 构成外化就是设计构成表面化——在地面、墙面、构筑物等物质要素的外表面处理为构成图案,或者将各景观要素直接表现为重复、渐变、发射、分割等构成图式,如同环境中的立体构成,设计风格具有强烈的构成视觉效果。

(2) 构成中化就是运用平面构成原理(骨格法、结集法、分割法等)将环境设计中的建筑、道路、场地、水面等要素抽象为点、线和面进行构图、组织与安排,并结合功能要求对设计进行适当的处理,设计风格具有较强的构成视觉效果。

(3) 构成内化就是将构成原理和方法融于环境设计中,根据功能要求对设计中的道路、场地、建筑、水体等各要素进行安排,合理地组织空间,并体现秩序、控制、比例、分割、韵律等构成美学,使得设计具有整体、统一、和谐的美感,但设计并不突显构成化效果,在这里设计注重功能与空间。

当然,分类并不是绝对的,设计更多的是各层面综合应用。构成方法本身也不是绝对“包治百病”,它只是提供一种行之有效的操作手法,教会我们如何去把握园林设计,懂得去控制,以及如何控制(图 2-14)。相对而言,构成原理的应用更多涉及中微观的形态设计;在宏观的规划中由于需要考虑的要素更为复杂多样,形态更多处于次要位置,但即便如此,所有城市最终都会呈现相似或不同的城市形态肌理,依然可以从形态学的视角去阅读、去研究。

图 2-14 园林实践中的构成表达

而有些城市形态则具有很强烈的规划结构控制，如堪培拉就是全城规划兴建的城市，是依据1912年世界范围内的城市设计比赛的获选方案建成(图2-15)。总体规划由美国风景设计师沃尔特·伯利·格里芬

局部鸟瞰图

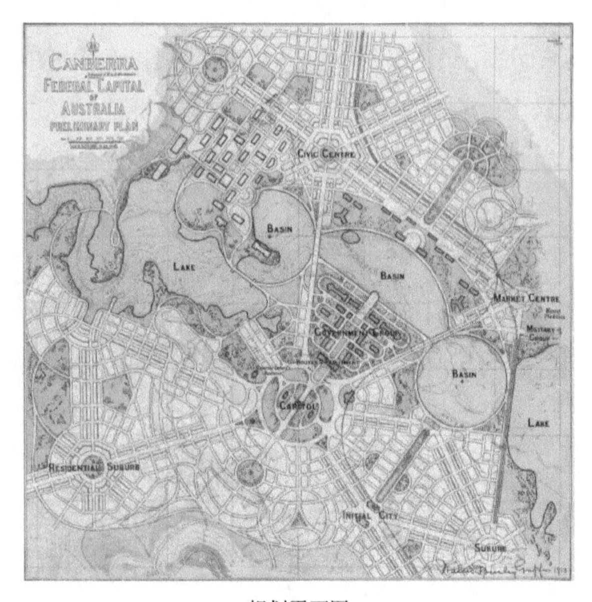

规划平面图

图2-15　澳大利亚首都堪培拉规划

(Walter Burley Griffin)和玛丽恩·马奥尼·格里芬(Marion Mahony Griffin)夫妇设计。格里芬夫妇结合圆形、六边形、三角形等几何图案,并以首都领地的地形特色为主轴打造而成,把具有强烈秩序感的古典主义构图结合在一起,将首都的庄严和花园城市生活的惬意有机融合,不仅充分考虑了城市的实际需求,也有充分的未来发展规划,展现了堪培拉的生命力和活力,同时也充分展示了设计和规划方面的高水平和引领地位。

第三章

构成中的心理和审美因素

风景园林是艺术、工程和技术的集合。

绝大多数情况下，我们都会要求最终的设计具有审美的价值，即造型必须是美的，景观必须是美的。运用造型的基本知识和方法，我们可以生产出各种各样的形——这就犹如一堆待筛选的原料，而审美的心理则如同过滤的筛子，它仅将符合人们审美心理要求的那些形态留下。经过分析筛选，我们归纳出塑造美的造型的规律，即所谓的形式美的法则（彭一刚，1998；田学哲，1999）。审美的法则在缓慢地变化着，今天形式审美的范围比过去扩大了，过去一些不被人接纳的形态也纳入了我们今天的审美范畴。随着人们认识的变化，这种审美的范围还将继续缓慢地变化。构成的审美法则是人们的审美意识的一种反映，而构成自身的构造规律是客观的。与审美意识相比，构形的规律要稳定得多。从这个意义上讲，掌握构形的方法、规律是基本，审美意识的提高则依赖于自身的修养。只有将这两方面结合起来，才能使我们在这方面的能力趋于完备，使我们的设计达到美观的要求。

无论建筑还是景观，其设计与建造成果最终都需要以可视的形态表达，设计本质上就是造形活动，借助于形式语言进行思考和表达，因此视觉思维和抽象思维的训练就非常重要。视知觉包含了视觉接收和视觉认知两部分。简单来说，看见了、察觉到了光和物体的存在，是属于视觉接收的部分；但了解看到的东西是什么、有没有意义、大脑怎么做解释，是属于较高层的视觉认知的部分。设计专业人员需要不囿于具象形态的影响，能够感知复杂形态背后的形体、色彩、肌理、光影、空间等本质特征，并运用点、线、面、体等抽象概念去认识、分析环境与设计对象。设计构成作为形态研究的一种方法，视知觉关注的问题主要就是形式的要素和形式的操作，要素主要是视觉特性描述，如点、线、面、体、空间、质感、色彩等，操作主要是知觉特性的表达，如观察、想象、描述、表现、分析等。因此，形态的心理感受特征以及图底现象，包括形式美的操作法则，都属于视知觉研究内容的范畴，以下就相关内容作简要的梳理分析。

1　形态的视知觉

1.1　单纯化原理

形的要素变化（如长短、方位、角度的变化，基本单元的形状变化等）越小、数量越少，就越容易被人认识把握。这就解释了为什么人们对简单的几何形比较偏爱。如圆、方、三角、球、立方体、锥体等简单的几何形较早地出现在人类社会的各式造型之中，无论是建筑景观还是园林景观（图 3-1）。对于复杂的形体，人们也倾向于将它们分解成简单的形和构造去理解。构造简单的形容易被识别，而尽可能地以简单的形和构造去认识对象的方法，就称为单纯化原理（田学哲，1999；杨志疆，2003）。如图 3-2 形的复杂程度的比较：圆形的边界与圆心的距离处处相等，所以较简单；正方形的边长及四个角相等，方位却互为镜像对称，变化的因素增加，所以较复杂；三角形的边长、角等都有变化，所以是前三者中最复杂的；最后两者变化的因素逐渐增加就显得更为复杂。

（左：巴西利亚国会大厦；中：巴黎拉·德方斯巨门；右：上海人民广场）

图 3-1　简单的几何形

图 3-2　形的复杂程度比较

讲到单纯化，就不能不提极简主义。

极简主义(Mininalism Art)是 20 世纪 60 年代以美国为中心的艺术流派，是在早期结构主义的基础上发展起来的，其渊源可以追溯到 19 世纪后半叶，最初是以绘画和雕塑的形式出现。极简主义源于抽象表现主义，遵照杜尚的"减少、减少、再减少"的原则，主张造型语言简练，色彩单纯，空间被压缩到最低限度的平面，并力图采用纯客观的态度，排除创造者的任何感情表现。极简主义艺术主张去掉一切装饰的、虚假的、表面的、无用的东西，剩下真实的、本质的、必不可少的东西，强调整体风格的纯净、典雅。极简主义因奉行"少就是多""装饰就是罪恶"等激进性的口号而名噪一时，至今仍具有巨大的影响力。极简主义在空间造型中注重光线的处理、空间的渗透，以概括的线条、单纯的色块，强调元素间的相互关联及合理布局。少不是简单、苍白、空洞，而是精简、简练、简洁，可见密斯的思想对后世影响深远。

少即是多。Less is more.

——密斯·凡·德·罗

这个原理告诉我们，要尽量从简单的形和形体出发去构造作品，最终的成果复杂程度也要有一定的度，不能超出视知觉的把握范围，即使是复杂的形也要将它分解成简单形去处理(图 3-3)。

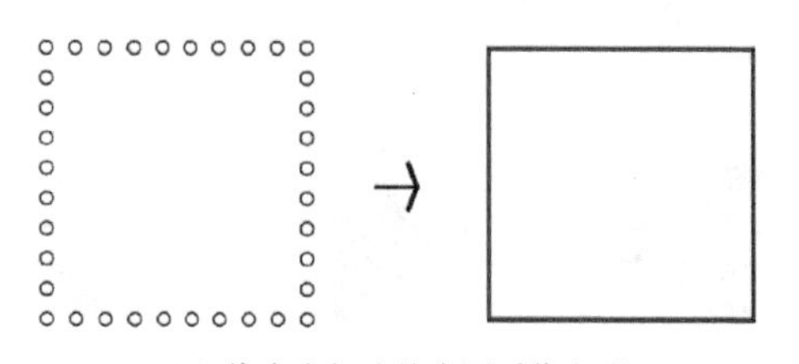

(a) 将多个相连的小圈看作方形

(b) 将复杂的形看作是简单形的组合

图 3-3　形的单纯化倾向

1.2　群化法则

这个法则指的是部分和整体的关系。各个部分之间由于在形状、大小、颜色、方向等方面存在着相似或对比，并且各部分的间距较小，空间感弱，实体感强，使部分之间联系起来形成整体（图 3-4、3-5）。个体在这里的作用很小，主要通过群体的关系来反映形体。

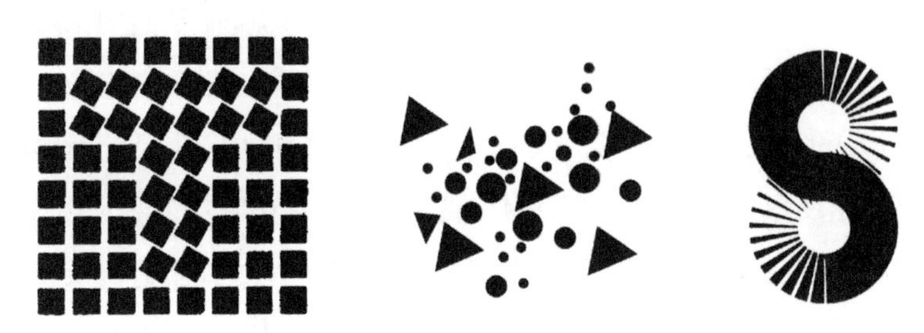

（左：由相似的形组成的群体；中：由对比的形组成的群体；右：由方向类似的线组成的群体）

图 3-4　各种群化的图形

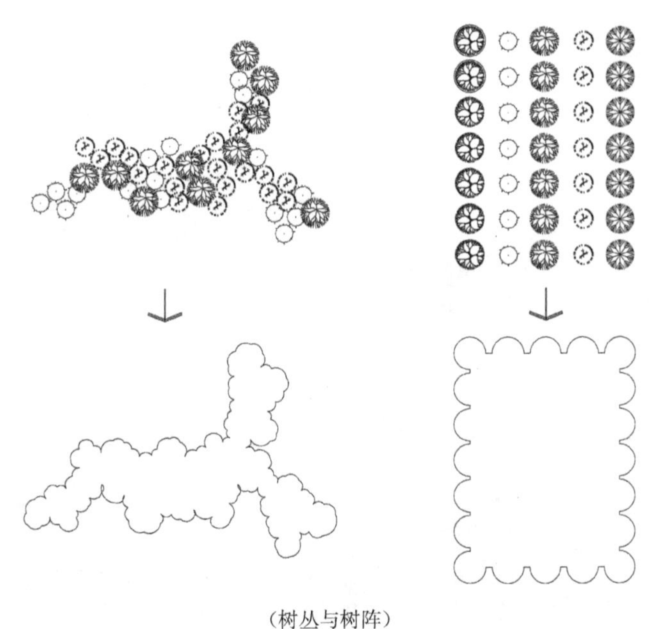

（树丛与树阵）

图 3-5　植栽的群化效果

1.3 图形层次关系

在立体构成中，从观察的角度看，形与形之间存在着明确、实在的前后关系，这也就是我们所说的层次。在平面构成中，人们也倾向以这样的关系去认识平面图形中的各个形。根据不同的平面图形关系，可确定其中各个形的前后层次关系。如图 3-6 中显示交搭的和分离的形的层次关系：这几组图形的层次如何？谁在前？谁在后？可见，在平面图形中交搭的形较容易判断出其层次关系，但是分离的图形则很难作出相应的判断（田学哲，1999；王群山，2001）。园林空间中的前景、中景、远景（背景）往往可以依据图形层次关系加以识别，或者进行专门的景观层次营造。如图 3-7，叠山本身利用了中国传统水墨山水绘画的技法，创造出层峦叠嶂的深远效果，同时，叠山、围墙、树木又构成了内外的空间层次。

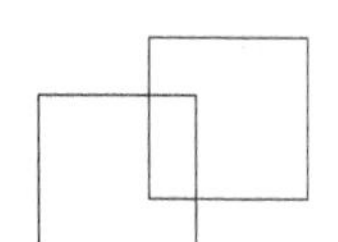
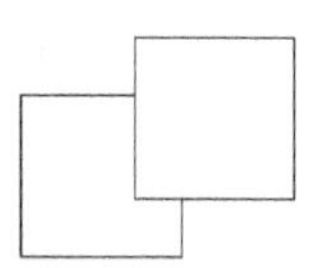
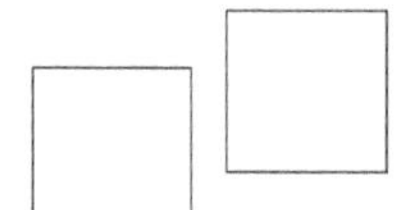

图 3-6　图形的层次关系图示

图 3-7　苏州博物馆的叠山

2　形态的心理感受

2.1　形的量感

量感就是对形态在体量上的心理把握。形的轮廓、颜色、质地等都会影响人们对形的量的感受、判断。如图 3-8 所示，(a)同样的形，颜色越深，其感觉就越重；(b)同样的面积，三角形的感觉最大，正方形次之，圆形最小(小林克弘，2004；田学哲，1999)。

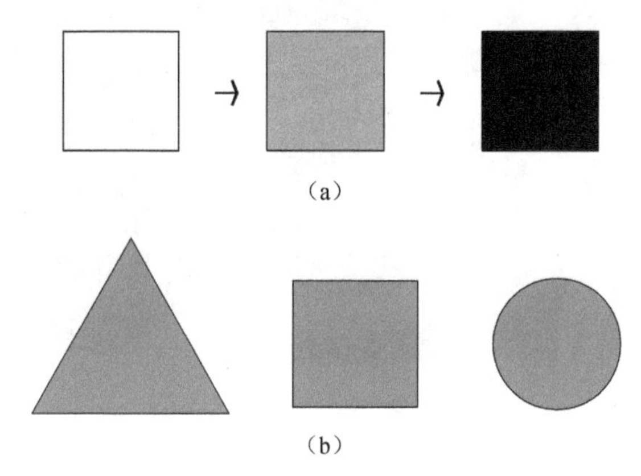

图 3-8　形的量感图示

2.2　形的力感和动感

由于实际生活中对力、运动的体验，使我们在看到某些类似的形态时会产生力感和动感。如图 3-9，弧状的形呈现受力状，产生力感；倾斜的

图 3-9　形的力感和动感图示

形会产生运动感。

力感和动感结合的我国书法艺术，其挥写流动的线条，无论是抽象表现方式，或是具象写意方式，都体现着一种对“自由运动”的追求（图 3-10）（夏镜湖，1996）。这种书写形式，对西方的现代艺术和现代设计有很大启示。未来社会是一个更加多样化和注重人性的社会。自由书写式的图形在设计中越来越被广泛应用，形成一种新的追求形式，体现着自然、生命与设计的结合。

图 3-10　书法艺术

2.3　空间感和场感

一般意义上的空间概念是三维的，相对于实体而言，是依附于一定的物质形态存在的三维虚空。场感是人的心理感受到的形对周围的影响范围，这种心理感受使我们产生了空间感。空间感必须以形体作为媒介才能产生，完全的虚空并非我们构成意义上的空间。不同的形状及围合程度产生不同的空间及场感（图 3-11）（田学哲，1999；程大锦，2005；詹和平，2006）。在园林设计中，常说的“场所感”与之有一定的关系。

另外，二维平面上所言的“空间”并非实在的三度空间，而仅仅是图形对人的视觉引导作用形成的幻觉空间。在二维平面中，如图 3-12 空间感

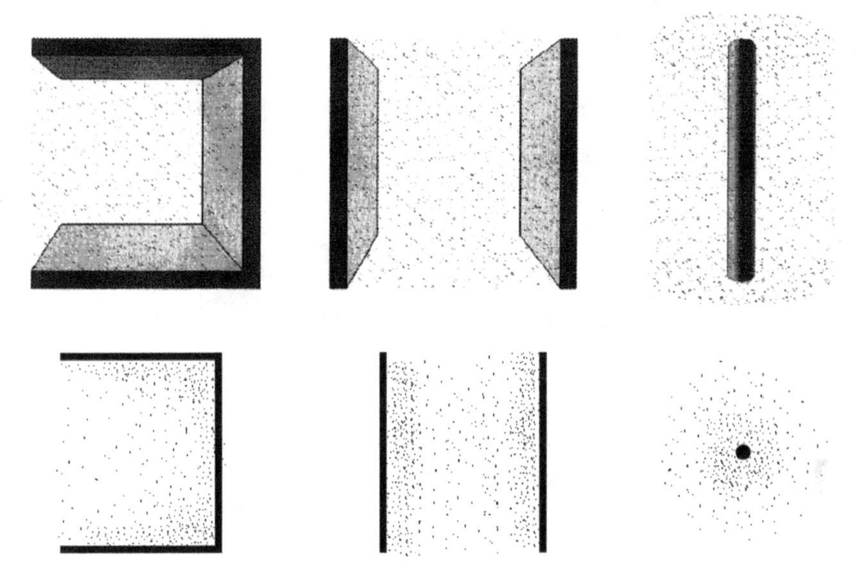

图 3-11 不同的形状及围合程度产生不同的空间及场感

表现手法有以下几点(王化斌,1994;王群山,2001):

(1) 利用大小表现空间感:大小相同的东西,由于远近不同产生大小不同的感觉,即近大远小。在平面上一样,面积大的我们感觉近,面积小的觉得远。

(2) 利用重叠覆盖表现:在平面上一个形状叠在另一个形状之上,会有前后、上下的感觉,产生空间感。

(3) 利用阴影表现:阴影会使物体具有立体感觉和物体的凹凸感。

(4) 利用间隔疏密表现:细小的形象或线条的疏密变化可产生空间感,在现实中如一款有点状图案的窗帘,在其卷着处的图案会变得密集,间隔会变小,越密感觉越远。

(5) 利用平行线的方向改变来表现:改变排列平行线的方向,会产生三维空间的幻象。

(6) 利用色彩变化表现:利用色彩的冷暖变化,冷色远离,暖色靠近。

(7) 利用肌理变化表现:粗糙的表面使人感到接近,细致的表面感到远离。

(8) 利用弯曲折叠的变化来表现:在空间中一个平面经过简单的弯曲或折叠就可以产生立体与空间感,这种现象在平面图的表现中同样可以感觉到空间感的存在。

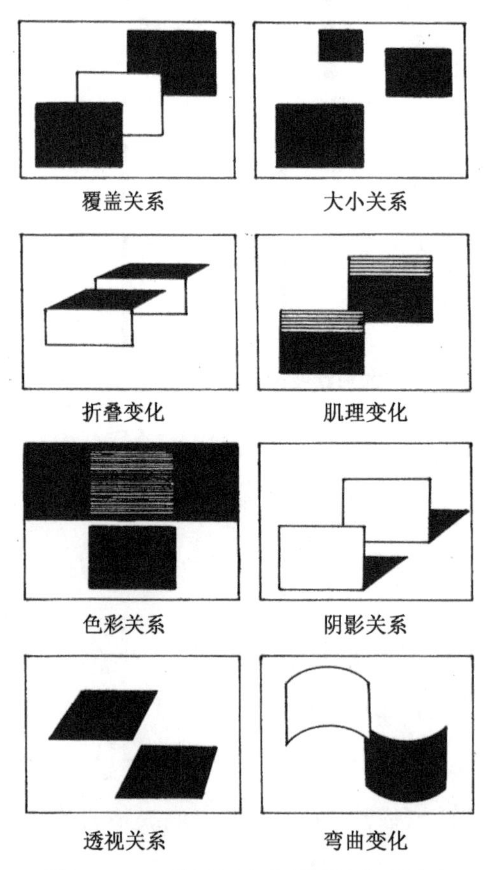

图 3-12 二维平面中空间感的表现手法

2.4 质感和肌理

如图 3-13 所示,质感是人们对形的质地的心理感受,如石材——坚硬,金属——冰冷,木材——温暖,玻璃——明亮,植物——亲切,等等,各种材质能给我们带来软、硬、热、冷、干、湿等丰富的感觉。环境设计中通过对形的表面纹理的处理,可以产生不同的肌理,创造极为多样的视觉感受(图 3-14)。例如建造同样形状的一个亭子,使用不同的材质——玻璃亭、不锈钢亭、木亭等,会给人不同的心理及视觉感受。同样材质的形,也会由于不同的肌理处理产生极其悬殊的视觉效果,如石材可以被抛光或者保留原始粗糙表面的肌理。园林中不同植物的叶片或树干所表现的质感是不同的(图 3-15),例如银杏的叶片光滑而让人容易亲近、雪松的叶片针形让人有疏离感、青桐的树干光滑、柳树的树干粗糙,等等。不同的环境条件下要注意不同材料质地的运用。

图 3-13 不同质感和肌理图示

图 3-14 景观中多样的视觉肌理

图 3-15　不同的植物叶片或树干的质感和肌理

2.5　视错觉和视幻觉

视错觉是人们对形的错误判断，感觉与客观现象不一致。如图 3-16 所示，感觉经验中的错觉实例：(a)同样大小的一个点由于周围要素的不同对比关系，产生大小不同的视错现象；(b)平行线似乎在中间部位凸起；(c)一条断开的斜线由于水平线的干扰好像错了位，感觉不在一条直线上；(d)等长的直线，垂直线似乎比水平线长；(e)两个等大的正方形，一个是框架形，一个是水平线排列形，后者在视觉上有扩张的感觉显得比前者要大；(f)两个等大的长方形，由于其内部两个黑色三角形的不同安排，前者显得比后者要大；(g)两个等大的圆，一个圆内内接正方形，一个画外切正方形，后者显得比前者要大(王化斌，1994；夏镜湖，1996)。

视幻觉是由于视觉的原因，通过形引起的人的一种想象。在日常生活中，我们观察近距离的物象，相对于观察远山大海来说，视野要狭窄得多，因此两眼投向近距离物象的视线角度便出现差异。正常情况下，左眼看物象的左侧面大些，右眼看物象右侧面大些。这样，在一定时间内，在两眼凝视中，被观察的物象就会发生变化：或起伏跳动，或错位迁移，或出现本不存在的斑点或异形，这就是常见的视幻觉（图 3-17）（夏镜湖，1996）。视错和视幻二者有细微的差别。古希腊的帕提农神庙就利用了视错觉，其立面上的柱子都微微向中央倾斜，使建筑显得更加庄重（田学哲，1999）。

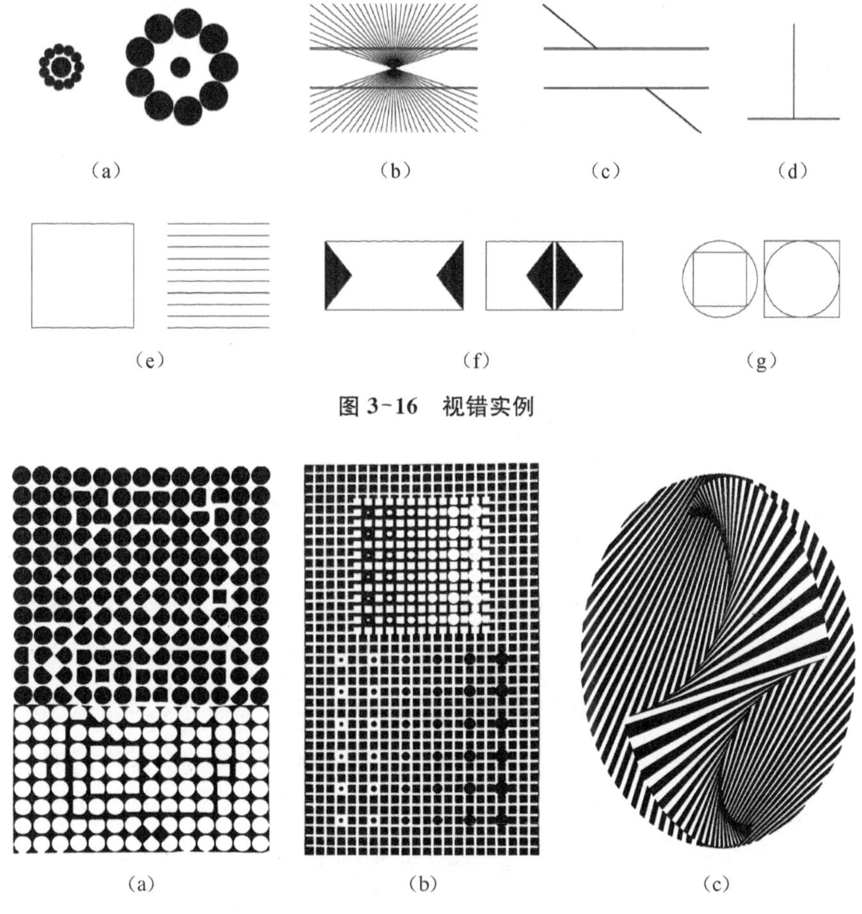

图 3-16　视错实例

(a)图中隐约出现的各种方形，交错组合，忽隐忽现；(b)图中跳动的点；(c)三维空间的幻觉

图 3-17　视幻构成

视幻的另外一种效果就是矛盾空间。有时对于一个主体图形空间的感知会有不同看法,这是随我们视点的转移而变化的。当我们将图形的某部分看成是向前凸进时,另一部分则成为后退的;反之,我们将原先看成向前凸进的部分再看作后退时,则原来看成向后退的部分就变成向前凸进的了,这是深度远近的变化。有的图形的立体感由两种或多种空间视点共同存在而形成,右边形的空间方向由上向下延伸,左边形的空间方向由下向上延伸,形成一种逆向关系(图 3-18)(王化斌,1994;夏镜湖,1996)。

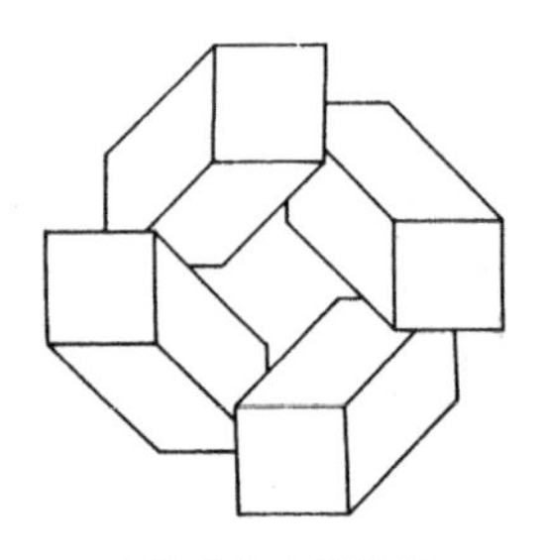

多视点的空间并置

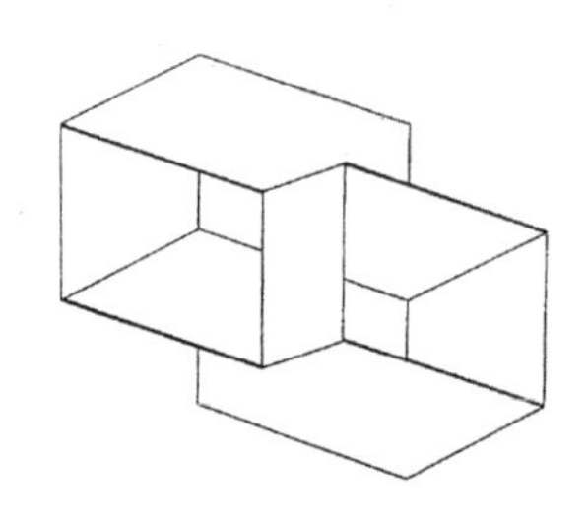

形态虚实的共存互换

图 3-18　矛盾空间图示

有些图形的立体结构关系在平面中可以被表现出来,而在现实中是根本不可能存在的,是不合理的、矛盾的空间,是一种非现实的、想象的心理空间表现。有些图形存在双重意味,如正侧或倒立共存图。由于观察角度的改变,形态也随之改变,原先看不到的东西,此时似乎又呈现出来(图 3-19)。这种图形具有奇特或幽默的情趣,这种空间关系常常被用来表达某种深邃的思想,这种违反常规的不可思议的图像常引发人们的思考和想象。

荷兰画家埃舍尔以极大的兴趣研究和解决再现性的交错图形,给予现代设计创意极大的启示。埃舍尔的作品展示了一个奇特的世界。他善于以巧妙、合理而令人信服的视觉方式,使一些语言无法表达的思想得以再现,创造了许多存在的、可能存在的或不可能存在的图形世界。他的奇思异想与哲理思考，借助其精湛的写实功力及魔幻般的交错技巧，艺术地表现了天地万物之间无穷无尽的运动及相互变换，表达了一种时空运动无限永恒的主题。作品中玄妙而神秘的境界给人以启迪，具有一种幽默、隽永的情趣（夏镜湖，1996；诸葛铠，1991）。埃舍尔的作品深刻地影响着现代设计。他那严密的理性思维与非凡的想象力的结合，对形态虚实的共存互换、平面与立体的空间转化、从一个物象转化为另一物象的变形等写实性交错语言的创造，对设计构思的创意有着新的启发，并丰富了设计语言的表现力。

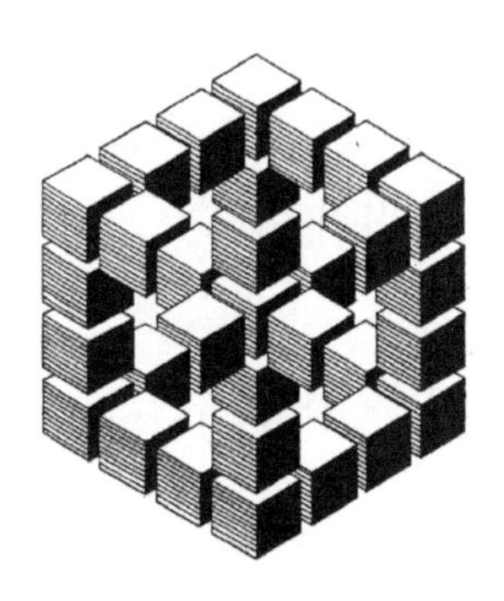

图 3-19 矛盾空间图示

这里强调一点，视幻构成之矛盾空间主要关注的是在二维平面上产生三维空间的幻觉，而非现实中形与形之间的关系。这种方法在美术设计领域有广泛的运用。

2.6 方向感

有运动感、力感的形体能体现出方向感，反之则不尽然，有方向感的形体不一定能体现出运动感和力感（田学哲，1999）。方向感和形体轮廓有直接联系：当各个方向上的比例接近时，形体的方向感较弱，反之则较强。如图 3-20 所示圆形的外轮廓处处一样，没有方向感；正方形的四边相等，因此两个方向的方向感也相等，没有主次之分，方向感较弱；长方形的方向感中短向的方向感较弱，长向的方向感较强（田学哲，1999）。

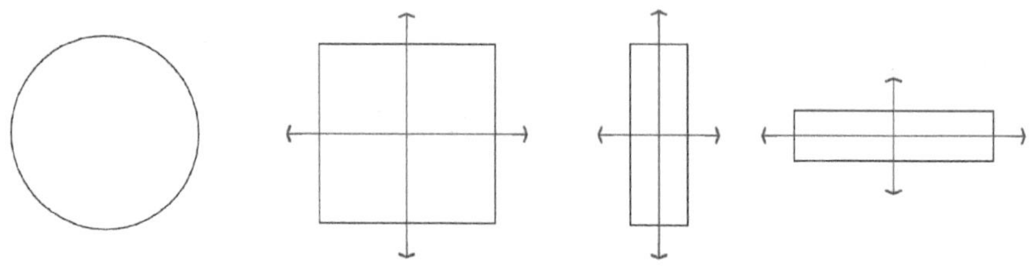

图 3-20　不同形的方向感图示

在环境设计中，可以利用方向感的原理来强化或减弱场地的轴线方向、序列等要素。当需要明确方向感时，空间处理为线型，如街道空间；当需要停顿时，可采用无方向或方向性较弱的圆形、正方形等，如市政广场。

3　图底理论

3.1　图底的概念

对“形”的认识是依赖于其周围环境的关系而产生的。人们在观察某一范围时，把部分要素突出作为图形而把其余部分作为背景的视知觉方式，我们称之为“图底关系”(Figure-ground)。“图”指的就是我们看到的“形”，“底”就是“图”的背景。在平面上，最先吸引人视觉的跳到人的眼前占有空间前进的形象称为“图”；反之，后退的在“图”周围的空间的形象称为“底”。图的形象就称为正的形象，底的形象就称为负的形象(王化斌，1994；程大锦，2005)。

在所有情况下我们都必须明白：吸引我们注意力的正要素“图”，如果没有一个与之形成对比的背景，那是不可能存在的。因此，图与底的关系不仅仅是对立的要素，二者形成一个不可分离的整体，一个对立的统一体，就像形体与空间要素共同形成了建筑实物一样。如图 3-21，抽象的苹果造型是一个显而易见的图形，周围的空白则是图的底，但集中注意力于苹果图形上，其中间空白的抽象圆形果核和竖线条则又成为图，原先在视觉中作为苹果图形的黑色部分则又成为底；2008 年北京奥运会会徽则有同样的图底关系。图底现象就像阴刻的图章，图和底总是相互映衬的。

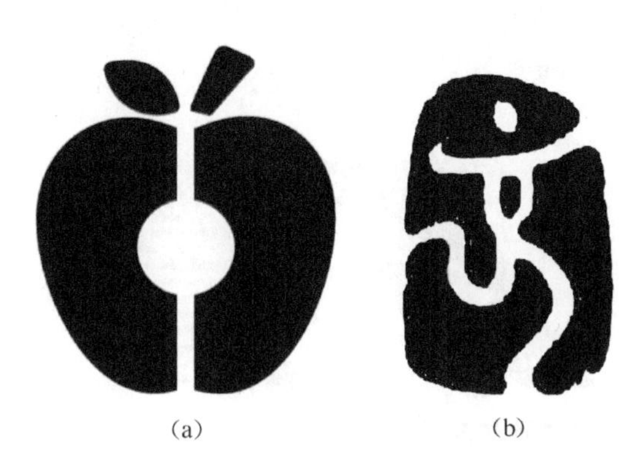

(a) (b)

图 3-21 图底关系互换表达

一般情况下，分辨形是图还是底，主要的看形所占面积的大小。画面中所占面积大的形容易成为底；反之，面积小的形容易成为图(图 3-22)。另外，颜色也会起到一定的作用，颜色浅的如白色，容易成为底；反之，颜色深的如黑色，容易成为图。图底关系对于强调主体、重点有重要的意义。了解了这个规律，我们就能把需要突出强调的部分安排为“图”，把不需要强调的部分安排成“底”。

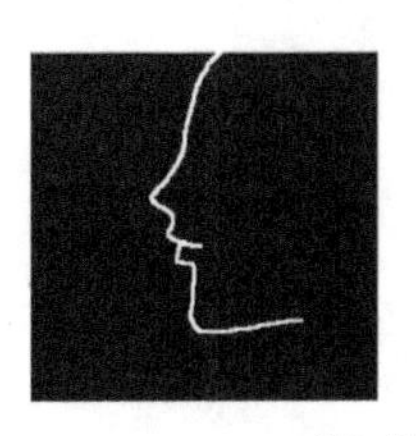

(a) 白底黑图 (b) 黑底白图

图 3-22 图与底的关系图示

当“图”和“底”在画面中所占比重差不多时，图和底的关系并非总是很清楚，某个形既可以成为图也可以看成是底，这种现象我们称之为“图底反转”(王化斌，1994；诸葛铠，1991)。这种构成中所产生的图和底随时变化的关系为设计构成中的填色带来选择，为图形的多样性提供了更多的可能性。图底反转是图底关系的一种特殊情况，此时，“图”和“底”都可能成为关注的焦点，在构成处理中须小心处理，或进行有意识地设计，达成特殊的效果，如世界一级方程式赛车锦标赛的宣传标识(图 3-23)。

图 3-23　图底反转

鲁宾之壶就是一个著名的图底反转的例子(图 3-24)。当我们把黑色部分作为图形看待时是一个杯子，而把白色部分作为图形时则是两个人头的侧影(王化斌，1994)；反之，则出现相反的情况。这幅图非常形象地说明了图形和背景的相互依存关系。

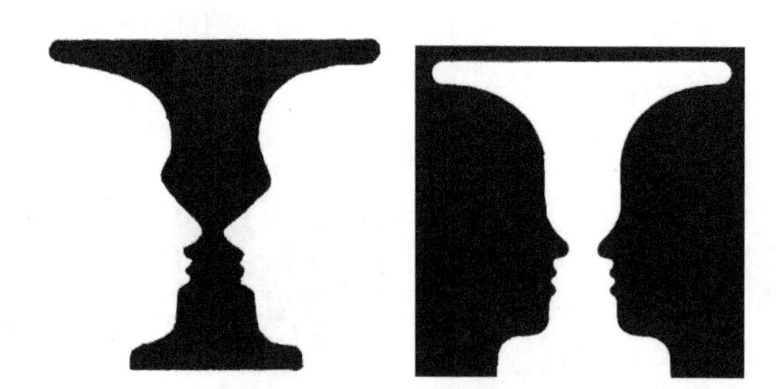

图 3-24　鲁宾之壶与其反转

总体而言，什么样的图底关系能形成图呢？主要有如下几种情况(程大锦，2005；王化斌，1994)：

(1) 居于视野中央者；

(2) 水平、垂直方向的形较斜向的形更容易形成图；

（3）被包围的领域；

（4）较小的形比较大的形容易形成图；

（5）异质的形较同质的形容易形成图；

（6）对比的形较非对比的形容易形成图；

（7）颜色深的形容易成为图，颜色浅的形容易成为底；

（8）群化的形态；

（9）曾经有过体验的形容易形成图。

如图 3-25 所示，图底关系的界定可能需要上述多种情况来判断。应当指出的是：图底关系并非是仅仅存在于平面构成中的现象，它指的是广泛意义上的图形和周围背景的关系，反映了人们如何认识图形和背景的规律。

图 3-25　图底关系渐变三例

3.2 图底理论的应用

人们在公园或置身于自然风景区时，通常并不在意其中的建筑物的数量有多少，而是更多地关注建筑的"质"，即独特的形式、风格、色彩、材料以及是否具有文物价值等因素。但是，在城市环境中，当一块场地中的建筑密度或建筑覆盖率比外部剩余空间的密度大时，建筑师观察事物的方式就与一般游人有了区别，表现为他会同时权衡目标建筑物与周围公共空间之间的相互联系(刘云月，2004；王建国，1999)。图底理论(或称图形—背景分析、实空分析)主要研究的就是作为建筑实体的"图"和作为外部开敞空间的"底"之间的相互关系(图 3-26、3-27)(程大锦，2005)。

(a) 线限定了实体与虚空之间的界限　(b) 实体的形式被表现为"图"　(c) 虚空的形式被表现为"图"

图 3-26　图形—背景关系分析(泰姬・玛哈陵建筑平面)

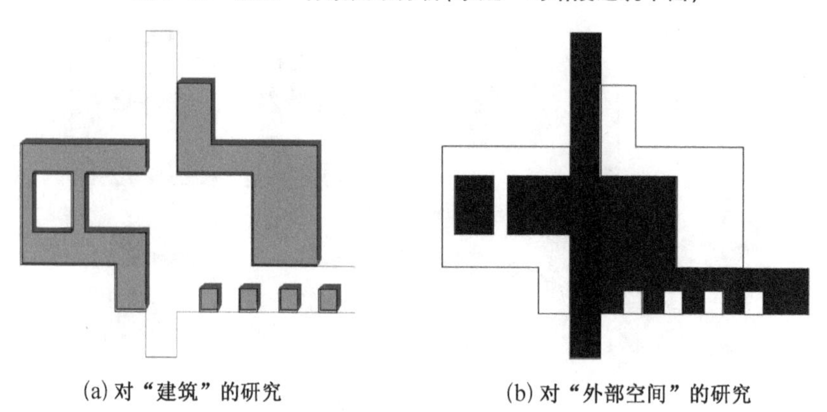

(a) 对"建筑"的研究　(b) 对"外部空间"的研究

图 3-27　图底关系分析——对于空间的操作

在园林构图中，人们经常出现的“失误”在于只将我们认为“有用的”方面如园林实体所占据的位置及其轮廓特征（称为正形）展示给视觉，而对于与之相对应的实体之间的剩余空间（称为负形）却视而不见（刘云月，2004）。在现代园林设计观念中，外部空间与景观实体要素至少处于同等的地位，这已经是一种共识。芦原义信（1985）在《外部空间设计》一书中曾把外部空间称为室内的“逆空间”，他认为可以这样幻想：把原来房子上的屋顶搬开，覆盖到广场上面，那么，内外空间就会颠倒，原来的内部空间成了外部空间，原来的外部空间则成了内部空间。像这样内外空间可以转换的可逆性，在研究园林空间时是极其具有启发性的。“逆空间”的大小、位置和图形特征一定要满足设计意图。广义地说，在园林空间构图中，作为正形的“图”和作为负形的“底”有着不可分割的紧密联系，只有将两者结合才能真正地构成一个完整意义上的设计。如图 3-28 在这个罗马地图的不同部位上，实体形式与空间形式之间的图底关系可以颠倒，这取决于我们把何者视为正要素。在这张地图的有些部分，建筑物似乎是正要素，限定了街道空间。在该地图的另外一些部分，城市广场、庭院以及重要公共建筑中的主要空间被作为正要素，与作为背景的周围环境中的建筑实

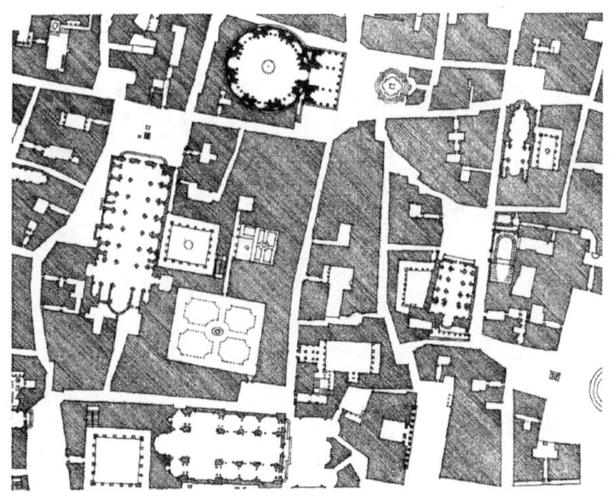

图 3-28　实体形式与空间形式之间的图底关系

体形成对比(程大锦,2005)。

对于景观设计平面图而言,实体与空间之间是一种共生关系,无论是建筑设计图纸还是园林设计图纸,一般颜色较深表示的是实体,可能是建筑、构筑物或植物,而外部空间往往就是“空空的部分”,这虽然有利于我们对实体要素的把握,但却往往忽略了外部空间。如果我们将建筑等实体要素留白,而将外部空间填色,如图 3-29 将广场空间涂黑,作为图形看待,空间就成了积极的图形,就可以更直观地操作处理。

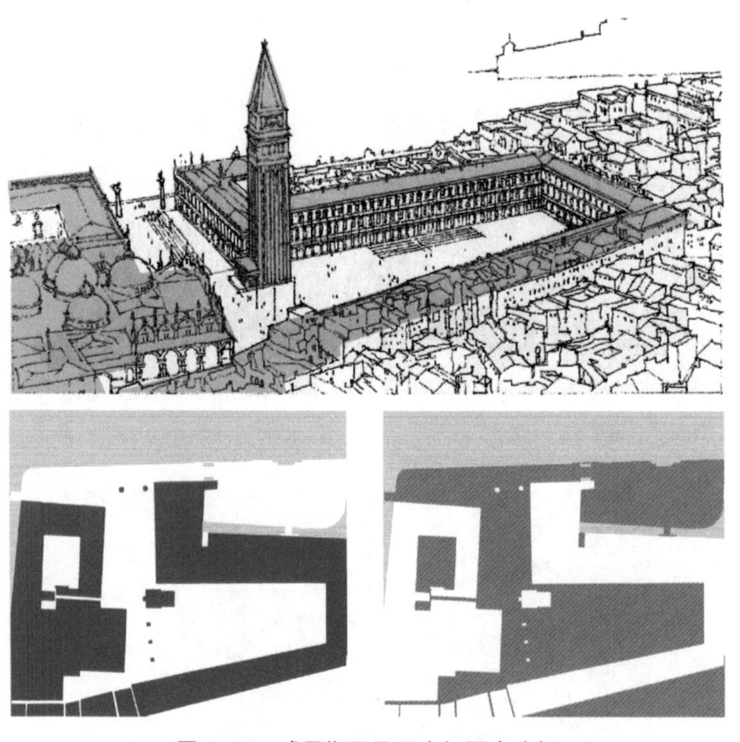

图 3-29 威尼斯圣马可广场图底分析

4 形式美的法则

对于园林景观而言,和其他艺术形态一样,优秀的景观都应该让人看起来是很舒服的。当然，园林景观的形象问题还涉及文化传统、民族风格、社会思想意识等诸多方面的因素，并不单纯是一个视觉审美的问题，但是一个良好的园林景观首先应该在视觉上是美观的。那么到底什么样的园林景观才算是美的呢？自己的设计如何才能做到美观呢？如何评价一个设计是否美观呢？也许你说不出具体的东西，但是当你面对如画的风景时你一定会感叹：啊！真是太美了！显然，美的东西其中必定含有一些共同的必然的规律。这种共识是从人们长期生产、生活实践中积累而来的，它的依据就是客观存在的美的形式原则，可以称之为形式美法则。在我们的视觉经验中，挺拔的杉树、高耸的宝塔、巍峨的山峰等的结构轮廓都是高耸的垂直线，因而垂直线在视觉形式上给人以上升、高大、威严等感受；而一望无际的草原、沙漠、风平浪静的大海等则使人联系到地平线，因而水平线能使人产生开阔、徐缓、平静等感受。再如自然界中的动植物，如蜻蜓(图 3-30)、蝴蝶等其均衡、匀称的外形，富有变化的外轮廓，富有韵律感的花纹、网脉、斑点，和谐统一的色彩和质地，等等，让人美不胜收。这些源于生活积累的共识，使我们逐渐发现了形式美的基本原则（刘永德，1996；彭一刚，1998）。在西方自古希腊时代就有一些学者与艺术家提出了美的形式原则的理论，时至今日，形式美原则已经成为现代设计的基础理论知识，在构成、构图和布局等设计的实践上，更具有它的重要性。

图 3-30　美丽的蜻蜓

4.1　形式美的总原则

宇宙万物，尽管形态千变万化，但它们都按照各自的一定规律而存在，大到日月运行、星球活动，小到原子结构的组成和运动，都有各自的规律。爱因斯坦指出:宇宙本身就是和谐的。和谐的广义解释是:判断两种以上的要素,或部分与部分的相互关系时,各要素和部分所给我们的感受和意识是一种整体协调的关系。和谐的狭义解释是:统一与对比两者之间不是乏味单调或杂乱无章的。单独的一种颜色、单独的一根线条无所谓和谐,几种要素具有基本的共通性和融合性才称为和谐,比如一组协调的色块、一些排列有序的近似图形等。和谐的组合也保持部分的差异性,但当差异性表现为强烈和显著时,和谐的格局就向对比的格局转化(彭一刚,1998)。

一般情况下人们普遍认同秩序是美的造型的基础。虽然不能说有秩序就一定能造出美的形,但是没有秩序的形肯定是不美的。秩序,也就是规律,广泛地存在于自然界。同时,在自然界中也还存在着无序的现象,有序和无序的对立统一是自然的一种属性。虽然构成意义上的有序和无序主要是指视觉及心理感受意义上的,并不完全等同于自然界的有序和无序,但是这种矛盾的统一法则也同样适用于构成。随着审美范围的扩大,“无序”的方法也在构成中被尝试,于是审美内容上出现了一些新东西,比如反调和、瓦解秩序等。但是这些努力基本上仍然是以秩序作为基础的,试想,没有调和怎么有反调和?“无序”还必须通过有序来体现,所谓的“无序”恐怕是人们探索新的秩序的另一种方式。随着实践的深入,我们将会更加了解有序和无序的对立关系,从而创造出新的形式(杨志疆,2003;彭一刚,1998;诸葛铠,1991)。

综上所述,如果把众多的事物通过某种关系联系在一起,获得了和谐的效果,这就是多样统一。多样统一规律是一切艺术领域中处理“构图”的最概括、最本质的原则,是形式美最基本的要求,也是构成的最基本法则。其包含两层含义:

(1) 秩序——相对于杂乱而言,体现要素之间的相互制约性;

(2) 变化——相对于单调而言,要素丰富而不杂乱。

统一就是要有秩序、控制和协调;多样就意味着不同,不同就存在着差异，有差异就是变化，有变化则会显得丰富。没有多样也就无所谓统一，正因为有了多样才需要统一。这种方法是形式美原则的主要内容（图3-31）。多样统一意味着调和，就是要求形与形之间既要有不同的要素加以区别，又要有共通的要素加以沟通，从而形成完整的新形。

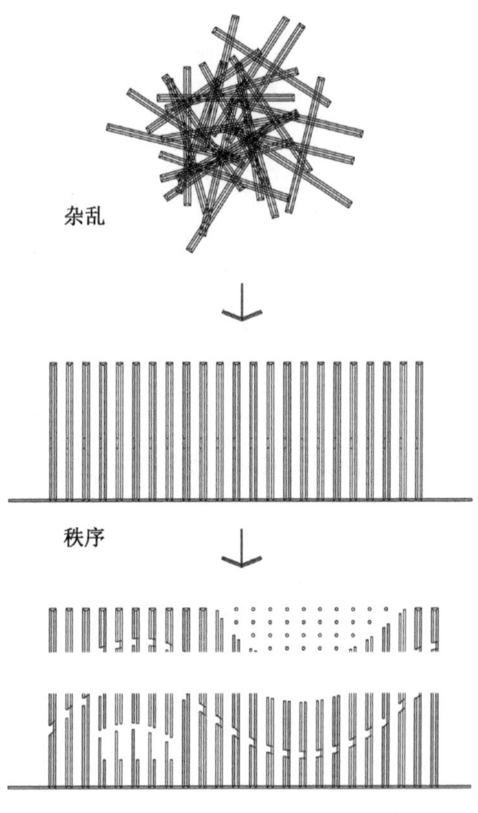

图 3-31 统一就是既有秩序又有变化

在景观设计中，达到统一的具体的手法有：

（1）秩序的建立：以简单的形式可以取得统一——圆、方、三角；调和——以共同的要素形成统一；轴线对位；格网控制；对称手法；等等。

（2）变化的产生：对比——以异质的要素互相衬托形成统一；等级、主从、统摄——通过主体形式或主空间的强势支配全局或附属空间，可以通过大小、多寡、明暗、虚实、远近等处理方法达到目的。至于变化的具体方面，要从形和空间的基本要素着手，即从大小、形状、颜色、肌理、位置、方向等入手。

构成中的重复构成体现的主要是秩序富有节奏感，但绝对的重复显得有些呆板；近似构成和渐变构成则在秩序的基础上增加了变化，使得形象更丰富更有表现力；对比构成体现的更多是同中求变，变异构成则强调了变化。

园林设计中的多样化是客观存在的，是不成问题的，而在园林设计中要把势在难免的多样化组成引人入胜的统一，却是比较困难的，要有意识地去学会控制，合理有序地安排各设计要素，做到整体统一。

4.2 轴线

4.2.1 轴线的定义

轴线是一条线，实在的或者隐含的，总是直的。要素围着轴线布置，用来建立空间秩序和规则，它是简单而有力的手段。它是远古文明最早使用的手段之一，在显示权力象征的设计中经常可以找到轴线（西蒙兹，2000）。

产生轴线最基础的方法是连结两个焦点的想像线，轴线可用于把目光从设计的一部分导向另一部分。实的或者隐含的两点之间的连线可以形成轴线，两个场地中心的标志物的连线可以形成轴线，两个或多个空间通过对位关系可以形成轴线（图 3-32）（程大锦，2005）。如果将轴线沿线的要素加强并赋予空间定义则更有作用，它们可以是城市中建成的形状，如街道，或者是林荫大道的形式（赖因博恩，2005）。轴线给人的感觉往往是严谨而生硬的，轴线如果与其他措施结合在一起使用，或许可以调节成不太刻板的外观。林荫大道是设计师们喜用的设计元素，并且易于建造，但是它们不是真正的轴线，除非它们具有能够引导目光的聚焦点（贝尔，2004）。

另外，两点及两点形成的轴线还会成为其他轴线的衍生源，如轴线的垂直平分线，轴线的终点或中点在功能上也可作为其他轴线的终点或中点（图 3-33）（程大锦，2005）。这样两个或更多的规划区域可聚焦于同一点。华盛顿特区规划图采用了这一原则，所以成为精心的、最紧凑的都市规划设计之一，汇聚于公园、环岛、建筑或纪念堂的长长的、放射状的、绿树成行的大道框住了优雅的透景，使城市复杂、伸展且各不相同的部分结合成紧凑的统一体。如果就纪念性的规划安排而论的话，这一切看来恰到好处（梁雪等，2006）。

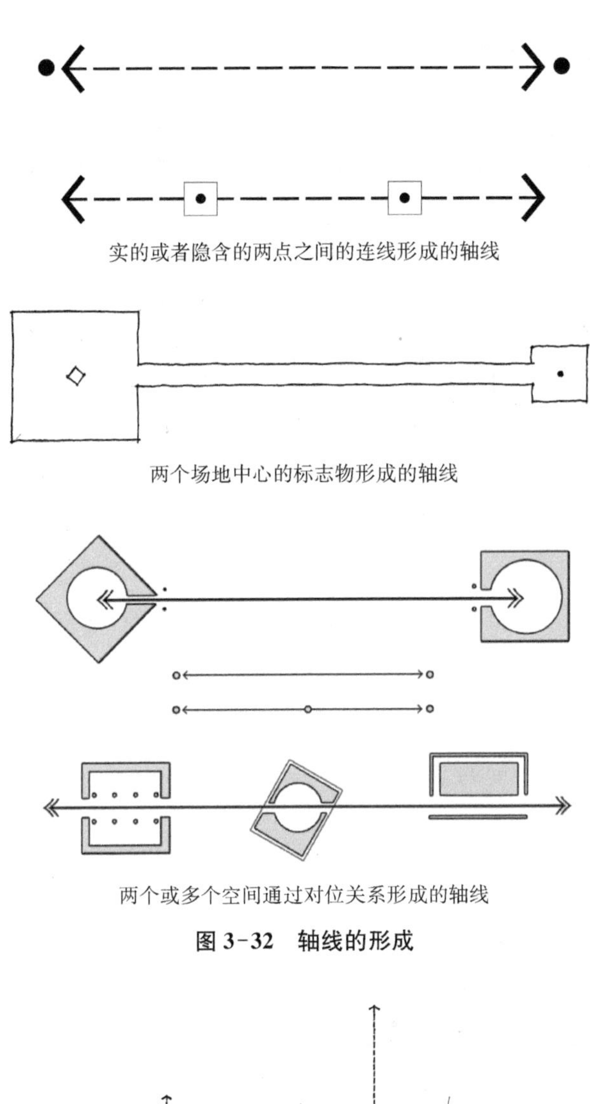

实的或者隐含的两点之间的连线形成的轴线

两个场地中心的标志物形成的轴线

两个或多个空间通过对位关系形成的轴线

图 3-32　轴线的形成

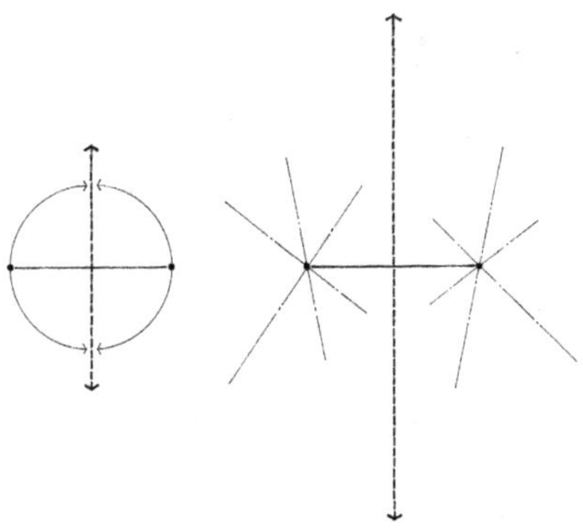

图 3-33　两点及两点形成的轴线会成为其他轴线的衍生源

4.2.2 轴线法则的应用

轴线在设计中是非常形式化的手段，可以用来对本来分散的要素进行强有力的控制，这是因为它倾向于支配构造中的其他组织。因此，只要在设计中有某种象征性的方面，它总是用得最多的。在那些要显示皇权的存在或使人屈服于至高无上的神权、专制或武力的地方，就要机敏地运用轴线(西蒙兹,2000)。如在法国凡尔赛宫这样的经典景观中，人支配自然是重要的题材；在罗马的圣彼得大教堂或在有法老的埃及，轴线要显示出宗教仪式和宗教权力；在中国封建时期的皇宫皇城，为了显示封建皇权的统治权力，宽广而庄严的军事大道从城门一直延伸到昔日皇帝的金顶紫禁城(图 3-34)，树木成行的轴线大道从北面的景山顶向南延伸，穿过御花园、宫殿群、繁忙的城市中心，一直到紫禁城的皇家大门，且继续前行，越过阅兵场、田野和森林——这一条动态的权力之线，使整个城市和乡村都服从于端坐在玉石宝座上专制皇帝的意志和威严；等等(王建国,1999；贝尔,2004；西蒙兹,2000)。这些都被设计成为巨型轴线式布置，甚至成为整个城市发展的基准线。

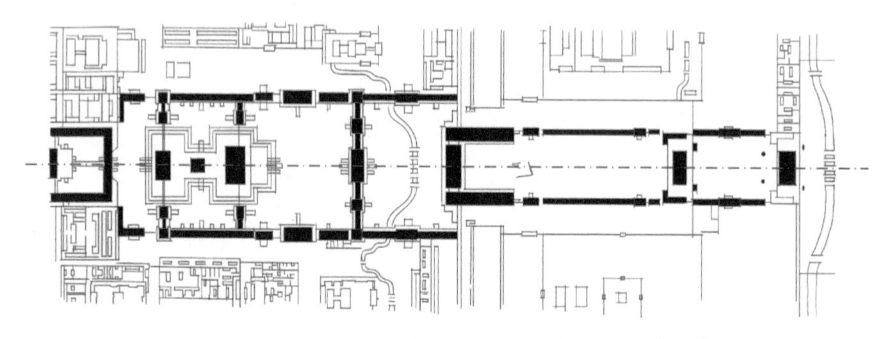

图 3-34　北京紫禁城中轴线

轴线对景观要素的影响有时是积极的，有时是消极的。积极的一面在于轴线的控制力对于景观要素的协调，将原本不相干的或者需要统一的景物通过轴线结合为一个整体。有时，通过它们间的相互联系，轴线范围内的要素可获得更多的趣味和价值。作为单一要素，它们是单调的，但在整体构图中，它们却可相当引人注目。如果它们的位置并不显著，那么利用相关轴线的框架可大大提高它们的重要性。在现代景观设计中，这一点被经常运用(图 3-35)。另外，在景观设计的构图中，轴线的运用可以有效地控制各景观元素及整个场地，使得设计统一而整体(图 3-36)。消极的一面在于邻近轴线的地域或物体必然要和轴线发生联系，有时它们会深受其害。因为人们的兴趣多集中在物体与轴线的关系之中，而不是物体本身(西蒙兹，2000)。例如，一株长势良好的银杏古树，如果是孤植的，我们就会观察其枝干的结构、细枝、嫩芽、叶子、光影图案及其优美的外轮廓和精致的细部。但如果它与一条显著的轴线关联，我们就只能在大背景下对这棵树一掠而过，其细微、自然、独一无二的个性都丧失在这条轴线上。

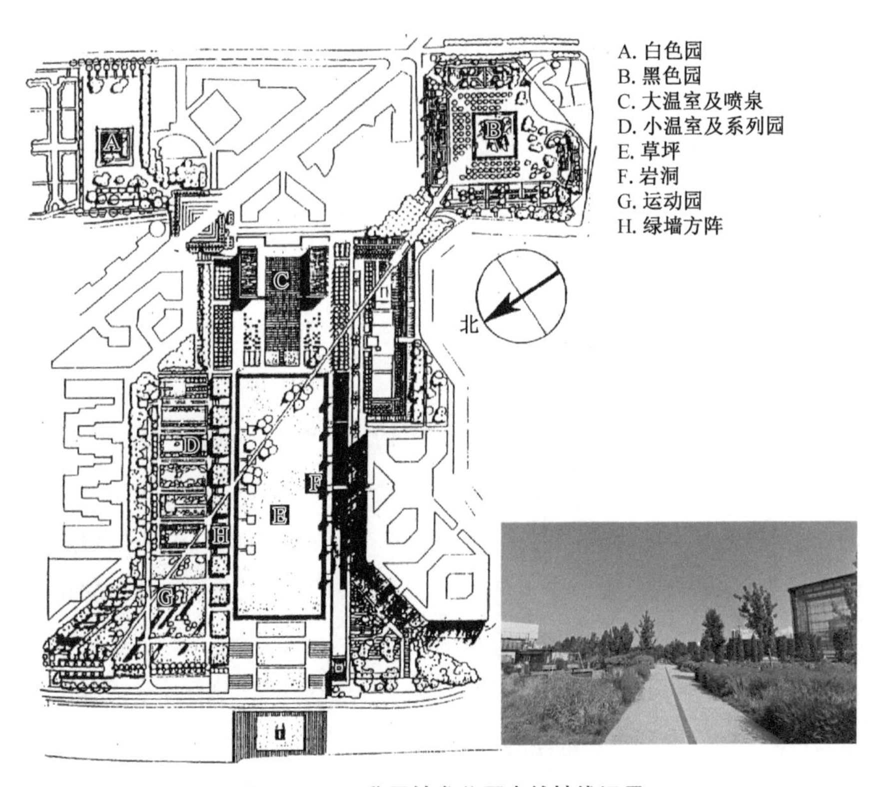

图 3-35　巴黎雪铁龙公园中的轴线运用

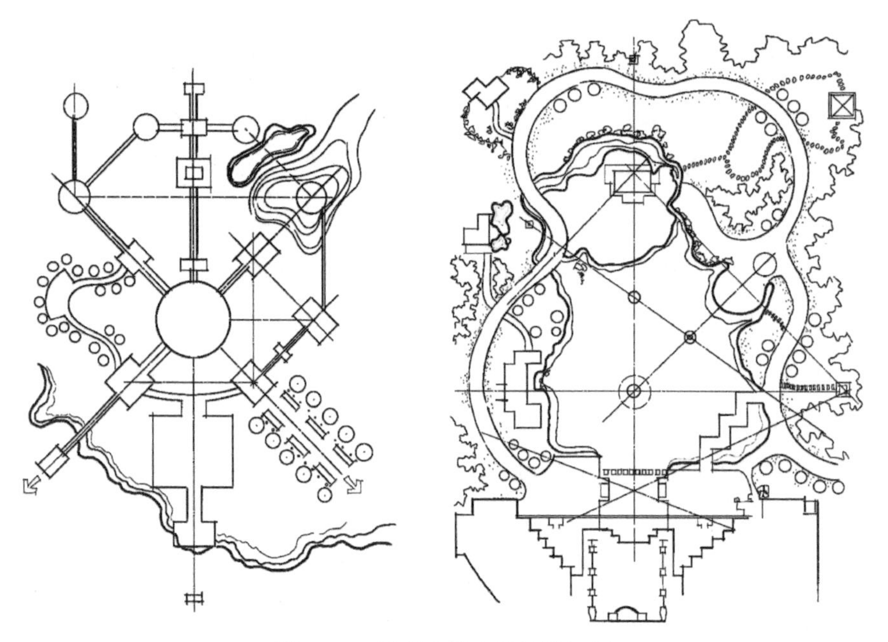

图 3-36　景观布局中的轴线运用

4.3　对称

4.3.1　对称的定义

对称指的是从某位置测量时，在等距位置上有相同的形态关系，有明显的轴线，形体在轴线的两边作对称布置。对称是涉及景物中部分与整体关系及其平衡的又一个原则。对称的构造一般表现得非常整齐、稳定和宁静，而不对称的设计代表其反面——不稳定，虽然不一定是不平衡的、不宁静的和不整齐的。对称是最基本的创造秩序的方法，是取得均衡效果最直接的方法。无论是人体还是自然界中动物的形体、植物的花朵等，都具有显著的对称特征(王晓俊，2000a)。

因此，对称的形态在视觉上有自然、安定、均匀、协调、整齐、典雅、庄重、稳定、严肃、单纯、完美等的朴素美感，符合人们的视觉习惯(图 3-37)。凡是由对称布置所产生的均衡就称为对称均衡。对称均衡在人们心理上产生理性的严谨、条理性和稳定感。对称也有其负面感觉：呆板、沉闷、缺少生气等。

图 3-37　对称的规则式园林景观

对称的主要方式有两种：

（1）两侧对称式（镜像对称）：以直线为对称轴，在中轴线的两侧均衡地布置相同或相似的要素。两侧对称是最常见的类型，物体的一半是另一半跨过中线的镜像，这也是最简单的。它可见于人体、很多树叶、一些花朵中，在很多花园设计中与轴线相结合，如欧洲古典规则式园林。在古典建筑中它是重要的形式美的法则，在自然风貌景观中则是少见的。即使有些冰川峡谷有几乎完美的 U 形截面，但通常在地形上很不对称，因为侵蚀力一般是在特定的方向上作用的。

（2）放射对称式（中心对称）：以中心点为轴对称，即将相同或相似的要素围绕一个中心布置，呈放射状的形态。放射式对称在自然界是很常见的——很多花及水母等低等动物。在建筑形式中也广泛使用，如圆顶形建筑。在花园中可见于复杂的花坛，特别是欧洲古典园林中的花坛。

4.3.2　对称法则的应用

对称属于秩序和控制，在园林构图和布局上如果处理恰当、主题突出、井然有序，则能显示出由对称布置所产生的非凡的美，如以勒诺特尔式为代表的欧洲古典主义庭院、凡尔赛宫、沃勒维贡特庄园等，成为千古

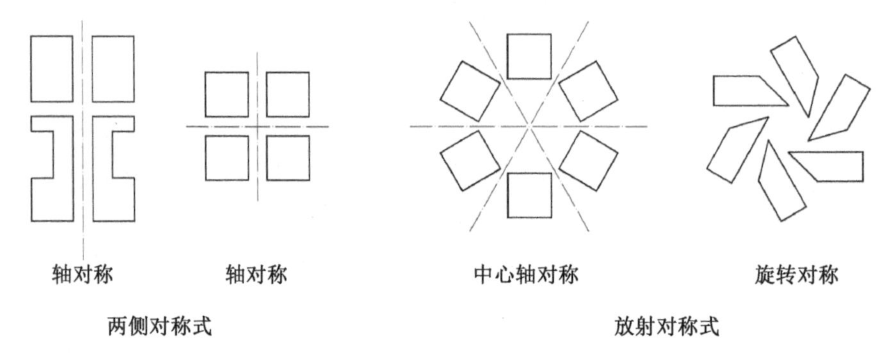

图 3-38　对称的方式

佳作。欧洲传统的古典建筑以及中国的宫殿建筑绝大多数都为对称形式，因而显得庄严、神圣。如果不分场合，不顾功能要求，一味追求对称性，有时反而流于机械、平庸和呆板。

在现代景观设计中，对称可运用于微观的花坛或庭院设计，也可以是大尺度的公园甚至城市设计(图 3-39、3-40、3-41)。对称有时会与轴线共同作用形成景观，对称强化轴线感，即对称轴。对称轴可以是有功用的一条线或一个平面，如小路、宽阔林荫道，这些都表现为“实轴”；还可以是强有力的视觉或运动的引导线，就像穿越一系列庄严的拱门或大门，或穿行于间隔而有韵律的成行的树木或门楼，或朝向一个高兴趣点的物体或空间运动一样。对称轴有时也可以表现为“虚轴”，对称轴可由视线或运动线强有力地引导着，它可以是穿过一大片开放草地或水面的恬静的透

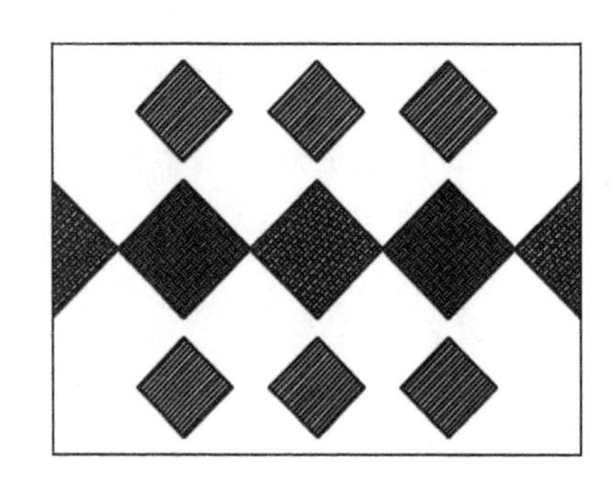
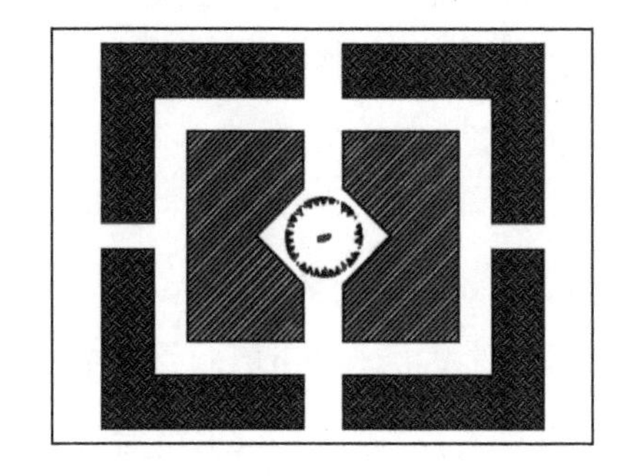

图 3-39　对称式构图

景线，其每一侧的物体似乎都是对等平衡的，如日本严岛神社立于水中的鸟居与主体建筑群的轴线关系（图 3-42）。

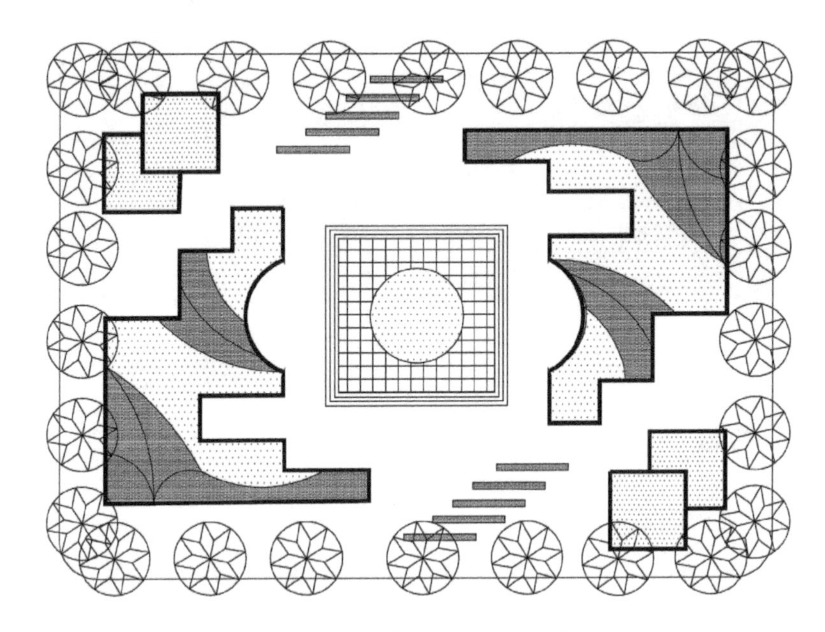

图 3-40　旋转对称式绿地构图

图 3-41　对称式城市设计

图 3-42　主体建筑群轴线的延伸形成的虚轴

4.4　均衡

4.4.1　均衡的定义

均衡可视为将不对称的景物取得统一的一种控制手法。自然界中凡属静止的物体都要遵循力学原则，以平衡的状态存在，不平衡的物体或造景会使人产生燥乱和不稳定感，亦即危险感。所以无论供静观或动观的景物在艺术处理上都要求达到均衡。均衡能促成安定，防止不安和混乱，给景物外观以符合一般审美的魅力和统一。

力学上的均衡概念是指支点两边的不同重量通过调整各自的力臂而取得平衡。构成学上的均衡概念是指感觉上的形的重心与形的中心重合。景观中的均衡问题主要指景观形体的前后左右各部分之间的关系，要给人安定、平衡和完整的感觉。如要给均衡下一个定义，即形体在无形轴左右或前后两方的形状，虽不完全相同，但看起来在质的方面并不偏重于任何一方，而使人觉得分量恰好相等的感觉(彭一刚，1998)。

对称形式的格局天然就是均衡的，那如何在景物不对称的情况下取得均衡？其原理与力学上的杠杆平衡原理颇有相似之处。一个小小的秤砣可以与一个重量比它大得多的物体取得平衡，这个平衡中心就是支点。

调节秤砣与支点的距离可以取得支点两侧的平衡。所以在形体或园林布局上，重量感大的物体离均衡中心近，重量感小的物体离均衡中心远，二者易取得均衡。另外，改变图形的位置时应相应地改变其在整体中所占比重。形与形的均衡可通过调整位置、大小、色彩对比等方式取得(图 3-43)。

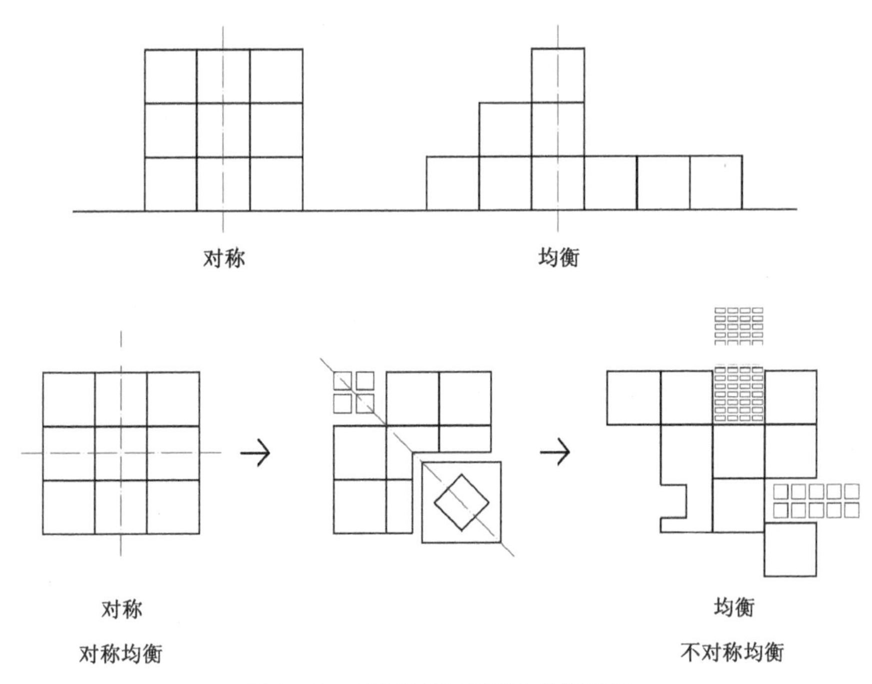

图 3-43　对称均衡与不对称均衡图示

4.4.2　均衡法则的应用

因不对称均衡构图的丰富性，其美学价值大大超过对称均衡构图的美学价值，但设计中更难于控制。我国江南传统园林的总体布局，都以不对称均衡的状态存在，园中假山的堆叠、树桩盆景和山石盆景的景物布置等也都是不对称均衡，轻松、自然、随性(万叶，2001)(图 3-44)。历史上曾经最壮观的花园——圆明园，如今静卧于北京西郊的废墟中，在平面布局造景上，除西洋楼景区参照欧洲庭院规则式设计，其他均广泛吸收江南造园特色，呈现非对称结构。现代建筑中不对称均衡的代表作如悉尼歌剧院，其轻快活泼的外形具有让人过目不忘的效果。在现代景观设计中，不对称均衡的运用与设计比比皆是(图 3-45)。总体而言，在园林景观设计的构图布局与形体设计中，可以采用对称均衡，可以采用不对称均衡，也可以综合运用，如总体对称局部不对称，或总体不对称局部对称，具体运用哪一种形式要根据功能要求因地制宜，不要为了形式而形式、为了构图而构图。对于实体的景观形态设计要综合考虑其体量、虚实、色彩、光影、质感、疏密、线条等视觉要素，切忌单纯考虑平面构图或立面构图。

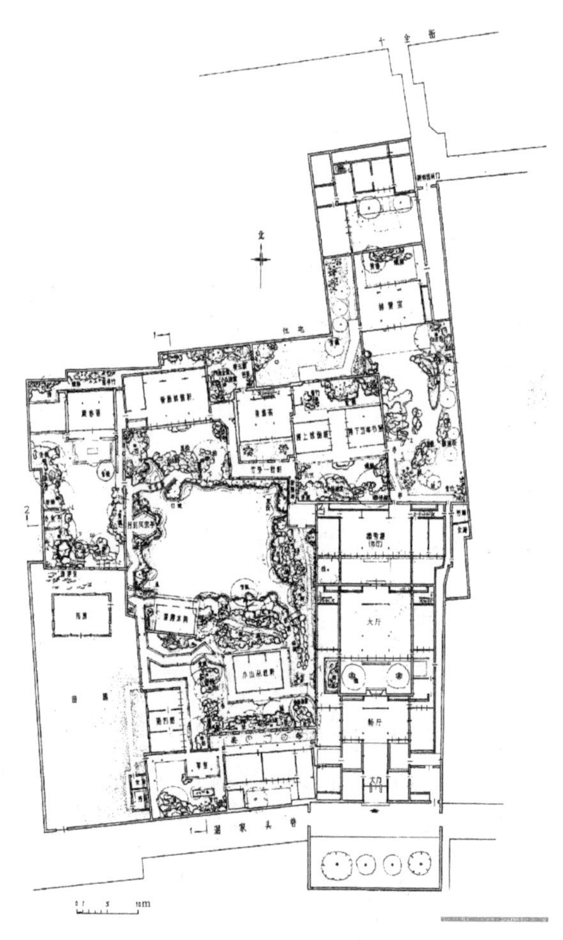

图 3-44　苏州网师园平面

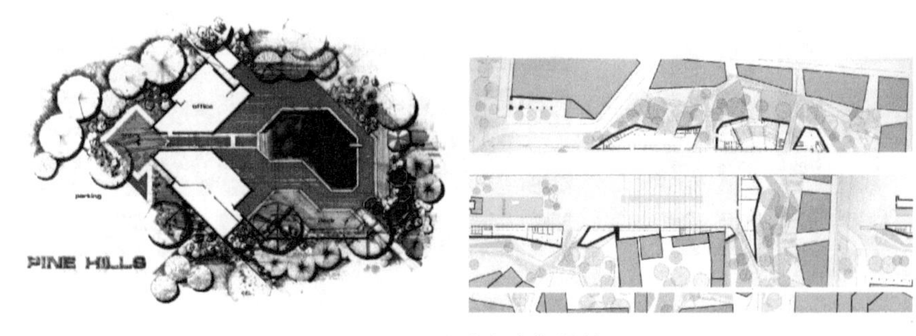

图 3-45 不对称均衡设计

4.5 等级

4.5.1 等级的定义

在由若干要素组成的整体中，每一要素在整体中所占的比重和所处的地位，将会影响到整体的统一性。倘使所有要素都竞相突出自己，或者处于同等重要的地位，不分主次，这将会削弱整体的完整统一性(彭一刚，1998)。

等级常见于自然界，它帮助我们理解功能方面和生态方面的格局。从泉水汇合而成的小溪，通过汇流渐渐增大直到成为一条大河，这样的格局可以显示清晰的重要性次序。在植被中某些物种或其集合在一些地区是支配性的，如森林中的树木。植物的干与枝、花与叶，动物的躯干与四肢都呈现出一种主与从的差异性；在各种艺术形式中，有主题和副题、有主角和配角、有重点和一般等，正是凭借着这种差异性的对立，才形成一种统一协调的整体：**主次分明、重点突出**。

从上可见，等级的产生源自于对比。基于这一点，在设计中应该认识到：在一个有机统一的整体中，各个不同组成部分应该加以区别对待。它们应当有主与从的差别，有重点与一般的差别，否则，各要素平均分布、同等对待，即使排列得整整齐齐、很有秩序，也难免会流于单调、呆板(图 3-46)。

设计的很多方面要求一些部分明显地更重要或者在视觉上支配着别的部分。这意味着，在更复杂的构造中最好要有一个清楚的等级以便在

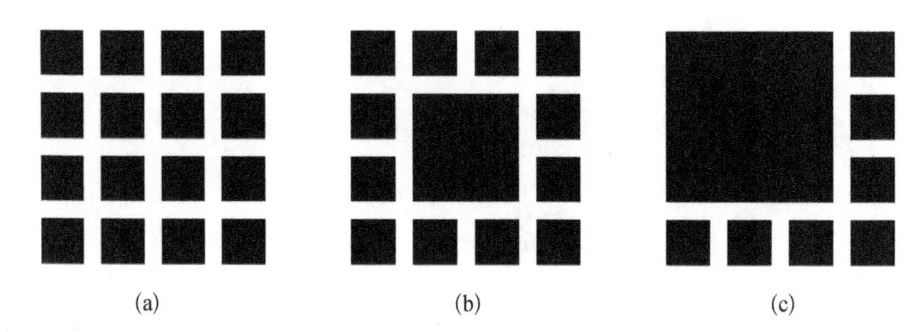

(a)一组正方形平面,没有一个比别的更重要,组合形式显得单调、呆板;(b)、(c)一个正方形比别的大得多,分出了等级,因此在构造中有了主次,有了更强的秩序感。

图 3-46 等级关系图示

部分与整体的关系中建立秩序(贝尔,2004)。

4.5.2 等级法则的应用

在居住格局上,通常在一些建筑物的位置、尺寸上有清楚的等级,如宝殿或寺庙相对于农舍和村庄。这不仅是视觉上的,也是社会上的等级,象征着权力和影响的差别。等级的发展也归因于规划和经济因素,如城市中心有金融和办公区段,工业则在离此更远的区域,再往远处则是郊野。功能性等级可见于道路、小径和其他交通网络,与它们的重要性有关。与此相应地创建了一种视觉格局和景观结构,特别是在经济发达的区域,土地使用格局中的每一件东西都与网格有关。城际快速路、高速路和其他不太重要的路都是从这个网格中衍生出来或者明显地相交在网格上。

在园林景观中要有明确的主从关系,如要有主景区和次要景区,要有主要景点和次要景点,堆山要有主、次、宾、配,园林建筑要主次分明,植物配置要有主体树种和次要树种、主景树与配景树,等等,无论是整体布局还是细部处理都应该做到"主从分明、重点突出"而达到整体统一。在园林设计中突出主景的方法有:主景升高或降低,主景体量加大或增多,轴线对位及视线会聚,动势向心,以及在造型、色彩和重心等方面进行重点处理,即对比手法的运用。

一般情况下,在众多的景观空间中,必有一个空间在体量上或高度上起主导作用，其他大小空间起陪衬或烘托作用。如苏州拙政园以远香堂为中心，从属辅助性布置亭、廊、舫及其他建筑和园林要素，空间主次分明、多样变化。北京颐和园中万寿山上的佛香阁（图 3-47），高 41 米，下有 20 米高的石台基，以它为中心的各建筑群严整而对称地向两翼展开，形成众星拱月之势，气派宏伟，达到了统摄全园的效果。近代建筑典范南京中山陵，祭堂为其重点景观，其他景观为辅，在博爱牌坊、陵门、碑亭等一系列辅助建筑和空间烘托下，层层递进，把庄严、肃穆又不失亲切的纪念空间表达得非常到位。祭堂建筑本身依然有主次之分，可谓高度地和谐统一。

图 3-47　颐和园佛香阁

同样，在每个空间中也一定要有主体与客体之分，主体是空间构图的重心或重点，也起主导作用，其余的客体对主体起陪衬或烘托作用。这样主次分明，相得益彰，才能共存于统一的构图之中。若是主体孤立，缺乏必要的配体衬托，即形成孤家寡人。如过分强调客体，喧宾夺主或主次不分，都会导致构图失败，所以整个园林构图乃至局部都要重视这个问题。凡是成为名园的构图，重点必定突出，主次必定分明；凡是缺乏重点，主次不分明的园林，其景观必然紊乱或贫乏，缺乏强烈的艺术感染力，很难引人入胜，更谈不上构图的统一性（彭一刚，1986；万叶，2001）。由此可见，在构图中建立良好的主从关系是达到统一的重要条件。

4.6　基准

基准指的是用点、线、面和体为设计或构造的空间组织及其组成要素提供参照物（图 3-48）（贝尔，2004）。如一个点，可以作为一个中心，要素可围着它转，就像太阳控制并组织太阳系中的行星一样；也可以作为轴心，机器的运动部件围着它转动。例如，早期上海东方明珠电视塔可以作为外滩及浦东的一个参照点，欧洲教堂的高塔可以作为村庄的焦点。一个点可以提供一个基准，辐射出要素，如灯塔为海上的船舶提供参照点。从一个节点辐射出来的小径也提供了基准，如美国犹他州的盐湖城有一条"子午线"，整个城市的布局是参照它来组织的，所有的街道从这里开始计数并命名（贝尔，2004）。

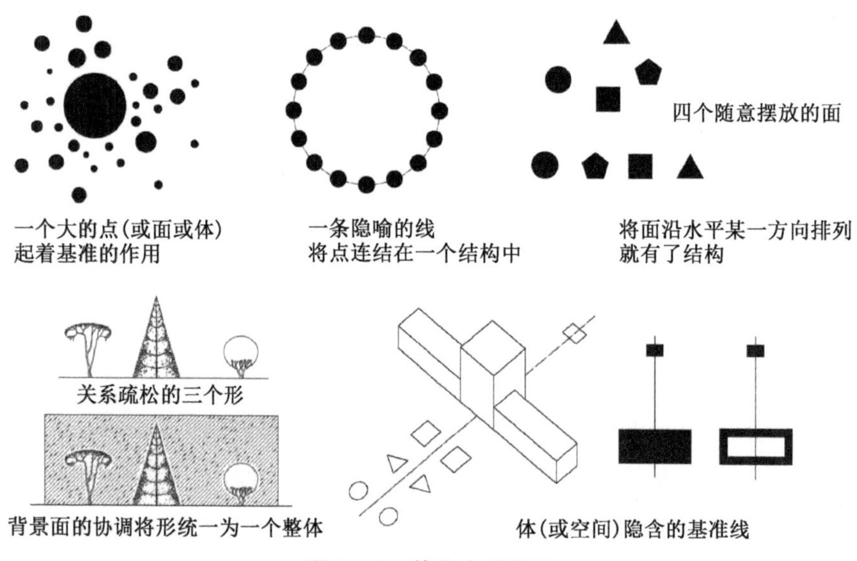

图 3-48　基准法则图示

线用作基准比其他要素更常见（程大锦，2005）。这可以是一条真实的线，如一条路或一条小径，房屋和居所依此排列。城市的大部分街道都是以道路为基准布置各式建筑。线也可以是平面的边缘，如各种建筑物围绕城市广场安排和组织。通过一个要素到另一个要素的想像线也可以是基准，我们可以由它而看到形状，例如一个圆圈可以由间隔很宽的石头组成，我们可以识别连结它们的线并按一定的次序识别其图案。

在很多例子中可以见到平面用作基准的情况。如地板可以用来组织在平面上放置的物体，草地上的雕塑、墙面可以提供背景来安置门、窗等要素。想像的基准平面是地图制作者标记零高的测量基准，如海平面，它用于组织与它有关的地面(贝尔,2004)。

体提供的基准可以是实体,与点一样,要素围着它安排。这样的实体必须有足够强烈的形状,通常是相当简单的形状,以便被认作是更有支配性的要素(见“等级”),如凡尔赛宫中的路易十四官邸。体也可以是开敞空间(虚体),如典型的城市广场,聚集、组织和围合着很多要素。

在自然界,时间经常被感知为线性的(从过去通过现在到将来),有一条发生事件的连续线。以这种方式,时间可以作为生长、衰败和改变的基准(一个基础时间或起点)。

4.7 比例

比例是使得构图中的部分与部分或部分与整体之间产生联系的手段,恰当的比例则有一种和谐的美感。比例与功能往往有一定的关系,在自然界或人工环境中,但凡具有良好功能的东西都具有良好的比例关系,例如人体、动植物、建筑物等(图 3-49、3-50)。但凡设计都会牵涉到比例关系问题,不同比例的形体具有不同的形态情感(图 3-51)。

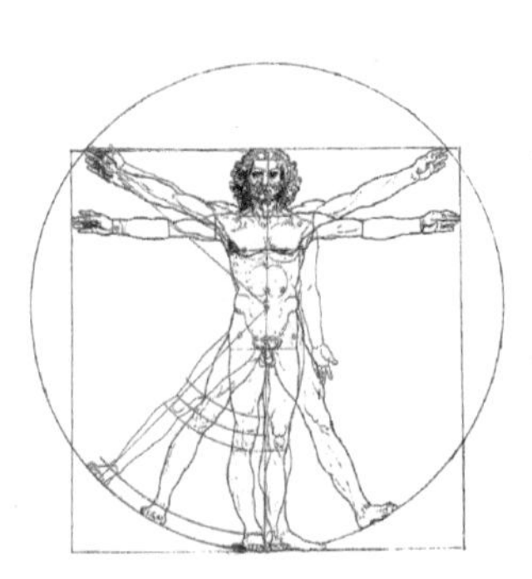

图 3-49 人体的比例分析

图 3-50 比例合度的古建筑

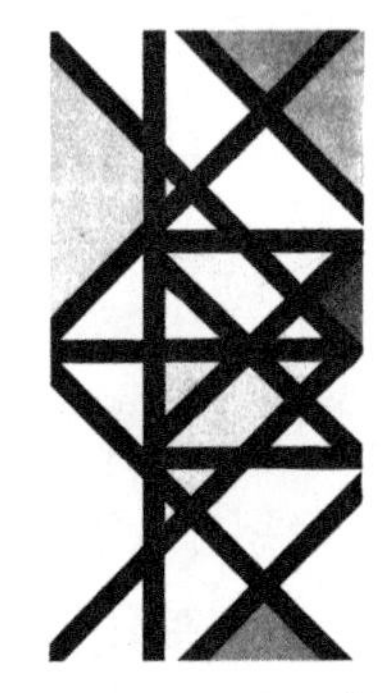

图 3-51 平面的比例分割

比例的具体定义是指形体之间体量的相对比较,要素本身、要素之间、要素与整体之间在度量上的一种制约关系,即形体的各种大小、高矮、长短、宽窄、厚薄、深浅等的比较(彭一刚,1998)。形体的各部分之间以及各部分自身都存在着这种(长、宽、高)比较关系,它不涉及具体尺寸。比例只能表明各种对比要素之间的相对数比关系,不涉及对比要素的真实尺寸,如将同一张照片放大或缩小,其长宽的比例是不变的。因此,在相同比率的情况下,对比要素可以有不同的具体数值。

比例问题涉及数列等数学上的一些概念,如整数比、等差数列、等比数列、平方根数列、黄金分割比等,这些比例关系可供我们作为设计的参考(王晓俊,2001a)(部分相关图片见第五章分割类设计)。无论是单体设计如建筑还是场地设计如广场,其平立面的构图都要进行比例关系分析、推敲,做到各要素与要素之间、要素与整体之间在比例上的和谐,并尽可能将形式与功能有机统一(图 3-52)。

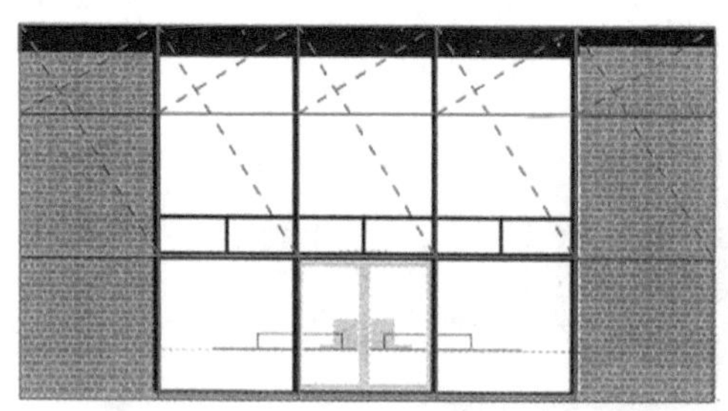

(伊利诺伊理工大学礼拜堂,密斯设计)

图 3-52 建筑立面比例关系分析

英国美学家夏夫兹博里曾说:"凡是美的都是和谐的和比例合度的。"所谓合度应理解为"增之一分则太长,减之一分则太短"。简而言之,合度就是"恰到好处"(万叶,2001)。比例体现在园林设计上,用于处理对于景观形体的推敲,还有场地形式的把握。没有良好的比例关系不可能达到真正的统一。但是,比例仅仅是一种控制手段,我们不应该将艺术纳入纯数学的推导。

4.8 韵律

自然界中许多事物或现象,因其有秩序的变化或有规律的重复出现给人以美感——韵律美。如水中一圈圈的波纹、一片蜘蛛网、一朵盛开的菊花、一面成熟的向日葵等，它们有规律的排列和重复变化犹如乐曲中的节奏一般，给人以一种明显的赏心悦目的韵律感(图 3-53)。

(a) 重叠的花瓣

(b) 发射渐变的蜘蛛网

图 3-53 自然景观中的韵律美

韵律本是指音乐(诗歌)的声韵和节奏，节奏是指音乐中节拍轻重缓急的变化和重复。韵律在设计上是指以同一视觉要素有规律地连续重复时所产生的律动感，条理性、重复性、连续性是韵律的特点(彭一刚，1998)。根据不同的组织方法，韵律能产生多种表现形式，如舒缓、跃动、流畅、婉转、热烈等。韵律美按其形式特点主要可以分为两种类型(图 3-54)，即重复韵律和渐变韵律。

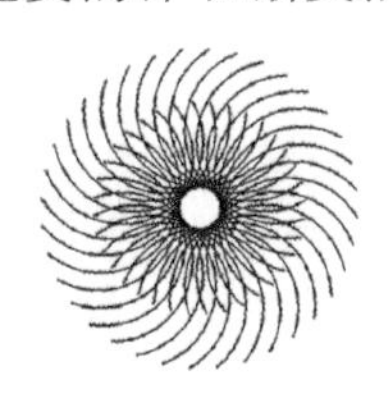

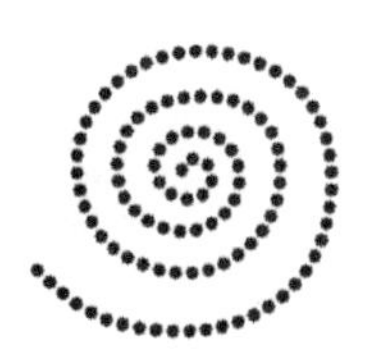

重复韵律

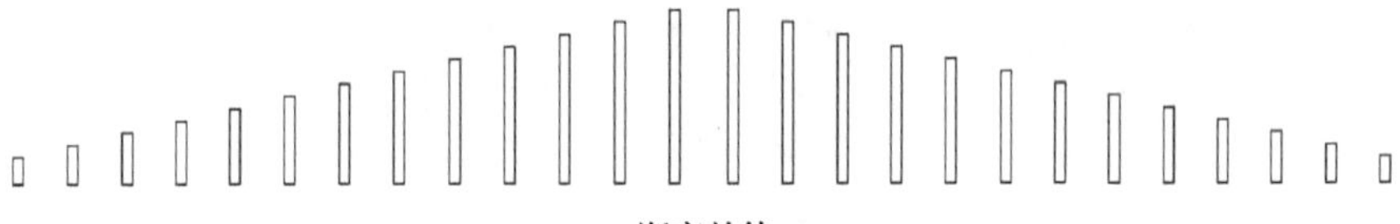

渐变韵律

图 3-54 两种韵律图示

(1) 重复韵律:以一种或几种要素连续、重复排列而形成,各要素之间保持恒定的距离和关系,可以无止境地连绵延长。重复韵律又可分为绝对重复和相对重复。

(2) 渐变韵律:连续的要素在重复的过程中在某一方面或某几个方面(形状、方向、角度、颜色等)按照一定的规律而变化,如距离增加或缩短,形状变大或变小,或色彩、方向等方面有规律的变化。渐变要遵循量变到质变的原则,否则会失去调和感。渐变可避免简单重复产生的单调感,又不至于产生突变的印象。

重复产生美! 韵律在设计中的应用随处可见,如列植的行道树或树阵、等距布置在围墙上的各式各样的漏窗、重复的铺地纹样、如花的喷泉等(图 3-55、3-56)。重复体现一种秩序,渐变体现一种变化,因此渐变韵律是使设计达到统一的一种非常常见但重要的方法。

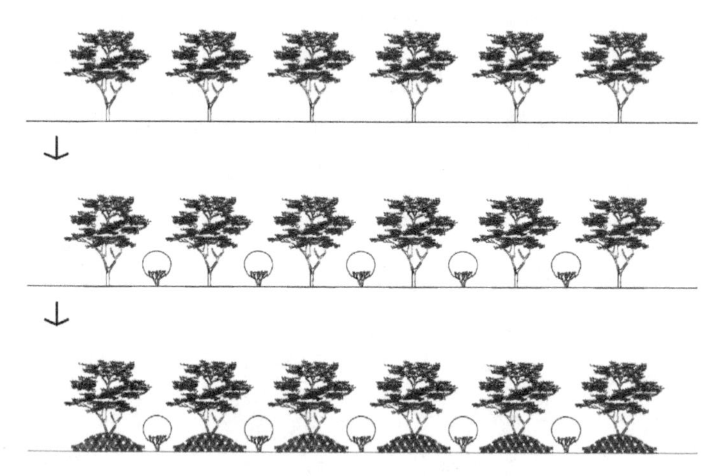

图 3-55　韵律感的强化——行道树景观

图 3-56　富有韵律感的行道树、种植景观和汀步景观

4.9 对比与调和

事物总是通过比较而存在的,艺术上的对比手法可以达到强调或夸张的作用,在设计中对比是应用得最多的艺术原则。对比,就是强调"差异性"——相反或相对的事物组合产生对比,对比表现为突变、连续性的中断(图 3-57a)(彭一刚,1998;王晓俊,2001a)。利用相反相成的因素可以加强形与形的相互作用,例如大与小、多与寡、远与近、垂直与水平、上与下、疏与密、曲与直、轻与重、高与底、强与弱等(图 3-57b)。利用这种方法,可轻易达到强调或突出重点的目的。一般来说,对比代表了一种张力,能够挑起观看者的情绪反应,能够带来一定的视觉感受。对比可产生明朗、肯定、强烈的视觉效果,给人深刻的印象。需要强调的是,对比和调和只存在于同一因素的差异,而不同的因素之间不存在调和与对比。对比的手法有形象的对比,以及体量、方向、空间、明暗、虚实、色彩、质感的对比等。

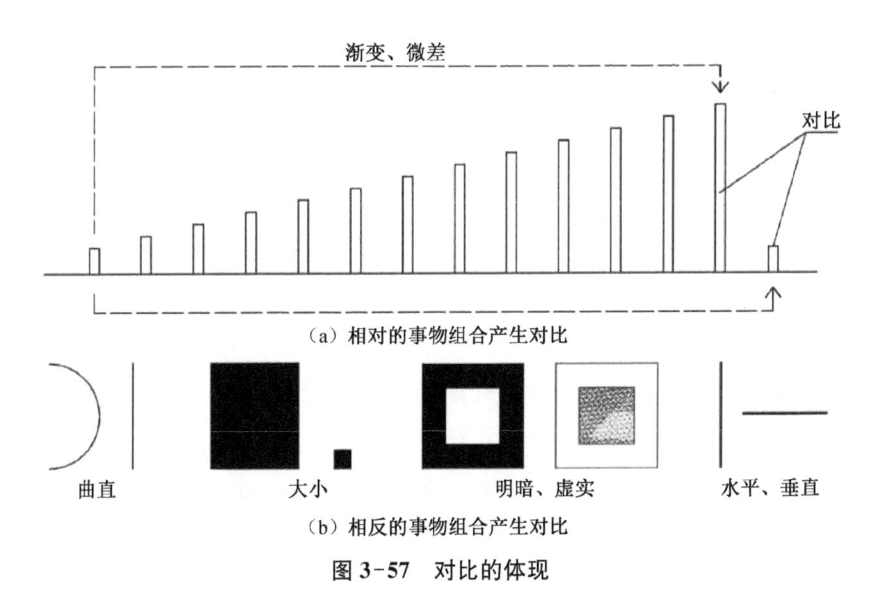

图 3-57 对比的体现

(1) 形象的对比

园林中构成景物的线、面、体和空间常具有各种不同的形状,在布局中只采用一种或类似的形状时易取得协调和统一的效果即调和，相反则取得对比的效果。园林布局中，形象的对比是多方面的，如留园东部景观，自然式园林中局部几何规则式造景；或者一系列抽象几何构图中植入的有机形(体)等。

(2) 体量、尺度的对比

明显的大小、高矮、长短、胖瘦等属于体量或尺度的对比。为了强调和突出，纪念性雕塑和碑体往往显著高于周边的景物，形成主次分明的景观效果；另一方面，体量相同的物体放在不同的环境中给人的感觉也不同，如比人稍高的雕塑，在空旷的广场中会觉其小，在狭小的室内会觉其大，这就是小中见大、大中见小的道理。园林布局中常采用若干小的物体(或空间)来衬托一个大的物体(或空间)，以突出主体，强调重点，如《桃花源记》有曰：从口入，初极狭，才通人，复行数十步，豁然开朗。利用的就是空间尺度对比。江南古典园林为强调中心水体景观空间，常常从入口起布置数量不等的小空间，起到“小中见大”的效果。

(3) 方向的对比

方向主要有三种：水平、垂直、倾斜，三者之间都存在对比。在园林的形体、空间和立面的处理中，常运用垂直和水平方向的对比，以丰富园景。如竖向的山体与平静的水面，高大的乔木和低矮绵长的绿篱；又如竖向高大的佛香阁与水平延展的长廊形成的强烈对比，互相映衬。

(4) 空间开闭的对比

在空间处理上，开敞的空间和闭锁的空间可形成对比。如园林绿地中利用空间的收放开合，形成敞景与聚景的对比，开敞风景与闭锁风景共存于园林之中，相互对比，彼此烘托，视线忽远忽近、忽放忽收，可增加空间的层次感，引人入胜。

(5) 明暗的对比

由于光线的强弱，造成景物、环境的明暗，进而引发游人不同的感受。明，给人开朗活泼的感觉；暗，给人幽静柔和的感觉。在园林中，明暗对比强的景物令人有轻快的、振奋的感受,明暗对比弱的景物则令人有柔和、沉郁的感受。由暗入明,感觉明快放松;由明入暗,感觉会相对压抑。明和暗是相对的,“暗”也是一种景观,《阴翳礼赞》一书中专门探讨了阴翳美学。

(6) 虚实的对比

园林绿地中的虚实常指园林中的实体与虚空,实墙与虚窗,密林与疏林、草地,山与水的对比,等等。虚给人以轻松感,实给人以厚重感。水中有小岛,水体是虚,小岛是实,形成虚实对比,产生统一中求变化的效果。园林布局中做到虚中有实、实中有虚是很重要的。

(7) 色彩的对比

色彩的对比与调和包括色相、纯度、明度的对比与调和。色相的对比是指相对的两个色相产生对比的效果,如红与绿、黄与紫、橙与蓝等,而相邻的两个色相产生调和的效果。不同的色相不仅明度不同,纯度也不相同。有了纯度的变化,才使世界上有如此丰富的色彩。同一色相即使纯度发生了细微的变化,也会带来色彩性格的变化。一个鲜艳的红色与一个含灰的红色并置在一起,能比较出它们在鲜浊上的差异,这种色彩性质的比较,称为纯度对比。纯度对比既可以体现在单一色相中不同纯度的对比中,也可以体现在不同色相的对比中,如纯红和纯绿相比,红色的鲜艳度更高;纯黄和纯黄绿相比,黄色的鲜艳度更高,当其中一色混入灰色时,视觉也可以明显地看到它们之间的纯度差。黑色、白色与一种饱和色相对比,既包含明度对比,亦包含纯度对比,是一种很醒目的色彩搭配。明度的对比与调和产生于颜色的深浅明暗不同的变化,黑是深,白是浅,深浅变化即是黑到白之间的变化,深浅差异显著的为对比,不显著的则为调和。关于色彩理论在“色彩构成”中会有专门的论述。

(8) 质感的对比

在园林绿地中,可利用不同材料如水、竹木、岩石、陶瓷、玻璃、金属、水泥等的天然质感和人工质感,形成软硬、滑涩、韧脆、透明与浑浊等多种对比感觉。不同植物的树干和叶片也会呈现不同质感,巧妙利用可增强搭配效果。

总之，在园林艺术中对比的方面有很多。如明暗对比——幽暗的廊道和明亮的庭院；体量对比——小空间与大空间，大中见小、小中见大；方向对比——水平、垂直、倾斜；虚实对比——厚重的墙体与疏朗的漏窗，山和水，植物和建筑；色彩对比——黑和白、红和绿、黄和紫、蓝和橙，“万绿丛中一点红”；质感对比——粗糙和细腻，柔软和坚硬；动静对比；疏密对比；等等(图 3-58)。园林空间往往是多种手法的叠加使用，如“旷奥”理论探讨的就是多方面的对比，是空间开闭、尺度体量、明暗对比等手法的综合运用。

(a)

(b)

(c)

(a) 城市中的硬质建筑与软质园林景观的对比；(b) 园林要素的对比——石笋的直与湖石及腊梅的曲对比，石材的硬与植物的软对比，粉墙的明和石头阴影的暗对比，墙的实和疏朗景物的虚对比；(c) 具有明暗、虚实、软硬等对比的园林环境。

图 3-58　景观中的对比

把反差很大的两个视觉要素成功地配列于一起，虽然使人感受到鲜明强烈的感触而仍具有统一感，若使对立着的双方达到相辅相成、相得益彰的艺术效果，则为成功的对比。反之，不恰当的对比则可能显得杂乱无章。在对比的使用中，要求统一的整体感，视觉要素的各方面要有一个总趋势，有一个重点，相互烘托。如果处处对比，反而强调不出对比的因素而显杂乱。

在艺术手法中，对比的反面就是调和，调和就是强调“相似性”——性质相同或类似的事物相配合，调和表现为渐变、保持连续性的变化，调和也可以看成是极微弱的对比。调和本身就意味着统一，但处理不当则会使人感到单调呆板。在艺术处理中要注意风格、色彩、形态、符号等的协调一致。

对比与调和在艺术处理中是达到统一的两个对立面，作为矛盾的结构，强调的是对立因素之间的渗透与协调，而不是对立面的排斥与冲突。因此调和因素在整体中所占的比例要大，而对比量宜小。一般情况下，设计应做到"总体调和、局部对比"，做到对比与调和的统一。

对于园林平面构图设计，成基调的几何图形构成会使构图一体化，便于其他构成要素的发挥；同时为避免整体构图单调松弛，采用少数的其他元素打破单调，会使整体画面张弛有度，由此塑造的园林景观也会产生亮点。图 3-59 中巴黎雪铁龙公园平面上采用网格式骨格构成，分别采用等距离分布的水平和垂直线条进行平面分割，再结合功能进行取舍创造不同空间；利用斜的直线对原有的规则严谨的构图进行分割，打破原有略显

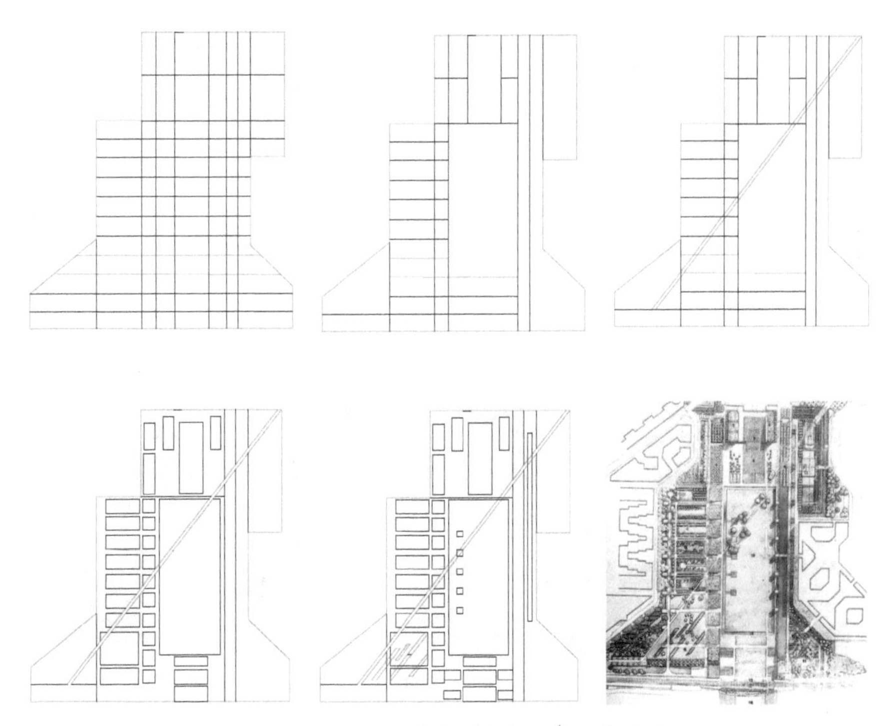

图 3-59　法国雪铁龙公园平面布局的生成

呆板的构图,直线演化成公园内主要的交通要道。网格式骨格构成形成平面整体规则一致的基调,此为“秩序”,然后利用一条斜向直线打破原有整齐构图,此为“变化”,在调和中求对比,实现画面的张弛感。

4.10 调和与转化

转化就是一种形态经过一定的条件变成另外一种形态,两种形态之间依然有一种内在的联系。从形态构成的视角看就是一种渐变,但转化不仅限于形态。在自然界有空间的转化,从一种格局转化到另一种,如从开阔的水面通过不同程度的湿地转化为陆地,或者从草原到森林,在林地的面积和树木的数量上逐渐改变。土地利用格局所表现出来的转化在于耕作强度的逐步变化或在土壤和气候改变时变为放牧。这些转化是和谐的、有秩序的,紧密反映着物理条件。在很多情况下可见随时间发生的转化,例如,毛毛虫变为蝴蝶,植物的生长,时尚的改变或材料的使用。我们见到最近犁过的褐色农田转化为绿色海洋,再转化成金色的粮食和收割后的剩茬,一切都发生在相当短的时间范围内(贝尔,2004)。

景观或设计的很多部分在功能、规模、自然过程或随时间的发展上是不同的。如果各种空间的或时间上的变化按逻辑顺序排序,则我们经常能感知到转化(图 3-60、3-61)。

(a) 形状从圆形经过方形转变为三角形,中间还有过渡的形状

    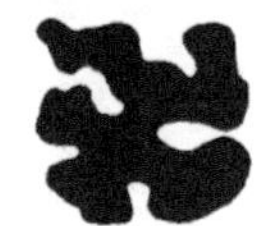

(b) 几何形状逐渐转变为有机形状

图 3-60 形的转化

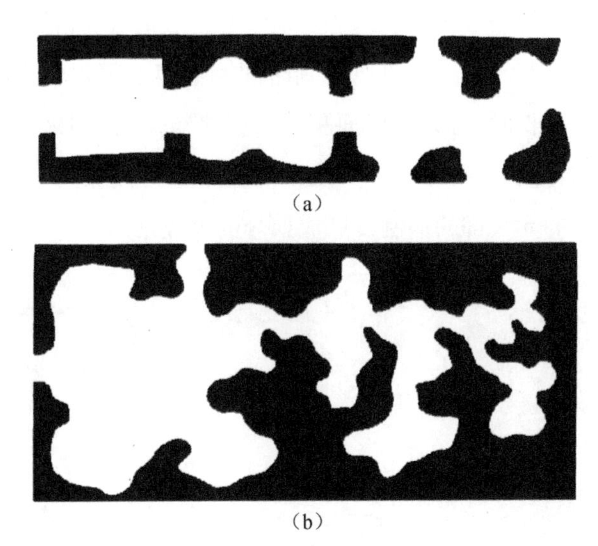

(a) 空间的转化:从几何的整齐形状到不太整齐不太对称的形状,这种转化在花园和公园的设计中经常使用;(b) 空间和实体的转化:左边实体很少,空间占支配地位,右边主要是实体而空间很少。

图 3-61 空间的转化

花园和公园的设计者早就用转化来突出空间设计(整齐到不整齐,小规模到大规模,几何形到不规则形),如从非常整齐的花台、水池、雕塑和靠近经典房屋建筑的修剪过的树篱到远处不太整齐的草地的过渡(图 3-62、3-63)。在反映更自然的景观设计中可以利用不同的方式来实现转化。在郊外,有各种设计可以从靠近田地格局的规则形状过渡到高处山

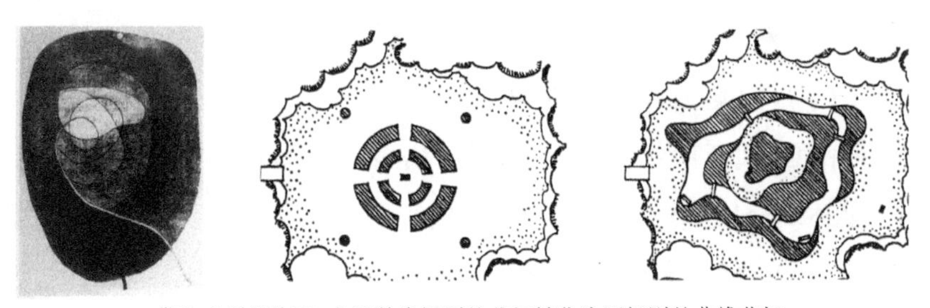

借鉴克利的绘画,杰里科将规则的花坛转化为不规则的曲线花坛

图 3-62 景观设计中的转化

坡的更自然的不规则形状(在山坡上,地形和自然植被的格局成为支配性因素)。在城镇,有许多设计可以看到时间和空间上都很明显的转化,它们已经发展了很长时间,如主城面积的扩张,形态结构的延伸与扩展,主城与卫星城的日渐紧密,等等。如北京的城市结构,经过岁月的变迁,由以故宫为核心的元大都的形制发展成如今的庞大格局。

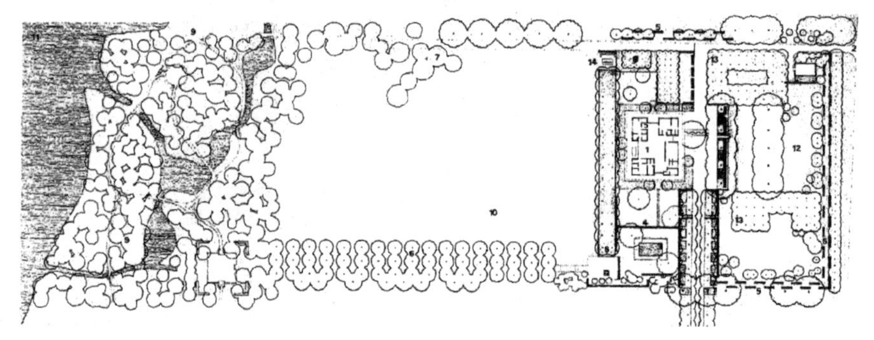

米勒花园(丹·凯利设计)平面图——通过植物的自然形态,将几何形花园逐渐与自然融合

图 3-63　转化手法在景观设计中的实践

本章小结

对于学习景观学的人来说,了解人对图形的知觉方面的知识主要不是为了制造视幻觉、视错觉,而是为了帮助我们从视知觉的角度出发,把握符合视知觉的特定形态,从而更深地把握构成中的本质问题,为设计中的构成应用打下坚实的基础。其中图底关系分析为我们研究园林空间提供了行之有效的方法。

对于艺术法则而言,园林艺术体现的是一项综合性艺术,在设计中并不是采用某一种手法就可以达到完善的结果,而是需要综合运用各种手法,方能达到最佳的艺术效果。同时,各法则所体现的原理中很多是相通的,也许说的是同一个方面,只是角度有所不同而已。其中轴线、对称、等级、基准、均衡、韵律、比例等属于体现秩序和控制方面的原理,而对比、转化则是属于体现变化方面的原理;等级是要体现主次关系,而主次是要通过对比才能产生的;对称的景观可以产生轴线,而轴线的强化可以通过对称景观的设置来实现;等等。

因此,在景观设计中,因地制宜、因情制宜,有条件地、选择性地正确运用轴线、对称、等级、基准、均衡、主从、韵律、比例、尺度、对比、转化等法则,使设计最终达到“多样与统一”——和谐的景观这一根本原则。

第四章

构成要素与园林要素

1 构成与园林的基本要素

我们周围的山、水、林地、植被、建筑物和人工构筑物形成了大量在我们看来是不同的景观要素。为了帮助理解它们的视觉特性，可以用基本而合理的方法进行分析。我们见到的要素是各种成分组织在一起的，组成这些成分的物件或物体都可以看作是一个“基本要素”。

根据我们看这些物体的情况——例如我们与它们之间的距离——我们可以把它们看作是四种基本要素之一：点、线、面或体（贝尔，2004）。在考察它们如何相互作用之前，我们需要理解每种要素的特性。在规划设计中，无论是对于地球表层，或某个国家，或某个城市，或某个公园，我们都可以将其抽象为点、线、面或体来进行研究（图 4-1、4-2、4-3）。

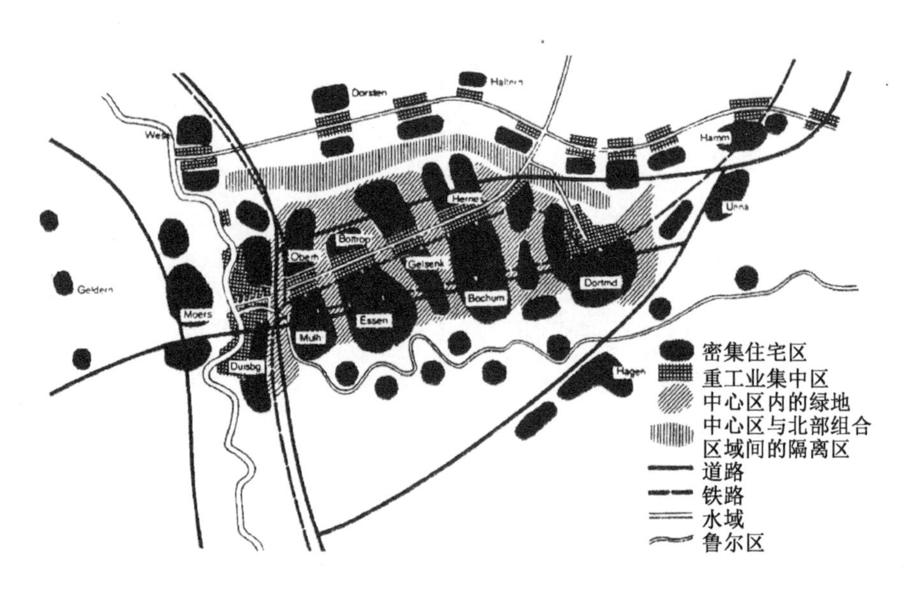

图 4-1　城市规划与抽象的点、线、面

图 4-2　城市形态与点、线、面

从另外一个角度分析，任何复杂的形都可以分解为简单的基本形，而基本形都是由形的基本要素构成的。形的基本要素是构造各种形和空间的“原始材料”。基于视知觉的不同解释，形的基本要素分为概念要素和视觉要素，而形无论是在平面构成中还是在空间构成中都要受到方向、位置、空间、重心等关系元素的制约，即**构成的三元素**(朱翔，1997)。

1.1　概念元素概述

将任何形分解后都能得到点、线、面、体，我们把这些抽象的仅在意念中感觉到的点、线、面、体称为概念元素(图 4-4)。它们排除了实际材料

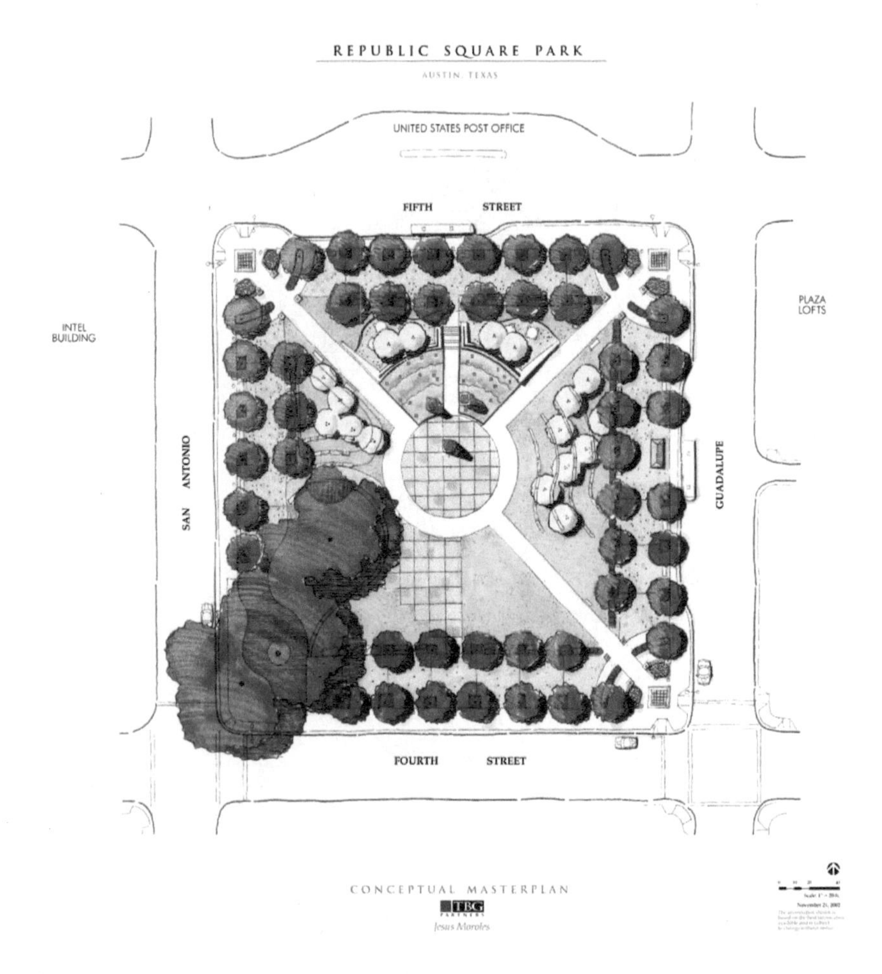

图 4-3　通过基本要素表达的城市广场

的特性，如色彩、质地、大小等。这些元素虽然不可见，但它却促成了视觉元素的形成。概念元素各自具有独立的意义，一旦组合在一起，形成新的形态和内容，其力量就会更加博大、无限。

另一方面，点、线、面、体之间的关系是相对的不是绝对的，它们之间可以通过一定方式相互转化。在一定条件和场合下，点可以看成是面、是线或是体，反之亦然，它们之间的划分往往是根据人们对形的主观感受而决定的(田学哲，1999；程大锦，2005)。基本元素之间复杂多变的关系，要

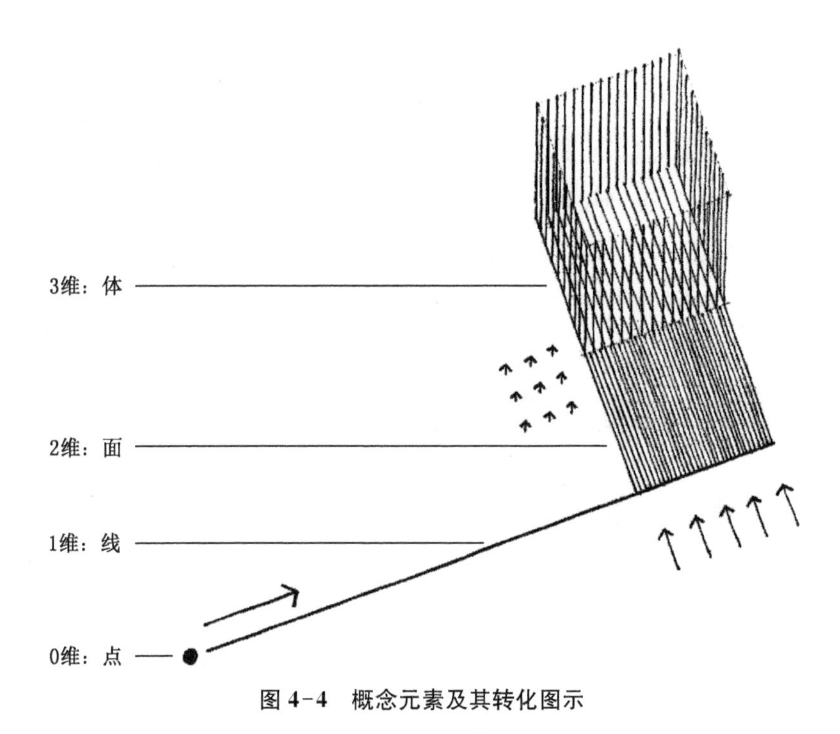

图 4-4　概念元素及其转化图示

求设计者能在不同场合下鉴别和使用它们。

1.2　视觉元素概述

在构成中要使概念元素变成可视的，就必须通过具体形象来体现。在画面和空间中，视觉元素必须具有形象的形状、大小、色彩、肌理等方面的因素，才可能被体现出来。因此，要使抽象的元素成为可见之物，就必须赋予它们视觉特征：形状、大小、色彩、肌理（图 4-5、4-6）。而对于立体要素，还包括材料的材质和材性等特征。简单说，视觉元素就是具有形象的点、线、面、体。由于视觉元素的限定，点、线、面、体可由原来的概念要素转化成为具有一定形态特征的基本要素（卢少夫，1993；朱翔，1997）。

形状——可视形象的外貌。如方形、圆形、三角形等，具象的或抽象的；

大小——形状通过比较就有大小的区别，任何物体都没有绝对的形状和大小；

色彩——因光谱中各色相之间的明度和纯度的不同而产生色彩变化，如红、黄、蓝、黑、白、灰等，色相、明度、纯度是色彩的基本属性。

肌理——又称“质感”，指形象的表面特征。肌理分为视觉肌理和触觉肌理。视觉肌理指形体的表面纹理，木纹、冰裂纹、布纹等；触觉肌理指形体表面的心理感受特征，平滑、粗糙、光亮、灰暗、软硬等。

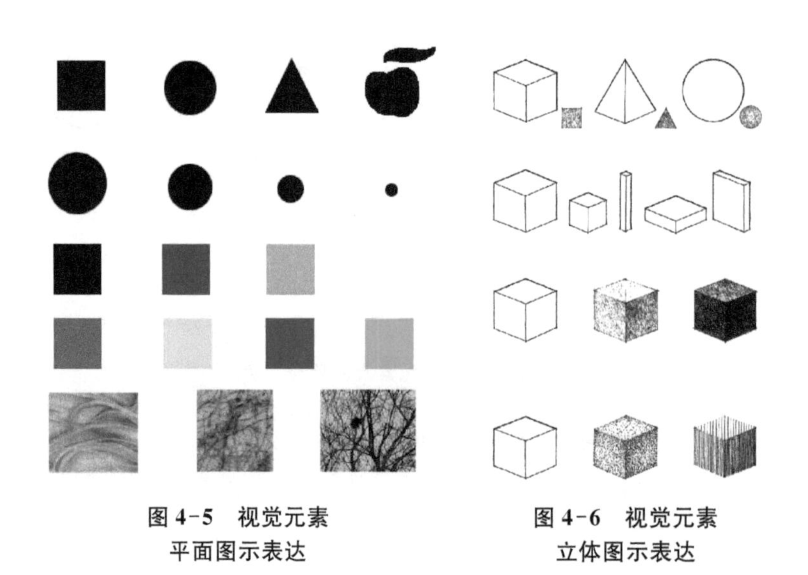

图 4-5　视觉元素平面图示表达

图 4-6　视觉元素立体图示表达

1.3　关系元素概述

关系元素控制视觉元素的编排和组合，主要指要素与要素之间或者要素与整体之间的一种结构与编排关系。构成设计的成败很大程度上是由关系元素决定的。关系元素主要包括方向、位置、空间、重心等关系（图 4-7）（朱翔，1997）。

方向关系——形的方向决定于设计者的观察角度，同时也受框架和框架内其他形的制约，如东、南、西、北、中、水平、倾斜、垂直，等等。

位置关系——形的位置是由形所处的整体框架或骨格的相互关系来

决定的，如上下、前后、左右，等等。

空间关系——形在整体结构中占有空间。这里的所谓“空间”，指形象由于远近、前后的编排所造成的视觉上的深度与透视现象。

均衡关系——形在视觉和心理上的稳定感。稳定的视觉效果：安适、有序、平和；不稳定的视觉效果：跳动、活跃、飞溅。

图 4-7　关系元素图示表达

2　概念元素与园林要素

在丰富多样的园林形态中，点、线、面、体四类是它们的原生元素。当然，从几何学的角度来看，点又是其中最基本的元素。由点的移动生成线，线再生成面，面再生成体，每次移动都增加一个维度。

但是，从园林学的角度来看，其构成情况恰好相反，空间是园林的核心，空间主要是通过体来表达，体是园林形态的基本元素，体在它的一个、两个或三个维度上的缩减则得到面、线和点元素。从这个意义上看，园林设计本质上是属于立体构成的范畴。我们在园林图上所画出的每一个点、每一条线或每一个面，在实际中都占有一定的空间，具有长度、宽度和高度上的规定。在园林设计中，要知道区别几何学的解释与园林学的解释很重要。例如，一个短而高的线体在实际中很可能被当作一个点元素来理解。因此，我们应培养从园林学的角度来看待平面设计中的各种元素。

2.1 点要素

在几何学里,点没有长度,没有宽度,没有厚度,只表示位置。但在构成设计中,点必须有其存在形象才是可视的,因此点是具有空间位置的视觉单位,如线段的端点、两条直线的交点、正方形的角点与中心点等(图 4-8)。

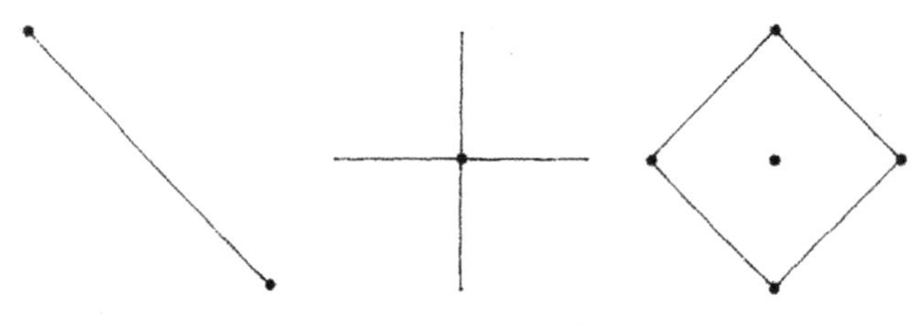

图 4-8 点的视觉表达

2.1.1 点的心理感受特征

(1) 点的相对性。点与人的视觉相联系,依赖于周围要素相比较而存在,相对于其他要素明显偏小的容易成为点,如果与更小的要素对比则可能成为面,因此点的识别具有相对性(图 4-9)。在星系中,地球是一个点;在地球上,一个国家可能是一个点;在国家的地图上,一个城市就是一个点;在城市中,一栋建筑是一个点……

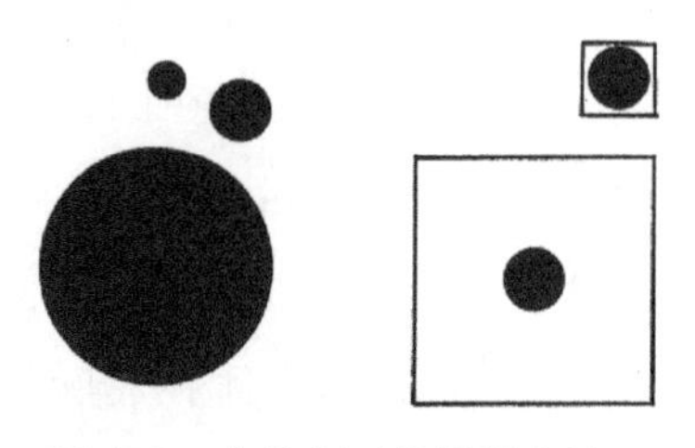

图 4-9 点的相对性图示表达

(2) 感觉经验中点的视觉印象:星星、公园里的花朵、大街上的人群、沙漠中的骆驼等,可见具有点的印象的物体并不完全由它的大小来决定,更多的是由其和人的距离来决定。在视线可及的范围内,离人越远点的感觉越强(贝尔,2004)。从造型角度出发,可将这些物象抽象为点要素,再进行画面构成,就可以得到一件不错的构成作品。

(3) 点的形状。点的一般印象为圆的;其他各式各样的也可以:规则的、非规则的。愈小,点的感觉愈强;愈大,愈趋向于面。

(4) 点的放射力。点具有吸引人的视线,成为视觉中心的视觉特征,又称为点的心理感受特征。因此,点在环境中可以表达或界定一定的空间或一个位置(图 4-10)(程大锦,2005)。点的多少给人的心理感受是不同的,单点、双点、三点、多点等都不相同(图 4-11)。

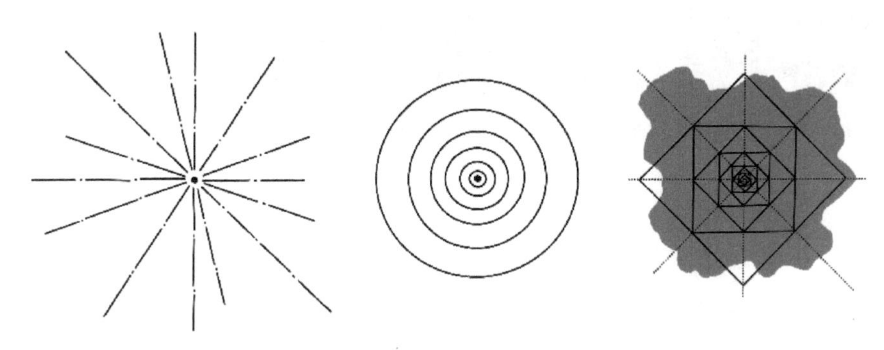

图 4-10 一个点可以表达一定的空间或一个位置

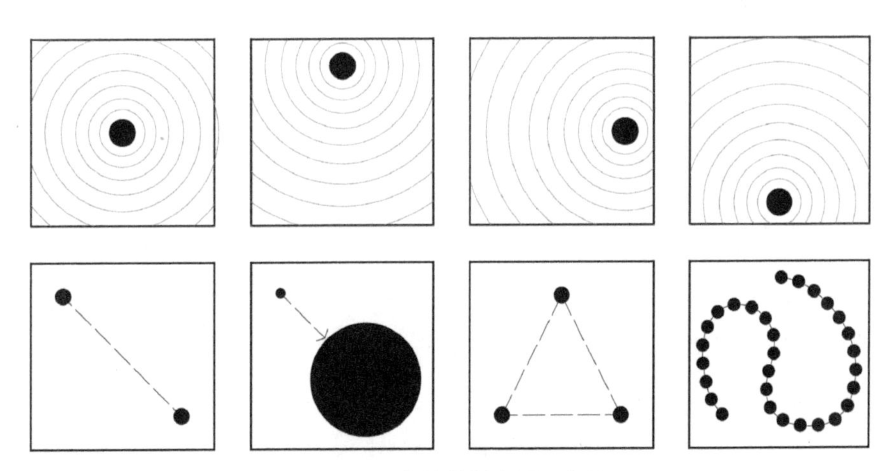

图 4-11 点的放射力图示表达

2.1.2 点的构成设计

众多点的聚集或扩散，引起能量和张力的多样，使得画面生动有趣，即点的构成。应用点的大小、多少、聚散、连接或不连接等变化排列，可形成有节奏感、韵律感等效果的点构成(图 4-12)。

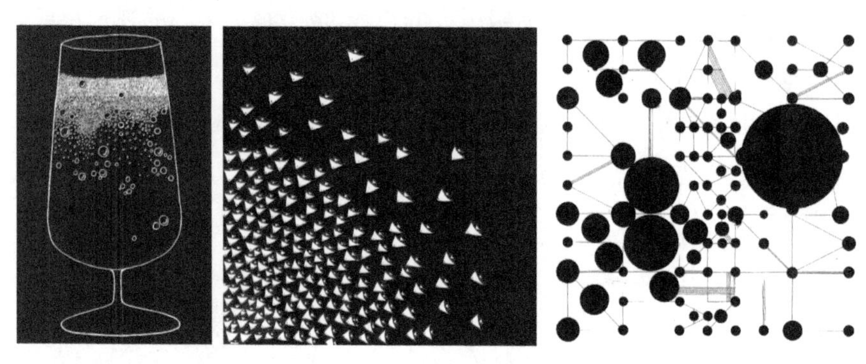

图 4-12 点的平面构成实例

2.1.3 园林设计中的点要素

一个点，严格地说没有大小，但可以在空间标定位置。因此，最初它可以由一些第二位的手段来表示，如交叉线或聚焦线，或者是一个光点。在景观中，小的或者远的物体可以看作是点。远处一棵孤立的树、远方一座较小的建筑都是常见的例子。在景观平面设计中，可以将单棵的树、单个的小品或单栋的建筑作为一个点来考虑。

点的特性可以和权力及所有权发生联系，可以有各种各样的象征性。在过去，点经常被用于一个特定的功能，如标志领土、确定所有权以及在一片土地上的统治权、充当标界、作为重大设计的焦点，或者仅仅为一个无特色的景观提供一个兴趣点。如远古时代突出的巨石，或在地平线上的青铜时代古墓，还有孤独的教堂尖顶、一条主要大道尽头的雕塑或一座纪念人物或事件的纪念碑等。所有这些都讲述着社会以及把它们放置在这里的人在社会中的地位(贝尔，2004)。

(1) 一个点可以在空间界定一个位置，可以用来标志一个范围或形成一个领域的中心。即使这个点从中心偏移时，它仍然具有视觉上的控制地位（图 4-13）。在这种情况下，点常常代表着一种独立的垂直物，如方尖碑、纪念碑、雕塑或雕像等实体（程大锦，2005）。环境中标志物就是这样一种类型的点状参照物，通常是一个定义简单的有形物体，比如建筑、标志等，也就是在许多元素中挑选出一个突出元素。标志物经常被用作确定身份或结构的线索，随着人们对周围环境的熟悉，对标志物的依赖程度也似乎越来越高。正如我们要确定某个位置时，首先想到的就是周围有没有标志物。

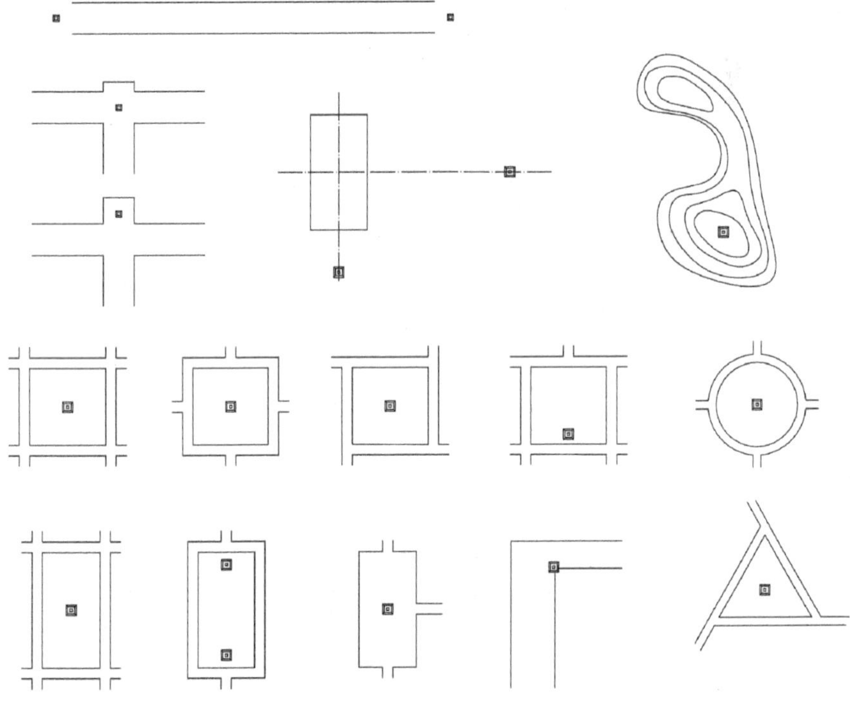

图 4-13　点要素在环境设计中不同位置表达

（2）小的物体可以被看成是一个点，一个面积或体量较小的园林实体也常常作为点元素来参与整体构图（图 4-14）。由于孤立的物体（独立性）在视觉中具有超重性，因此，它在自由构图中往往作为一种平衡手段来应用，并且在实际的应用中较容易地取得均衡的心理体验。

(a) 道路尽端的大鼎

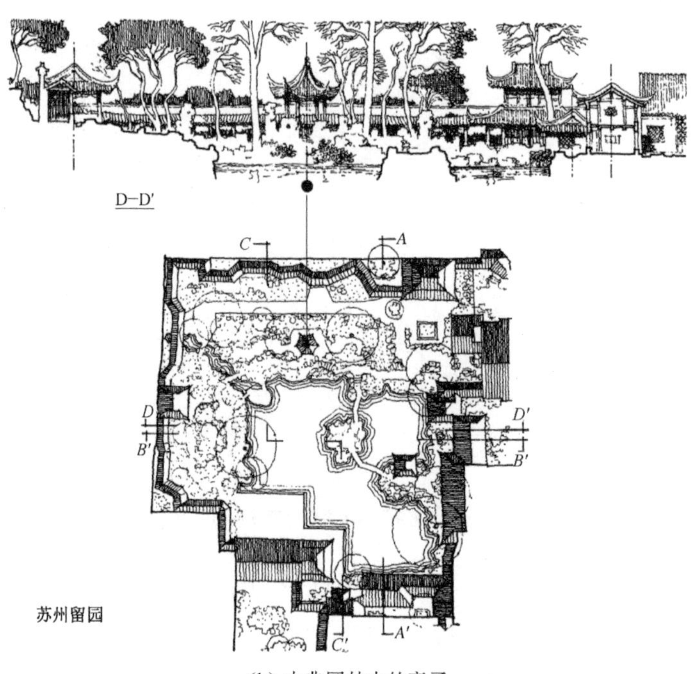

(b) 古典园林中的亭子

图 4-14　环境中的点状参照物

(3) 一个点也常常用来标志园林空间的转角或两端，以及两个线状园林空间的交叉点。实际上，我们常见的在园林环境的转角、两端和线状园林空间的交叉点上所凸出的某些特殊处理，如景观亭或景观构筑物等都是这种标志作用的体现(郑永莉，2005)。此外，在园林群体空间构图中，点的标志作用具有多重性。一个园林空间的端点同时也是另一个空间的视觉中心(图 4-15)。

图 4-15　城市广场中的角楼

(4) 在更大的环境范围内，尤其是在超大尺度的园林环境中，点元素也可能是一个虚体，即一块公共广场、绿地或水面等，其他的园林实体均围绕着这一虚拟空间来组织(图 4-16)。

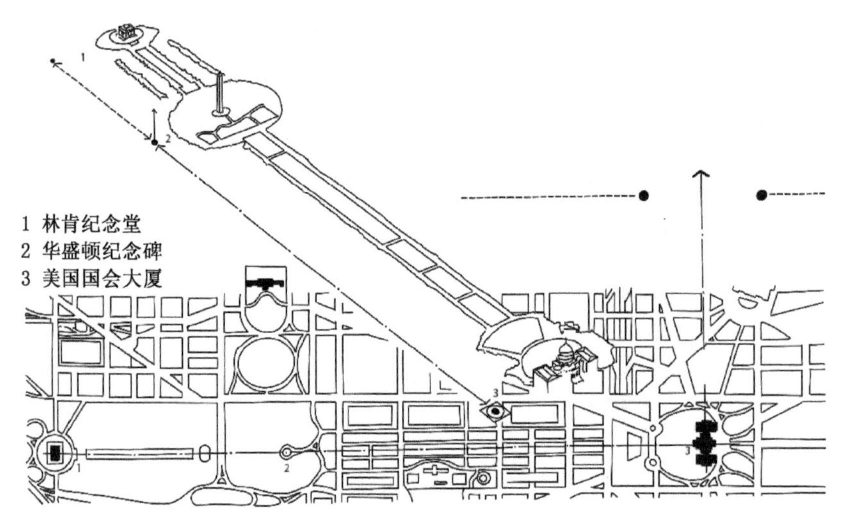

图 4-16　大尺度园林中的点元素(华盛顿特区林荫大道)

2.2　线要素

几何学认为,点的运动轨迹形成一条线,运动感是线的主要特征。从概念上讲,一条线有长度,但没有宽度和厚度。一个点就其本性而言是静止的,而一条线则用来描述一个点的运动轨迹,能够在视觉上表现出方向、运动和生长(图 4-17)(程大锦,2005)。因此,线在任何视觉作品的形成过程中,都是一个重要的元素。如图 4-18 中线可以用来连接、联系、支撑、包围或贯穿其他视觉元素,而且,面以及面的外观也主要是通过线来形成和表达的。

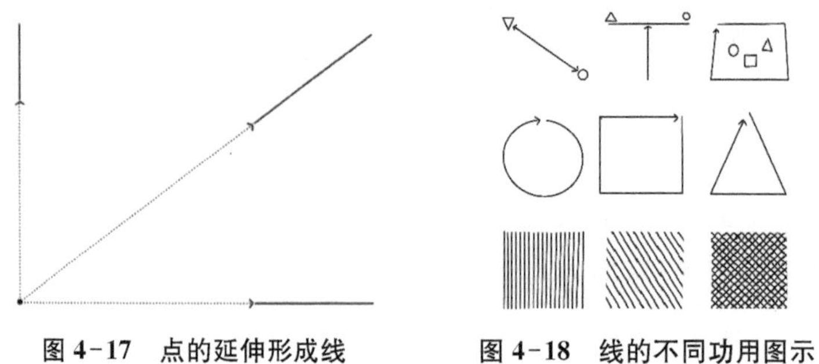

图 4-17　点的延伸形成线　　图 4-18　线的不同功用图示

尽管从理论上讲一条线只有一个量度，但它必须有一定的粗细才能看得见。它之所以被当成一条线，是因为其长度远远超过其宽度。一条线，不论是拉紧的还是放松的、粗壮的还是纤细的、流畅的还是参差的，它的特征都取决于我们对其长宽比、外轮廓及其连续程度的感知。如果有同样或类似的要素作简单的重复，并达到足够的连续性，那也可以看成是一条线，这种类型的线具有重要的质感特征（图 4-19）（程大锦，2005；贝尔，2004）。

一条线的方向影响着它在视觉构成中所发挥的作用。对于观察者来说，具有一定长度的线段在空间中还具有方向感，如水平、竖直或倾斜。在空间中处于水平或垂直方向的线体在视觉中呈现为一种静止和稳定的状态。一条垂直线可以表达一种与重力平衡的状态，表现人的状况，或者标识出空间中的一个位置。一条水平线，可以代表稳定性、地平面、地平线或者平躺的人体。偏离水平或垂直的线为斜线，斜线可以看作垂直线正在倾倒或水平线正在升起。不论是垂直线朝地上的一点倒下，还是水平线向天空的某处升起，斜线都是动态的，是视觉上的活跃因素，因为它处于不平衡状态，是平衡状态的偏离（图 4-20）（西蒙兹，2000；程大锦，2005）。

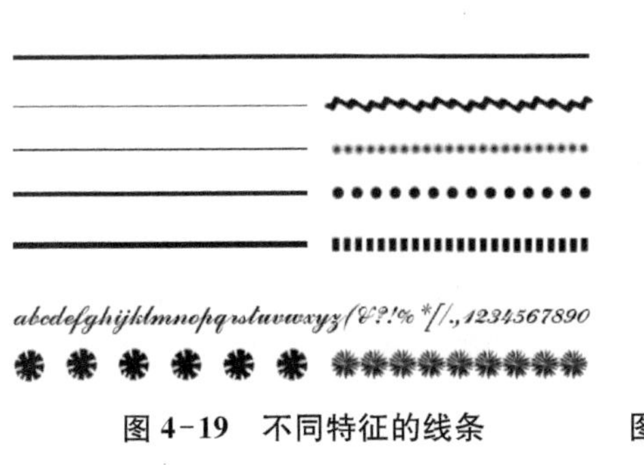

图 4-19　不同特征的线条

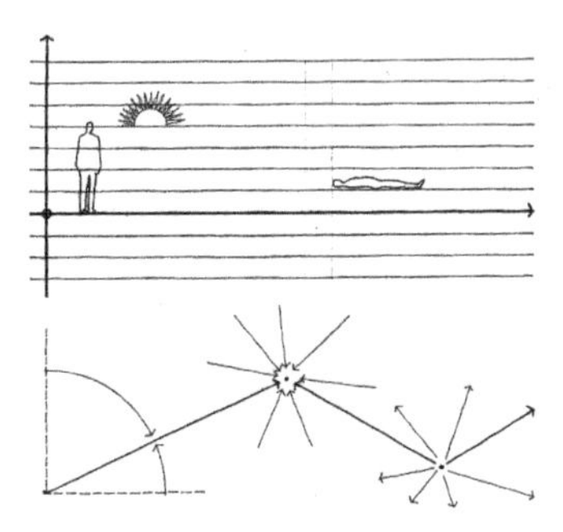

图 4-20　不同方向的线条与视觉感受

2.2.1　线的心理感受特征

线，由于其不同的形状、方向、位置，而给人不同的心理感受（图 4-21）。

（1）直线——两点之间的最短距离，运动最简洁的形态。特征：男性的阳刚——果断、明确、理性、坚定、速度感等。不同方向的直线则又给人

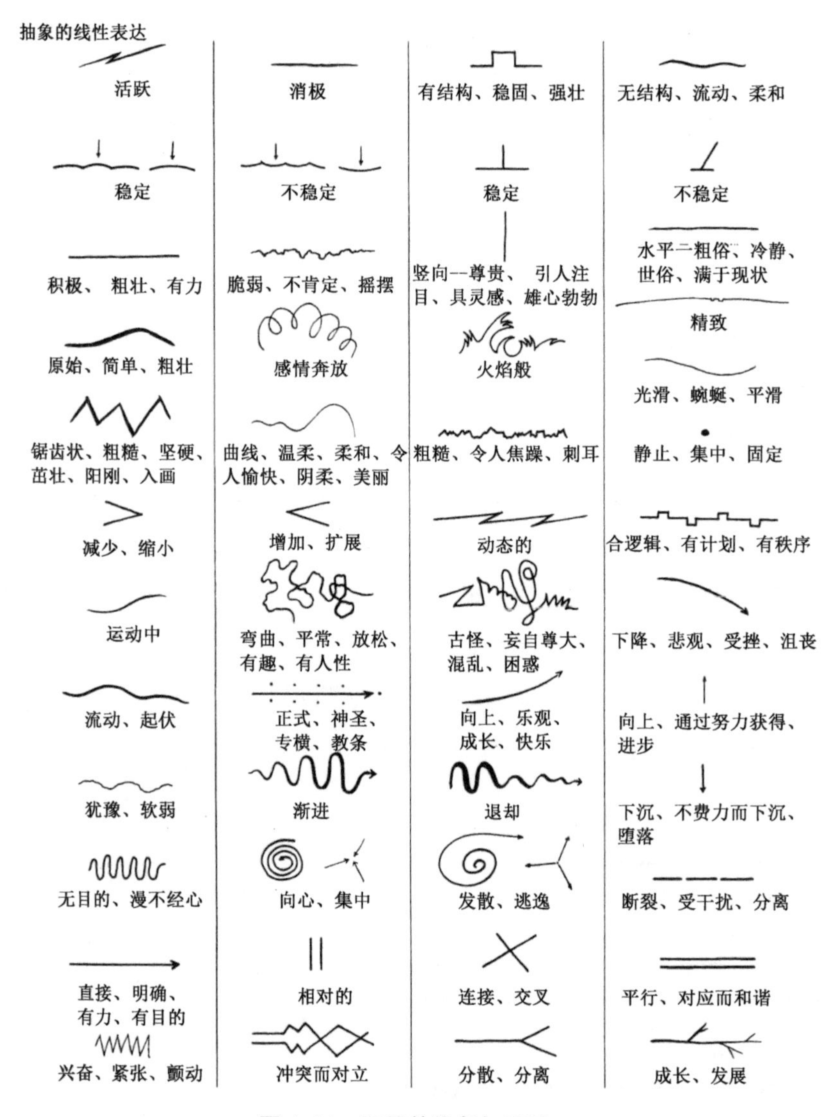

图 4-21　不同的线条与品质

不同的心理感受。直线的方向有三种基本形式：垂直、水平、倾斜。

三种直线的形式特征与联想：水平方向——平静、开阔、安稳、无限等（平原、海洋等）；垂直方向——高耸、挺拔、向上、积极等（高楼、宝塔、纪念碑等）；倾斜方向——强烈的动势等（投射、飞翔等），需要注意的是，在设

(a) 水平方向的景观

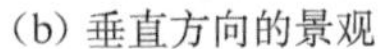

(b) 垂直方向的景观

(c) 倾斜方向的景观

图 4-22　不同方向特征的景观

计中斜线过度应用可能会导致心理失衡(图 4-22)(王群山,2001)。

(2) 曲线——分几何曲线、自由曲线。几何曲线富有更多的理性,而自由曲线则显得随意和灵性。特征:女性的阴柔——优雅、柔和、感性、含蓄等。

(3) 线的其他特征:细线、粗线、长线、短线等,不同的线有不同的品质,给人不同的心理感受。中国书法可称为是线条的艺术,"字品如人品",虽有些夸张却也反映了一个问题——线条是有气质的。

2.2.2　线的构成设计

(1) 线的平面构成

利用线的粗细变化、长短变化、疏密变化、曲折变化的排列,可形成具空间深度、运动感的构成(图 4-23);线的中断应用可以产生点的感觉,线的集合排列可以产生面的感觉,面的交接可以产生线(图 4-24);实线(实在的线)和虚线(图形之间线状的空隙)的关系无论在平面还是空间中都是存在的(田学哲,1999)。

图 4-23　线的平面构成实例

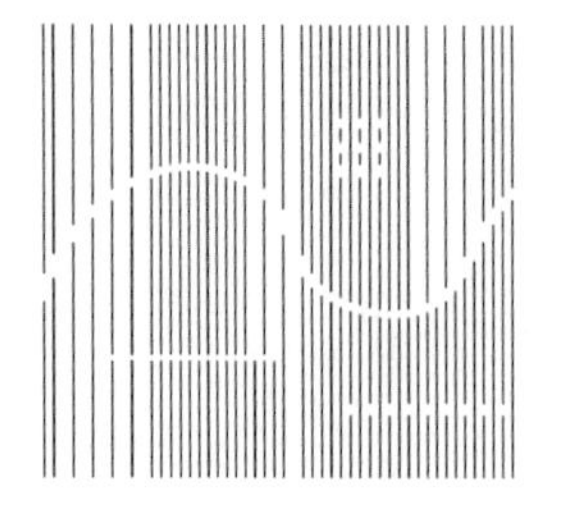

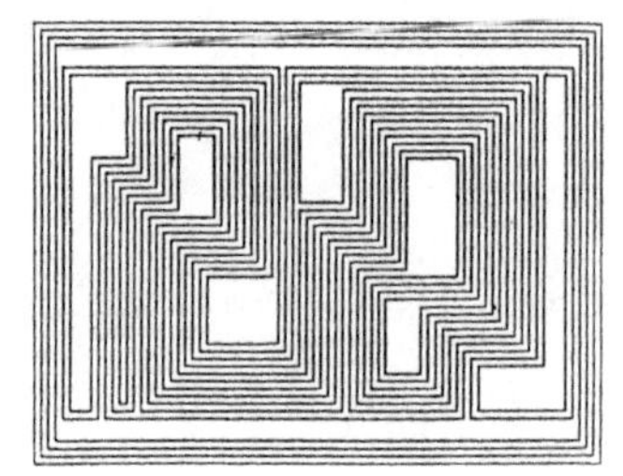

图 4-24　点、线、面的生成

(2) 线的立体构成

线的立体构成设计就是线材构成设计，线材就是有明显长度特征的材料实体。根据材料的性能不同可将线材分为软质线材和硬质线材。软质线材有：丝、棉、麻、可以任意弯曲的软线或较软的金属丝等；硬质线材有：木材、金属、塑料等条状材料。线材构成的特点：本身不具有表现空间的功能，而是通过线群的聚集和利用框架的支撑形成面，然后再利用各种面加以包围，形成空间立体造型(余昌冰等，2004)。利用线群的聚集、线和线之间的空隙、线面的交错、网格的疏密，可以形成具有空间感、韵律感、运动感的美的形态(图 4-25)。

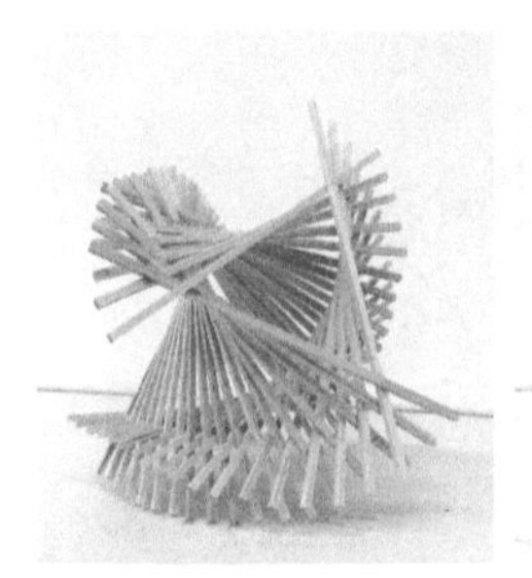
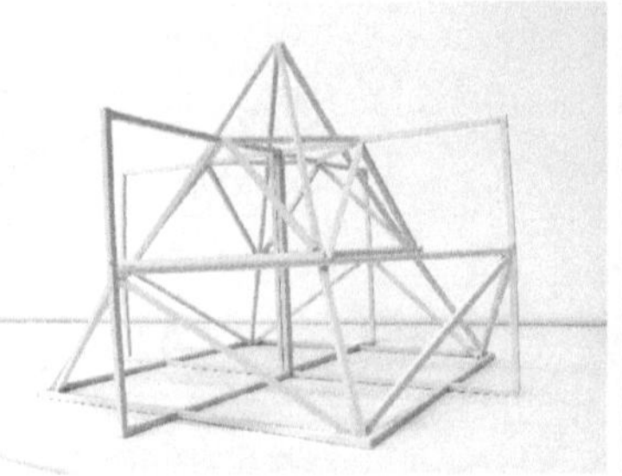
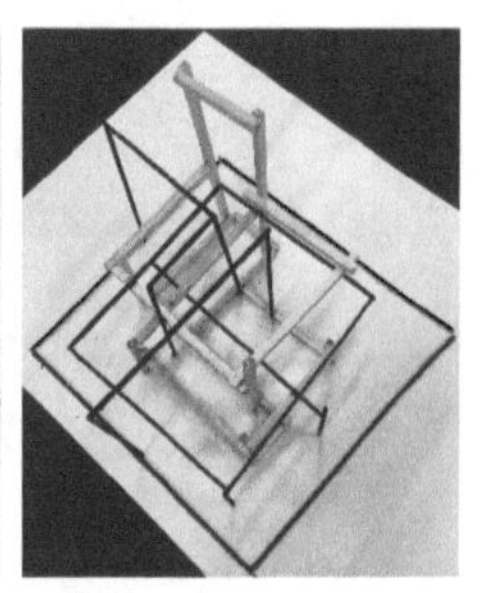

图 4-25　线的立体构成实例

软质线材的构成要点：框架是软质线材构成的基础和依靠——木框架、金属框架（木托板）等；框架的结构造型依设计者的意图确定——圆形、半圆形、柱形、菱形、任意形等；框架上各边的接点数量必须是相等的，各接线点之间的距离可以等距、渐变；线的方向可以任意变化——交错、垂直、斜向等（金剑平，2001；余昌冰等，2004）。另外，软质线材还可以进行编织如挂毯、毛衣等。硬质线材的构成一般不依靠框架，多以线材排出、叠加组合的形式构成。

2.2.3　园林设计中的线要素分析

严格地说，点没有尺寸，而线是点在一个方向上的延伸。线需要一定的宽度来标记，根据画出或生成时的情况可以有特殊的性质，例如干净的、模糊的、不规则的或者不连续的。平面的一条边缘或多条边缘也都是在一定距离下的线。不同颜色和纹理之间的边界也是线。线还可以有独特的形状，含有方向、力量或能量的意思（贝尔，2004；程大锦，2005）。在园林中，任何元素都具有长、宽、高三个维度，本质上都是体（实体或虚体）的存在。

园林设计中对线的体验通常取决于人们对其两种视觉特征的感知。一是长宽比。长宽比越大，线的体验就越强，反之则越弱。二是连续程度。相似的元素如柱子或树木，沿一条线（直线或弧线）重复排列时，其连续程度越完整则线的体验就越强，反之，当这种排列过程被隔断或被其他东西严重干扰时，则线的体验就变弱，甚至消失（图 4-26）（刘云月，2004）。

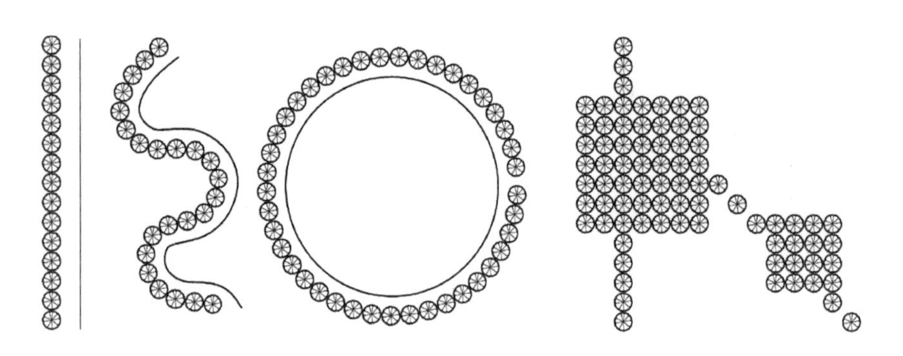

图 4-26　线的连续性体验

在景观中,线是大量的,而且非常重要。自然界的线存在于河流、树枝、植被边缘、天际线、地平线以及岩石地层中。道路、田野的边界、犁沟都是人造线的例子。在园林设计中,线的作用主要有:

(1) 联系和连接作用。如道路、长廊和环境中景观廊道等,它是联系或连接两个领域、两个空间或两座建筑物时常用的要素,有明显的导向性;河流、铁路、公路等交通线也确立了它们自己的格局。这些不同的线有时是和谐的,有时则互相交叉而引起紊乱和冲突。街道是一种典型的线型空间,它是道路功能的拓展(图 4-27)。

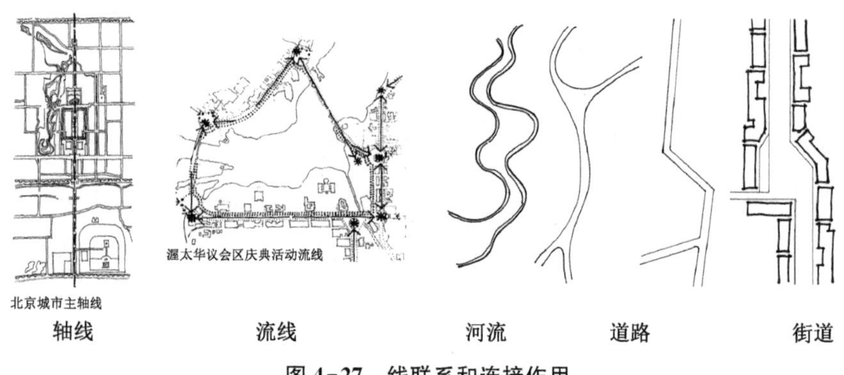

图 4-27　线联系和连接作用

（2）界定与边界效应。边界是线性要素，是两个部分的界线，是连续过程中的线型中断，比如河流、开发用地的边界、围墙等（图4-28）。边界元素虽然不像道路那般重要，但它在组织空间时具有重要的作用，尤其是它能够把一些普通的区域连接起来或隔离开来。或许作为描述所有权、土地使用权、疆土范围的边界线是长久以来最有意义的线。围合公共用地时设定的线或划分文化的国际边界线有助于确定景观格局，对整个国家的景观有非常久远的作用。在景观设计中，区域边界的处理是一个关键点（贝尔，2004）。心理学家德克·德·琼治（Derk de Jonge）提出了"边界效应"理论，他指出，森林、海滩、树丛、林中空地等的边缘都是人们喜爱逗留的地方，而开敞的旷野或滩涂则无人光顾，除非边界区已人满为患（西蒙兹，2000）。在城市空间中同样可以观察到这种现象：人站在广场边缘或建筑物四周，比站在外面的空间中心理更为安定和舒服。当人的后背受到保护时，他人只能从面前走过，观察与反应就更容易了（马库斯，2001）。因此，休憩设施一般安置在广场边缘或建筑物四周。

图4-28　线型边界

（3）景观、装饰和描述作用。最直接的就是线体的环境构成，犹如雕塑一般，常见的如景观柱的设计（图4-29）。平面中如地面铺装的和垂直界面中的线条纹样，它们表现了面和体的轮廓，并给面、体和空间以确定的形状（图4-30）。同时，线还可以描述一个面的外表质感特征。当然，这种起装饰和描述作用的"线"，也可能是线体或线型空间。

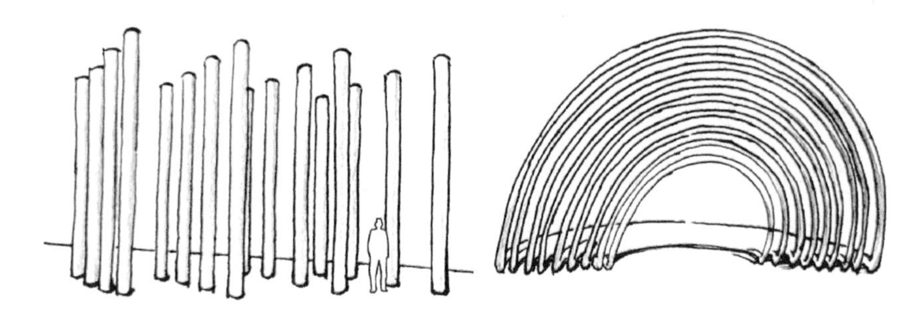

图 4-29　线型景观小品

北京国际园林博览会大师展园——有限/无限花园景观设计

东京千叶幕张 IBM 总部庭院

Peter Walker 主持设计的两个景观，两种线条语汇，一个直线、一个曲线，极简风格背后的设计理念带来深层文化与哲学思考。

图 4-30　景观设计中的线性景观元素

此外，在园林设计中还常常用一种不可见的、抽象存在的线来作为组织环境和空间的要素。如城市的天际轮廓线(图 4-31)，用来评价或规划、组织一个城市的景观。另一个典型的例子就是轴线的应用，一系列的点形成线，一系列的点空间形成轴线。轴线是一条抽象的控制线，其他各要素均参照此线在其两侧作对称式的安排。有时，为获得对某景物的观赏或者控制连接多个序列空间，而在设计中常常考虑保留一条视觉通道。这时，视线的控制作用并不要求其他要素作对称式布局(图 4-32)。另外，园林中的对景形成也是一条视线轴。

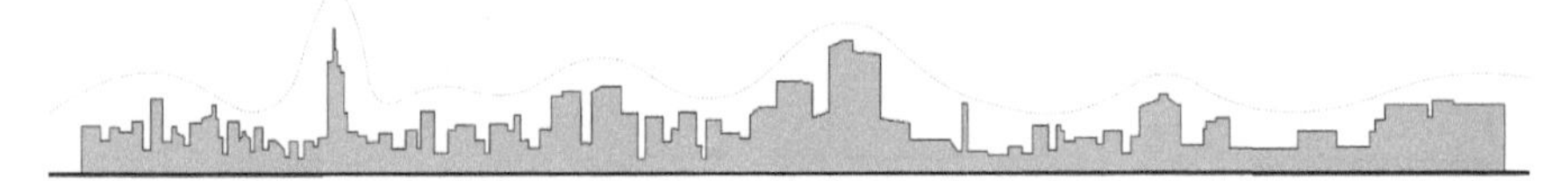

图 4-31　城市天际轮廓线

图 4-32　景观中的视线轴(巴黎雪铁龙公园)

2.3 面要素

线的移动形成面。面的几何学特征：有长度和宽度，有位置和方向感；无厚度。面有直面和曲面两种。一个面的首要识别特征是形状，不同形状的面会给人不同的心理感受。我们对于形状的感知会因为透视错觉而失真，所以只有正对一个面的时候才能看到面的真实形状(图 4-33)(程大锦，2005)。

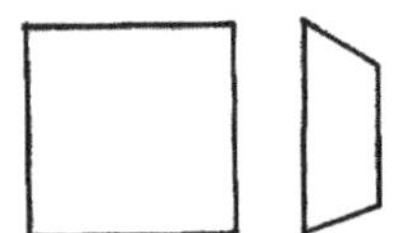
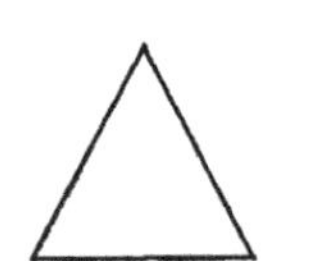

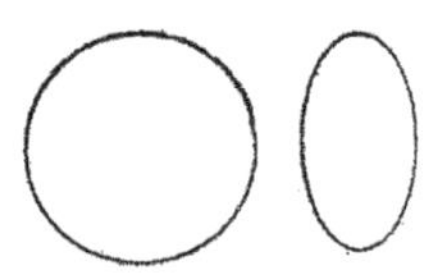

图 4-33　不同面及其透视

形的分类大概有以下几种(图 4-34)：(1)几何形：用数学的方式构成的形态，如三角形、正方形、圆形、五角星形等；(2)有机形：用自由的曲线构成的自然有机形态，如叶形、水果形等；(3)偶然形：由特殊的技法意外偶然得到的形态，无法重复复制，如通过敲打、泼洒等手法得到的图形；(4)徒手形：不借助几何器械，徒手随意绘制的形态。

面的其他属性，如色彩、图案、肌理等会影响面的视觉重量感和稳定感。

几何形

有机形

偶然形

徒手形

图 4-34　不同形的图示表达

2.3.1　面的心理感受特征

面给人的主要感受是延伸感、力度感，曲面还给人动感和紧张感。面的其他一些心理感受特征如比例、形状、颜色、图案、质感等属性要素是影响面的心理感受的重要因素——面的表面属性影响面的视觉重量感和稳定感(图 4-35)。不同长宽比例的面会产生不同的方向感；不同的围合度产生封闭或开敞的感觉；同样的形，颜色深的量感较强；面可以是隐喻的，也可以是真实的；面可以是实的，也可以是虚的；不同位置的面可以形成不同的空间；两条平行线可以在视觉上确定一个面；一系列平行线，通过不断重复就会强化人们对于这些线所确定的平面的感知。线条离得越近所表现的平面感就越强(图 4-36)；一块透明的空间薄膜能够在两条线之间伸展，从而使人们意识到两条线之间的视觉关系(程大锦，2005)。

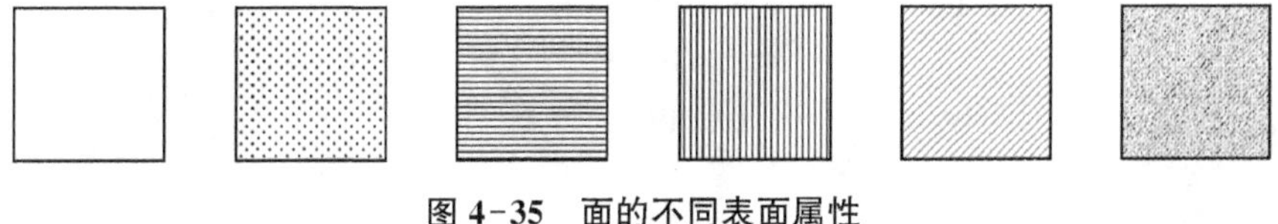

图 4-35　面的不同表面属性

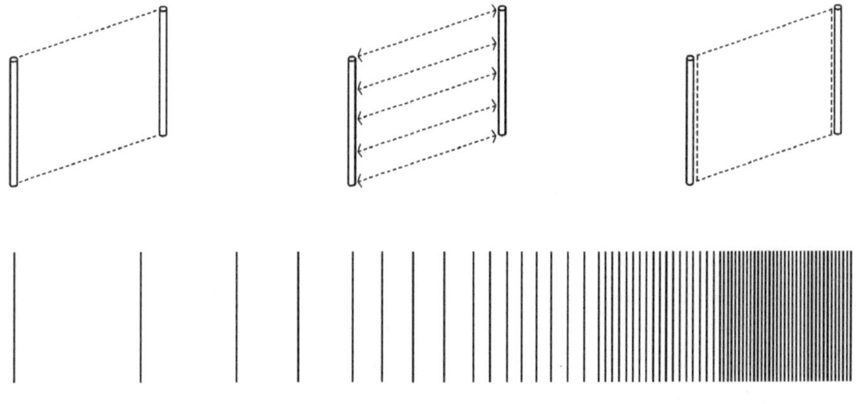

图 4-36　面的感知——从线到面

实际上,一张纸或一堵墙或多或少都可以看作是纯粹的平面。近看一个三维物体的表面,常常感知为一个平面。平面可以是简单的、平的、弯曲的或扭曲的。它们不需要是连续的,也不需要是真实的——就像"图画平面"中所隐喻的那样。用平面围合成空间时,可以具有特殊功能,如地面、墙面或屋顶平面。

2.3.2 面的构成设计

平面构成本身就属于面的设计。在平面构成中所强调的面则是具有长度、宽度和形状的实体。它在轮廓线的闭合内,给人以明确、突出的感觉(图 4-37)。

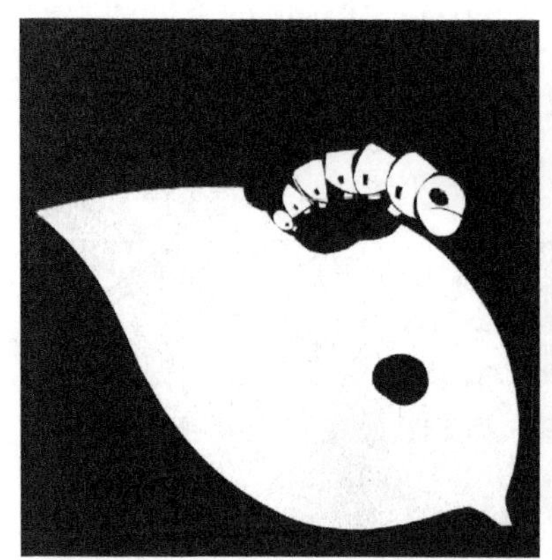

图 4-37 面的平面构成

在立体构成中,面材构成的形式主要有两种:一是面材的立体化构成,二是层面构成(佘昌冰等,2004)。

面材的立体化构成是指在平面材料上进行立体化加工,使平面材料在视觉和触觉上有立体感。主要材料有:纸张、塑料板、木板、泡沫板、石膏等。如怎样让一张纸赋有立体感?具体的操作方法有:折叠——直线折叠、曲线折叠;弯曲——扭曲、卷曲、螺旋曲;切割——挖切、直线切割、曲线切割;等等。

层面构成就是通过面材的堆积、围合、排列、层叠、穿插等不同的组合方式，得到具有一定体量感、空间感的立体造型，构成一个新的形体（图 4-38）。通过运用不同的渐变、重复、发射等形式排列面材，利用面材间距的可变性，按一定的比例有次序地排列面材，可以产生丰富的层面构成形式。层面构成的变化形式有：重复、交替、渐变、发射、近似，以及自由构成等。层面的排列方式有：直线、曲线、折线、分组、错位、倾斜、发射、旋转等。

图 4-38　面的立体构成三例

在空间构成中，面是非常重要的元素。面的围合与穿插能够创造丰富多彩的空间。建筑空间的处理就是对底面、垂直面及顶面的处理，而园林空间则注重地面和垂直界面的处理。

2.3.3　园林设计中的面要素

园林空间多样性的实现更多的是依赖于“面”的处理。紧密成行的树可以形成垂直的平面，而一排有间距的树或景观柱可以形成一个虚的面，一排紧密的长绿灌木可以形成相对密实的面（图 4-39）；高挑的树枝能形成一个屋顶平面。地表面的处理则显得更多样和重要，不同材质的表面可以在其上形成不同性质的空间：草地、铺装、水面等。空间构架或棚架也能界定较透明的平面，它们能够适度地限定和围合外部空间，同时又能让阳光和微风穿越其间，从而建造了开敞的“体”（图 4-40）。面的限定与空间关系将在后面重点论述，此处省略。

一排柱子其实不是别的，而是一面开放的、有若干处间断的墙体。

——L. B. 阿尔伯蒂

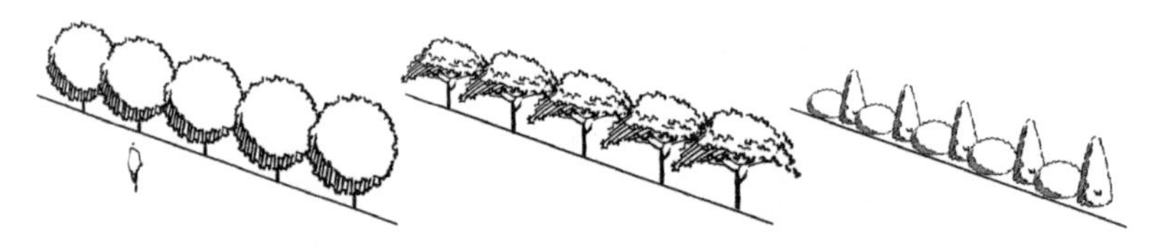

图 4-39　不同形态的树木形成的面(高或矮、实或虚)

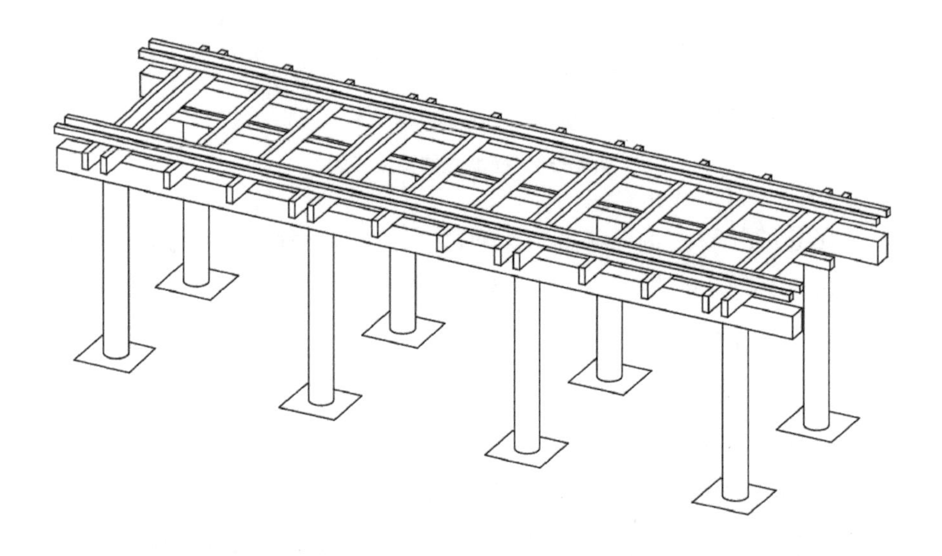

图 4-40　廊架的线式构件组成的垂直面与顶平面形成开敞的体

欧洲古典建筑中随处可见的列柱，室内或室外，功能上起到承重作用，空间上则是划分与界定(彭一刚，1998)。这种形式和广场四周的乔木有着共同的意趣(图 4-41、4-42)。

就设计而言，平面还可理解为一种媒介，用于其他的处理，如纹理或颜色的应用，或者作为围合空间的手段(顾大庆，2002)。但是平面本身就可以使用:映射的池塘就是一个典型的例子;用于许多比赛的场地都依赖于精确的平面布置;一些建筑物用水平的平面达到特殊的效果,如用平行的平屋顶来突出地平面,一些摩天大楼的垂直面上,透明的玻璃幕墙能够映射天空或周围的建筑物(程大锦,2005)。

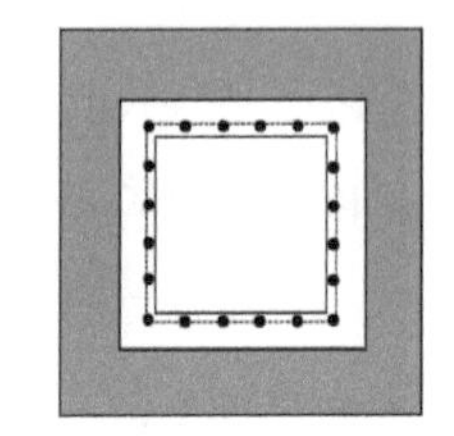

图 4-41　欧洲古典建筑内庭中的列柱

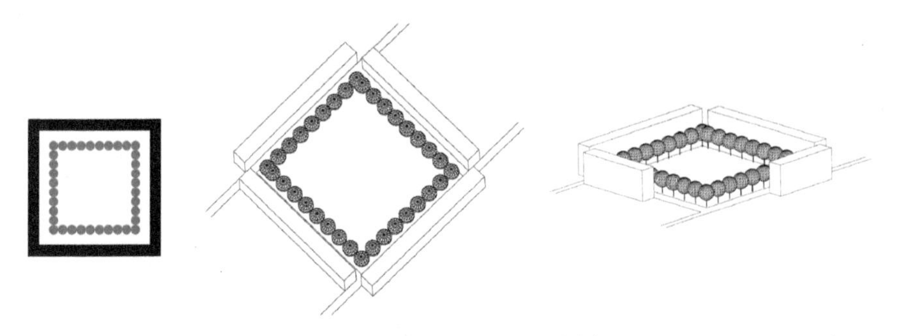

图 4-42　城市广场与列植树木

2.4　体要素

一个面沿着非自身方向延伸就变成体。从几何概念上讲,一个体具有三个量度:长度、宽度、高度。

2.4.1　体的心理感受特征

体一般给人坚实感、安定感、稳重感,但是因体的长宽高之比不同而呈现出块材、线材、面材的状态时，其心理感受也分别呈现出点、线、面的特征。同时，体表面的颜色、肌理等不同的处理也会使人们的心理感受发生变化。体还有其他一些心理感受特征，如：体是二维平面在三维方向的延伸；体可以是实体的，也可以是开敞的；实体可以是几何形的，或者是不规则的；建筑、地形、树木和森林都是实体——空间中的质体；开敞的空间由地面及其他实体界定，形成围合的空间即虚体；建筑物的内部、深深的山谷和森林中树冠下的空间都是开敞的体（怀特，2001；贝尔，2004）。

所有体可以被分析和理解为由以下部分所组成：点或顶点，几个面在此相交；线或边界，两面在此相交；面或表面，限定体的界限（图 4-43a）。由此也可以看出，点、线、面、体的关系有时是互为表达的（程大锦，2005）。

形式是体具有的、可以识别的特征。它是由面的形状和面之间的相互关系所决定的，这些面表示出体的界限。即使从纯几何学的观点来看，面和体的关系也是极其密切的。一条线段沿着一条直线运动可以形成一个面。当线段沿着一个闭合的曲线或折线而运动时，则会形成锥面、圆柱面和棱柱面，同时也形成了锥体、圆柱体和棱柱体。另外，体既可以是实体，即用体量替代空间；也可以是虚空，即由面包容或围合的空间（图 4-43b）。

2.4.2 体的构成设计

立体指三维度的空间实体，构成指组合、拼装、切割、构造等手法。立体构成则是在三度空间中，把具有三维的形态要素，按照形式美的构成原理，进行组合、拼装、构造，从而创造一个符合设计意图的、具有一定美感的、全新的三维形态的过程（卢少夫，1993；金剑平，2001）。学习立体构成可以培养良好的造型判断力和创造力。立体构成在现代工业设计、建筑设计、城市雕塑等设计领域已得到广泛的应用。作为园林设计师，我们主要关注的是形态构成中高度抽象的形和形的构造规律以及美的形式在环境设计中的应用。

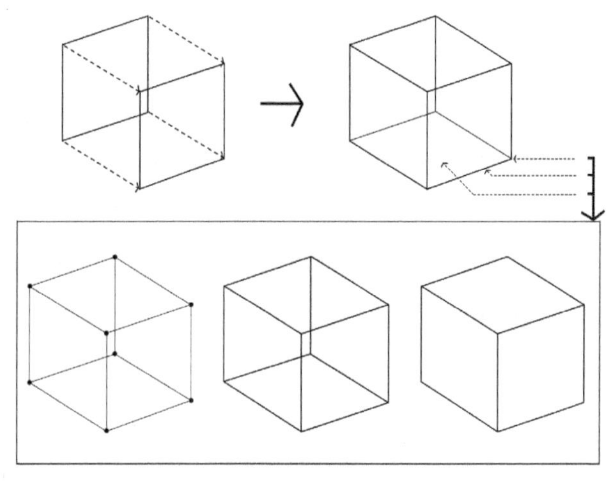

(a) 体的形成与不同解释

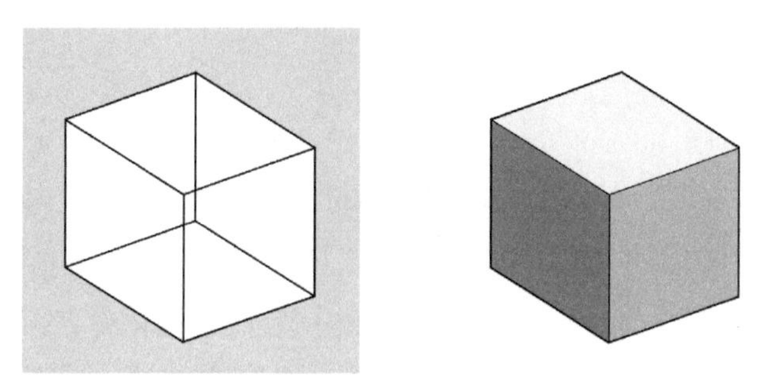

(b) 虚体和实体

图 4-43　体的产生与体的解释

立体构成是从形态要素的立场出发,研究三维形体的创造规律,所以是利用抽象材料和模拟构造,创造纯粹形态的造型活动,强调的是"构想和感觉"。所谓抽象材料,是将材料按照形状划分为块材、线材、面材,以便与点、线、面相对应,同时也便于把握其心理特性;所谓模拟构造,是以直观为主的实验性的结构形式,或者说是强调"力的运动变化的凝固形式";所谓纯粹形态,是舍弃实用功能只强调视觉特性的美的造型(金剑平,2001)。所有的形体都可以还原成圆球、圆锥和圆柱三种最基本的抽象形,这三种形的平面投影即为圆形、三角形和方形。设计中应尽可能避免一切具象形和材料所带来的局限和束缚，用最纯粹的几何形态，不考虑其材质，专注于要素（点、线、面、体）的构成关系，完全或几乎不再现具体的对象，追求造型的纯粹化、抽象化、简洁化、空间感、力量感等。视觉形式本身就是创作的内容，纯粹的构成就是要关注要素之间是如何构成的？如何对话的？

因为在之前章节中，对“线要素”和“面要素”相关构成内容已有讲述，此处仅论述块材（体）构成。块材构成分为单体构成和组合体构成。

（1）单体构成设计

> 自然界的物象皆可以还原为简化的球形、圆锥形、圆筒形的构成。
>
> ——塞尚

体的基本形态有：平面立体和曲面立体。基本的平面立体包括：立方体、棱柱、棱锥、正多面体，等等。曲面立体又分为几何曲面立体和自由曲面立体，基本的几何曲面立体包括：球体、圆柱体、圆锥体，等等。以单体为基础设计立体造型时，可以采用切割（减缺、穿孔）、移位（移动、错位、滑动）、变形（扭曲、挤压、拉伸、膨胀）、增殖等加工手法（图 4-44）（田学哲，

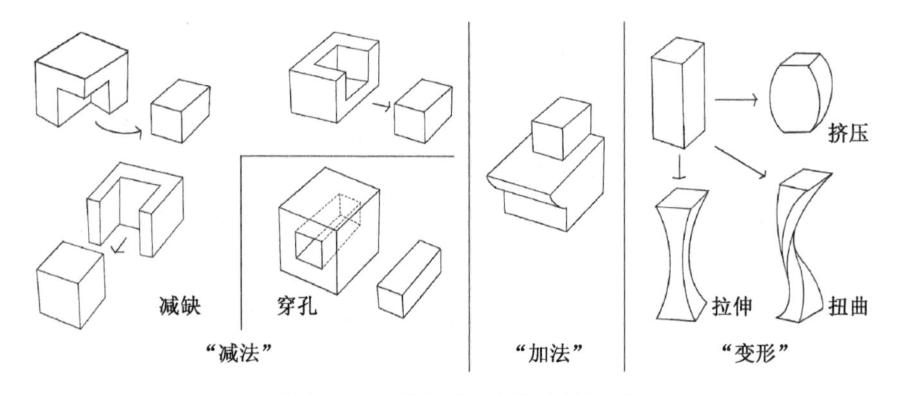

图 4-44 单体构成的不同手法图示

1999;张毓峰,2003;余昌冰等,2004)。各手法及注意要点简单阐述如下:

切割:又称为"减法",就是按设计构思需要减去原形体的某些部分,即将形体的某一或某几部分切割掉,从而产生新形。切割形体时要注意切割的切点、角度、形状、深度、大小、数量等,以及是等分还是不等分,是规则还是无规则。一定要注意保持原有形体的整体感,必须遵从整体到局部的设计规律,原型的部分要占绝对的优势比例,避免切割过多而"没了原形"。

增殖:又称为"加法",就是在球体、圆柱、棱锥、立方等基本形体上添加新的形体,即在原形体的某一或某几个部位增加新的形体,从而产生新的形态。运用增殖手法时必须注意手法的主次关系,添加体不应该改变或干扰原型的基本造型特征,同时要注意添加体与母体之间在比例、质感、色彩方面的有机联系,即增加的新形必须为次要形体并保持原形的整体性。增殖手法根据增殖的部位不同可分为:表面增殖、边线增殖、棱角增殖。

移位:该手法主要在对形体切割时产生的子形与子形以及子性与母形之间进行。具体的操作手法有:移动、错位、滑动。

变形:将经过处理的基本形体的一个或多个量度加以变化,将之拉长、压扁、扭曲、膨胀等,从而产生无限多样的新的形体。

在实际形体设计中,为了得到一个好的设计,形体手法的运用往往是综合的(图 4-45)。另外,无论我们运用哪一种手法,都要始终注意形式美的基本法则。

图 4-45　单体构成

(2) 组合体构成设计

形体的组合就是把多个单体组合成一个新的形体,这个形体就是组合体。组合体的单位可以是相同的,也可以是不同的(图 4-46)。组合时要注意形体的统一,忌过多形态的单体组合,以免造成杂乱之感。

图 4-46　组合体的构成

形体在进行组合时可以使用不同的处理方法,形体和形体的相互关系主要有分离、接触、楔入、穿插、支撑等,也可以参照形和形的相互关系处理。形体在进行组合时,要注意形体位置的变化、形体数量的变化、形体方向的变化。注意联系的度:主次、部位、角度、方向等,注意交错部位的颜色、肌理、结构等。同时要遵循形式美的基本规律,注意主次、统一。

2.4.3　园林设计中的体要素

我们从二维移向三维,从而得到体。体有两种感受类型(图 4-47)。

实体——三维要素形成一个体,即用体量代替空间,强调物质形态。

虚体(开敞的体、虚空)——由其他要素(如平面)包容或围合而成的空间,强调心理体验(图 4-48)。

实体可以是几何形的。立方体、四面体、球体和锥体都是实体的例子。在建筑景观中,埃及的金字塔和其他古代人造结构,与网格球体、玻璃立方体等都是几何形体的实例。不规则的实体很普遍,一些可能是圆滑而柔软的,而另一些则坚硬而有棱角。一些引人注目的地形或植物是

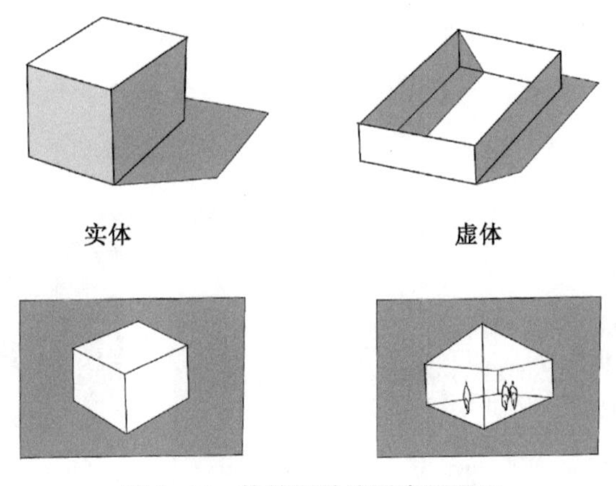

图 4-47　体的两种感受类型图示

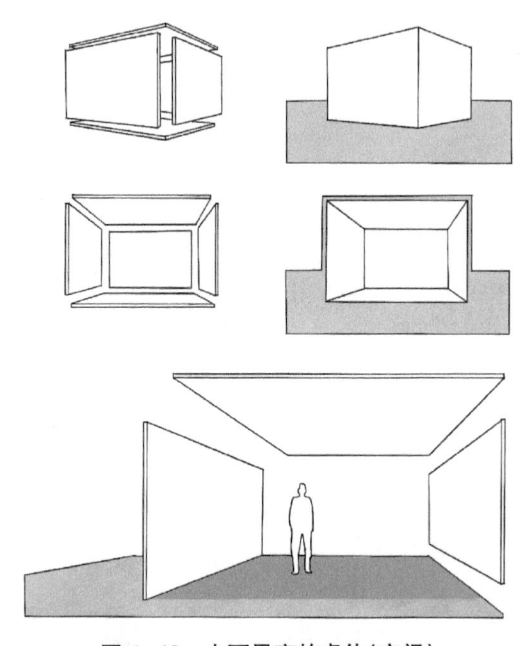

图 4-48　由面界定的虚体(空间)

突出于平面的实体(图 4-49)。

虚体可以由开敞的空间结构(如桁架)所界定(图 4-50),它们也能以密实的平面为边界,形成空洞(图 4-51)。或许,分类较含糊的是钢和玻璃的透明建筑,如植物园中的玻璃房,它围合了一个隔离的气候区，模糊了围合空间和开敞空间之间的差异。在外部环境中，植物、建筑、构筑物等要素共同提供围合的界面，形成虚体——公众需要的空间(图 4-52)。

图 4-49　建筑实体景观

图 4-50　廊道虚体景观

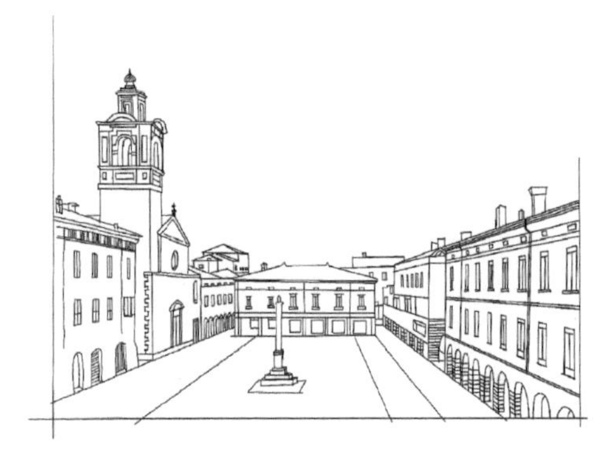

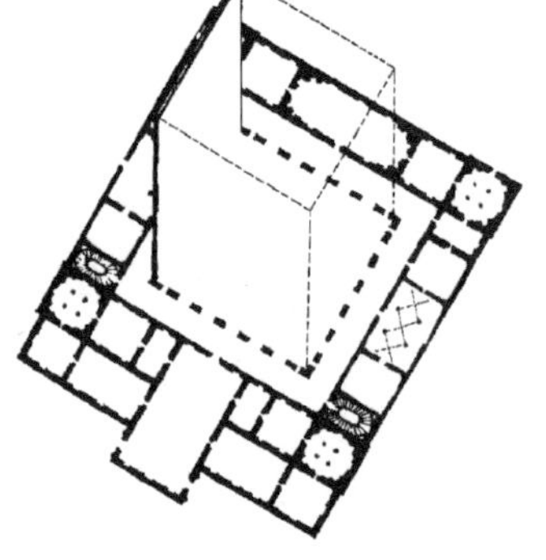

图 4-51　建筑围合的广场与中庭——虚体(新画)

图 4-52　园林景观中通过不同要素形成的空间——虚体

实体与虚体的关系，可以从积极形态与消极形态、积极空间与消极空间进行讨论（金剑平，2001；詹和平，2006）。如上文所述，空间形态的形成离不开实体形态，实体形态一旦不存在，也就意味着空间形态也随之消失。因此，从这一方面来看，实体形态是积极形态，依附于实体形态的空间形态是消极形态，这是从形态的生成而言的。但是从形态的功用来讲，利用实体形态的围合与限定，其目的是获得空间形态。因而，这里的空间形态又转变为积极形态，实体形态则下降为消极形态。芦原义信（1985）在对外部空间研究后，提出了“积极空间”和“消极空间”的概念。他认为：“由于被框框所包围，外部空间建立起从框框向内的向心秩序，在该框框中创造出满足人的意图和功能的积极空间。相对地，自然是无限延伸的离心空间，可以把它认为是消极空间。”可见，积极空间与消极空间的差别在于，一个是向内的向心收敛的空间，一个是向外的离心扩散的空间。而更为重要的差别在于积极空间是满足了“人的意图和功能”。因此，作为供人使用的空间的形状和形态，即空间形态（虚体）才是真正的“主角”。

在外部景观中，空间的围合要素可能是像地形一样的实体——在狭窄、幽深的山谷里形成开敞的体。树木和森林可以包含空间，并在树木之间或者在森林内部建立开敞的体（如经过设计的园林场地景观），或在森林内部设置的细窄行车道、小开敞空间、砍伐区。在森林树冠下，伸展在头顶上的枝条、地面以及树干所隐喻的平面也可以创造一个空间体（贝尔，2004）。一些给人深刻印象的城市空间都是精心布置平面、建筑物的立面和创造开敞体的结果，它们可以互相连接并以一种详细规划的式样从一个空间流到另一个空间（夏祖华，2002）。园林设计更为关注的就是这种由不同要素形成的虚体——空间，以及这些虚体之间的关系。

3　点、线、面和体的相对关系

点、线、面、体的相互关系是非常紧密的，没有绝对的点、线、面、体，只有根据环境确定的相对关系，并且在一定条件下可以相互转化，这种相互之间的转化造就了丰富的形态关系(图 4-53)。比如，一个点经过排列成为一条线，再经过阵列成为面；或者，同一个垂直界面，可以通过块材、线材、面材单独或共同组合而实现。

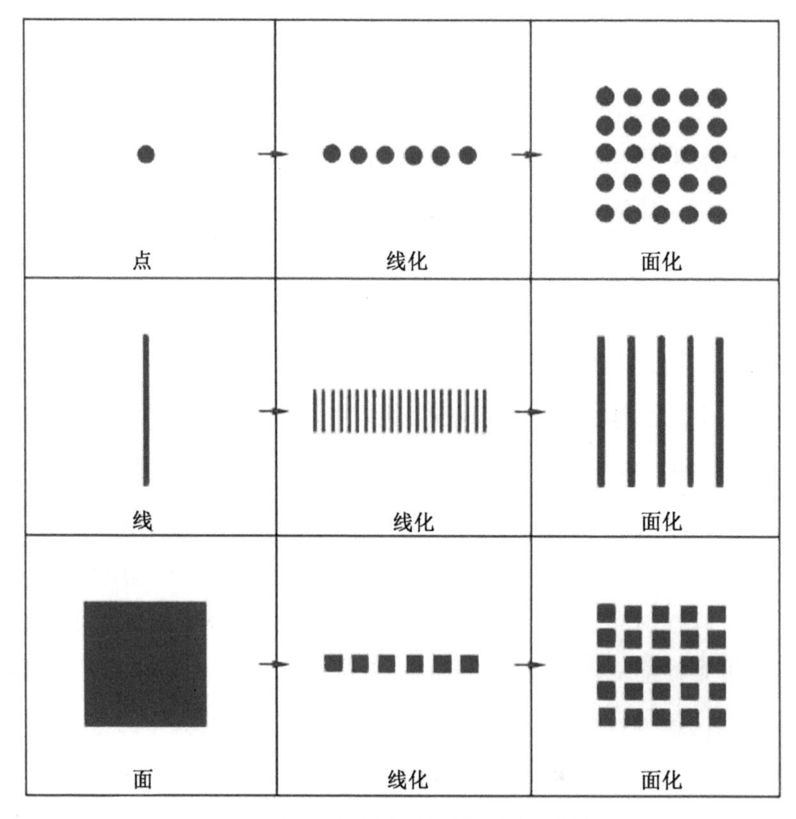

图 4-53　二维的点、线、面及相互转化

在现实环境中，一个基本要素孤立存在的情况是很少见的。通常它们都组合在一起，而且它们之间的差异可能是非常模糊不清的。许多点可以表现为一条线或一个面，而从不同的距离看，平面可以变成点、线(边缘)和实体或开敞体的面。当我们看景色或其构成时，这种可变性会使我们兴奋。这种可变性正是设计师需要研究而加以应用的。

体的形态对应于二维的点、线、面，可分为块体、线体、面体，这是由于体不同的长、宽、高的比例带来的不同感受。同样，三维的点、线、面之间的关系也是可以相互转化的，并藉此产生丰富的表达语言（图 4-54）。由于体最终要通过具体物质形态来表达，从而表现出一定的材料特性，因此我们又将块体、线体、面体分别称为块材、线材、面材，对应的可将立体构成分为块材构成、线材构成、面材构成。对于纯粹的立体构成训练，应尽可能地忽略材料的特性对视觉造成的干扰，注重构成形态本身。

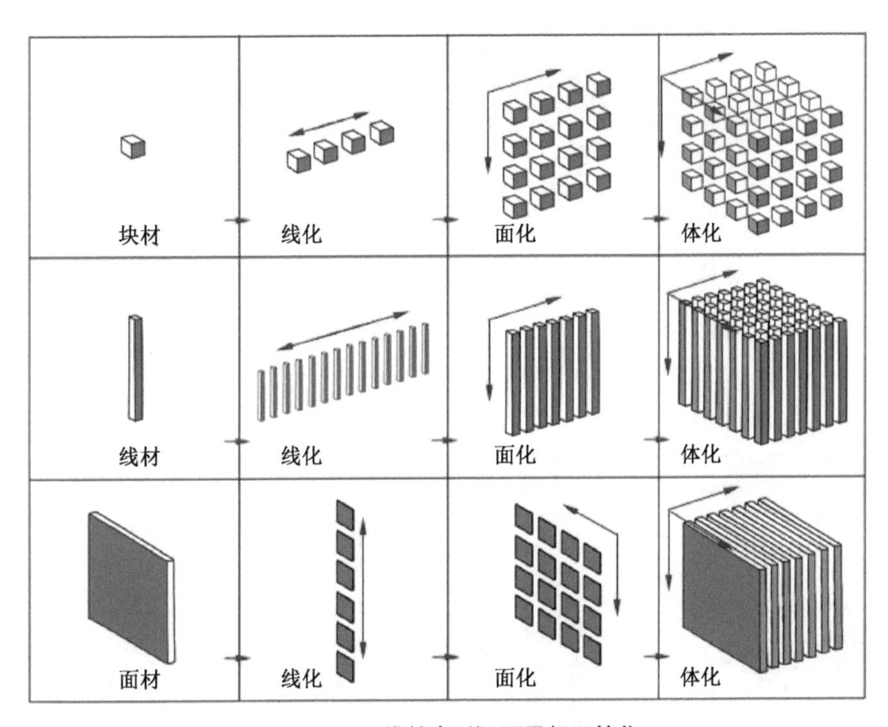

图 4-54　三维的点、线、面及相互转化

由于没有绝对的点、线、面、体，它们相互之间的转化造就了丰富的形态关系——实体和虚体、点化的体、线化的体、面化的体，等等（田学哲，1999）。正确理解、把握和运用这种转换关系是创造好的构成的开始，也是创造好的景观设计的开始。另一方面，一个好的构成或景观往往也是综合运用点、线、面和体达到理想的设计效果（图 4-55、4-56、4-57）。

图 4-55 “线—面—体”转化之平面构成

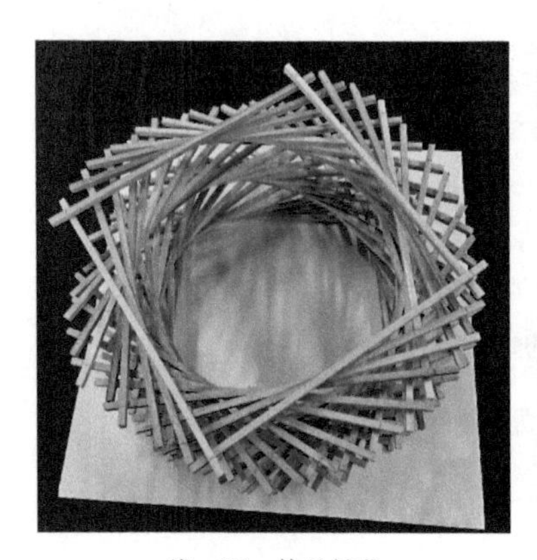

线—面—体的转化

由面生成的体

图 4-56 “线—面—体”转化之立体构成

柏林 SONY 广场

图 4-57　“点、线、面”综合转化构成的广场空间

本章小结

本章以构成三元素为行文指导，重点解析了构成的概念元素——点、线、面和体，并结合园林要素与园林设计展开，指出任何园林要素都可以抽象为点、线、面或体，加以研究与设计处理，同时点、线、面或体之间可以相互转化，为创造丰富多彩的园林景观提供了可能性。

从构成学的角度看园林设计则是“复杂的构成”——可以将地形、建筑、植物、水体、铺装、构筑物等诸要素抽象为纯粹的点、线、面和体,依据构成学的原理进行布局和构图,再按照各种园林设计原则(环境生态、行为心理、视觉效果、社会地域等;经济、实用、美观等)进行统筹处理,最后组合成满足一定功能要求的环境。如果撇除了功能、生态、地域文化等实用性、现实性要求,单纯从视觉景观效果来考虑,那么园林环境设计就可以从基本要素入手,从构成的角度去思考设计。

第五章

构成方法解析

在第二章曾论述，根据基本造型方法，构成大致可分为单元类、分割类、变形类和空间法四类（田学哲，1999）。下面就依据此分类对构成及其在现代园林设计中的应用作进一步研究。由于空间是园林设计的关键，因此有关空间法的构成原理与应用单列一章即第六章作较详细的分析研究。

1 构成方法简析

在自然界中，任何物体都是由一些基本要素组成的。大至构成宇宙的各种星球，小至物质的原子，这些“要素”按照一定的结构方式形成了无奇不有的大千世界。“要素”和“结构”是造物不可或缺的两个方面（田学哲，1999）。一棵树由树叶、树枝和树干组成，树叶是“要素”，树枝和树干是“结构”。那么，构成设计中的“要素”和“结构”又是什么？构成设计中的“要素”就是基本形以及由此分解而来的形的基本要素，而“结构”就是将这些“要素”组织起来的造型方法（金剑平，2001）。构成的造型方法则主要有单元类、分割类、变形类和空间法四类。前文讨论分析认为可以将园林设计看作是由复杂的环境构成，而环境中的植物、建筑、小品等各类园林设计元素则等同于构成中的“基本形”，只是这种基本形更为多样和复杂，构成的方法就是园林要素布局与设计的方法。

1.1 基本形的概念

基本形是指在设计中借以表达设计意图的视觉元素，即由形的基本要素点、线、面构成的单个或组合形象，是构成设计的基本单位。为了便于研究，图 5-1 将基本形归纳为如下几种——线：直线、曲线等；面：圆、方、三角等；体：球体、圆柱体、立方体、正多面体、锥体等。

正如前文所述，基本要素点、线、面、体可以相互转化与生成，同样地，基本形线、面、体之间也可以通过分解和组合来实现相互间的转化。

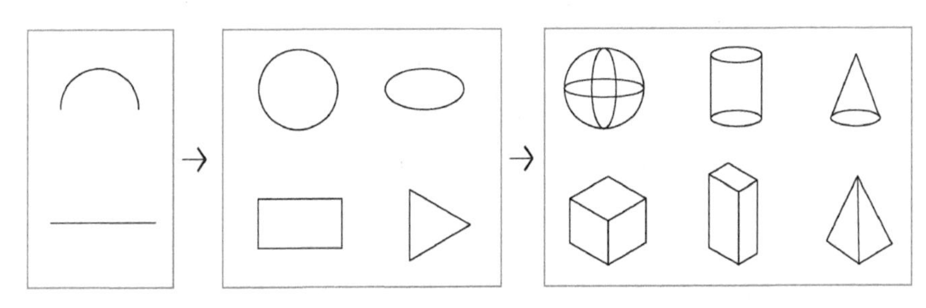

图 5-1　各种基本形

1.2　形和形的基本关系

在构成设计中，既有单个形的构成，也有运用两个或两个以上的形进行组合再行构成。在形和形相遇时，就会呈现出一定的关系，这些不同的关系为设计者提供了很多的选择，进而创造出更多的形象。形和形的基本关系大概可以归纳为以下八种(图 5-2)：分离、接触、覆盖、透叠、联合、减缺、差叠、重合(田学哲，1999；夏镜湖，1996)。在进行构成时，还应分别注意各自关系的处理要点。

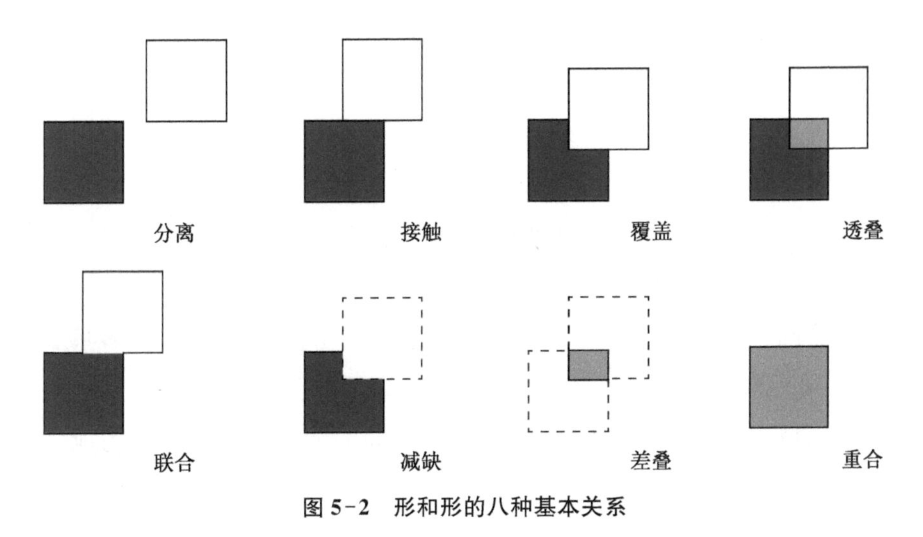

图 5-2　形和形的八种基本关系

分离：形体之间有一定的距离，这种距离应该在形体的“场”的控制范围之内，它们之间通过聚集效应而成为整体。注意形体之间的位置关系、主次关系。

接触：形体之间零距离。注意接触的部位、角度、深度，以及两者的主次关系。

覆盖：在形体交搭的部分，其中一方完全"吃掉"另一方。注意主次关系，以及覆盖度的大小和方位问题。

透叠：两个形体互相交搭时，其交错部位的性质（如颜色、肌理、结构等）各自有所保留，但依然以一方为主另一方为辅的方式。注意它们的主次关系以及交错部位新形的处理。

联合：两个形体联为一个整体，形体之间融合成新形。注意整体的轮廓形式，使合并后的形符合审美的要求。合并后的新形和原形之间的关系也是应该加以注意的。

减缺：一个形体的部分被另一个形体削减掉。一般情况下，被削减的形应该是主体。注意减缺的度，以及被减缺后的形与原形的关系。

差叠：仅保留形体的交错部分，所产生的新形分别保留了不同原形的部分特征。注意两者所产生的新形的审美要求，以及它同原形的关系。

重合：一个形体完全覆盖另一形体。只有当两者的性质完全相同时才能出现这种情况。

总之，两个形相遇时要注意处理接触部分的主次、位置、角度、多少等关系问题。这几种关系基本涵盖了形与形相遇的所有方面。在建筑形体及空间设计中，会遇到大量的类似的问题。正确理解和掌握形和形的基本关系原理，对认识及造型能力的提高是很重要的，通过基本形的处理可以来理解体与体的关系、空间与空间的关系以及场地与场地的关系（图 5-3）。

图 5-3 基本形的组合构成图示

1.3 空间与空间的基本关系

空间也可以看成是“体”(虚体):线状的虚体、面状的虚体、块状的虚体。形和形的八种基本关系也可以看成空间和空间的关系,理解这一点也有助于处理两个空间之间的关系。环境中,无论是底界面还是垂直界面在水平方向的延伸、穿插,都可以为空间的划分带来更多的灵活性,使得被划分的各局部空间具有多种强弱程度不同的联系,同时增加空间的层次感和流动感。空间穿插中的交接部分,可以采用上述八种关系进行不同的处理,产生不同的效果。如图 5-4,两个空间有部分重叠,那么这个重叠部分的空间可以是两个空间共有(上),可以成为某个空间的一部分(中),也可以相对独立成为两个空间的连接部分(下)。图 5-5 表达了场地空间设计的一种基本处理方法,叠合部分成为一个相对独立半开敞的空间,但又与全开敞空间关联更强,而一个相对复杂的环境则是多空间的相互关联形成的。显然,处理方法的不同所获得的空间就会不同,这为设计提供了多样的选择,更丰富了设计空间。

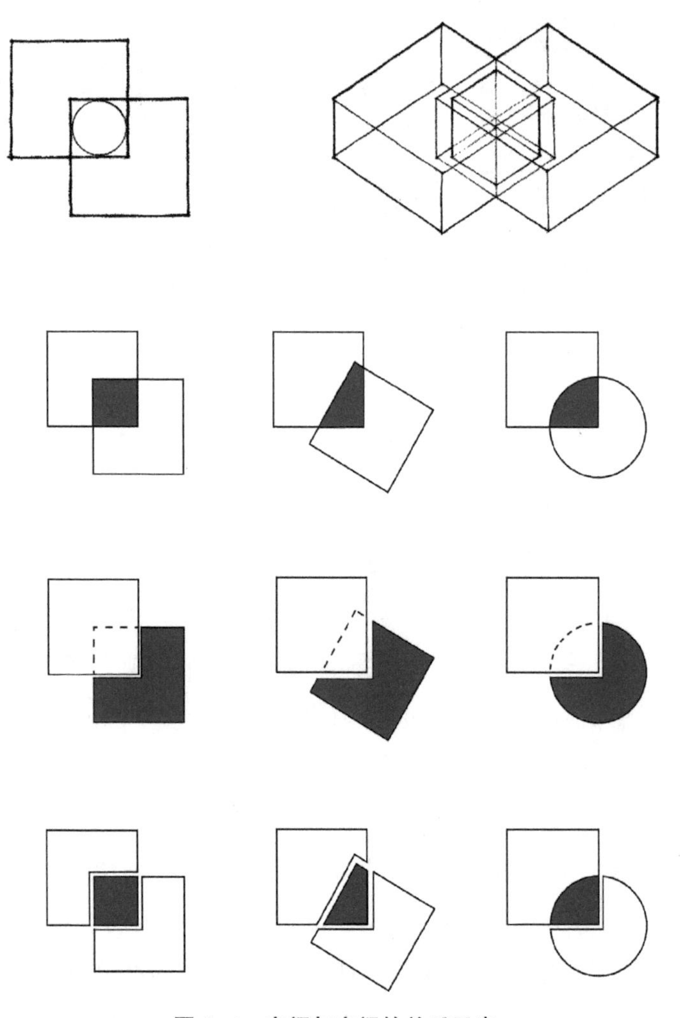

图 5-4　空间与空间的关系示意

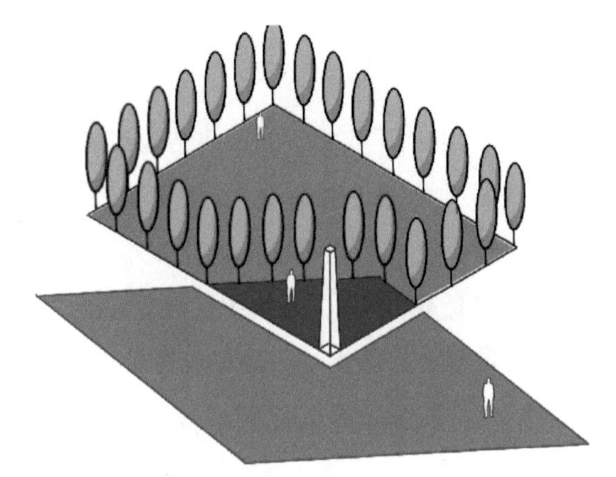

两个空间叠合

多空间构成的环境

图 5-5　空间与场地设计

2 单元类构成

单元类造型方法，即以相同或相似的形或结构作为造型的基本单元，重复运用它们而形成新的形态。所谓单元，就是指那些构建新形的“细胞”，具有可重复的性质。它可以是平面基本形中圆、方、三角等，也可以是块体、线体、面体等体要素，还可以是组织形体的结构方式等。单元类造型方法又可细分为骨格法和聚集法。聚集法与骨格法的区别就是其没有明显的、确定的结构方式，基本单元之间通过聚集，以它们形式的相同或相似联系起来，形成新形。

2.1 骨格法

2.1.1 骨格法的概念

骨格法是指形的基本单元按照“骨格”所限定的结构方式组织起来，形成新形。如图5-6所示，骨格有平面骨格和空间骨格之分，骨格的具体形式有：(1)网格式——平面式、空间式；(2)线形式——直线式、曲线式。其中，网格式的骨格组成包括骨格框架(圆、方、三角等)、骨格单位、骨格点和骨格线(直线、折线、弧线等)(田学哲，1999；王化斌，1994)。常见以骨格为基础的构成类型有：重复构成、近似构成、渐变构成、发射构成、变异构成等。骨格法在规划设计中的应用非常广泛，大到一个地域或城市的规划(图5-7)，小到一个铺装纹样的设计。骨格法是对景观设计进行控制以达到秩序最常用的手法之一。

2.1.2 骨格的分类

(1) 根据结构方式，骨格可分为规律性骨格和非规律性骨格。规律性骨格是指骨格线按照严谨的数学方法有秩序地排列，如等距的重复、等比的渐变骨格等；非规律性骨格是指骨格线比较自由的构成形式，有很大的随意性(图5-8)。

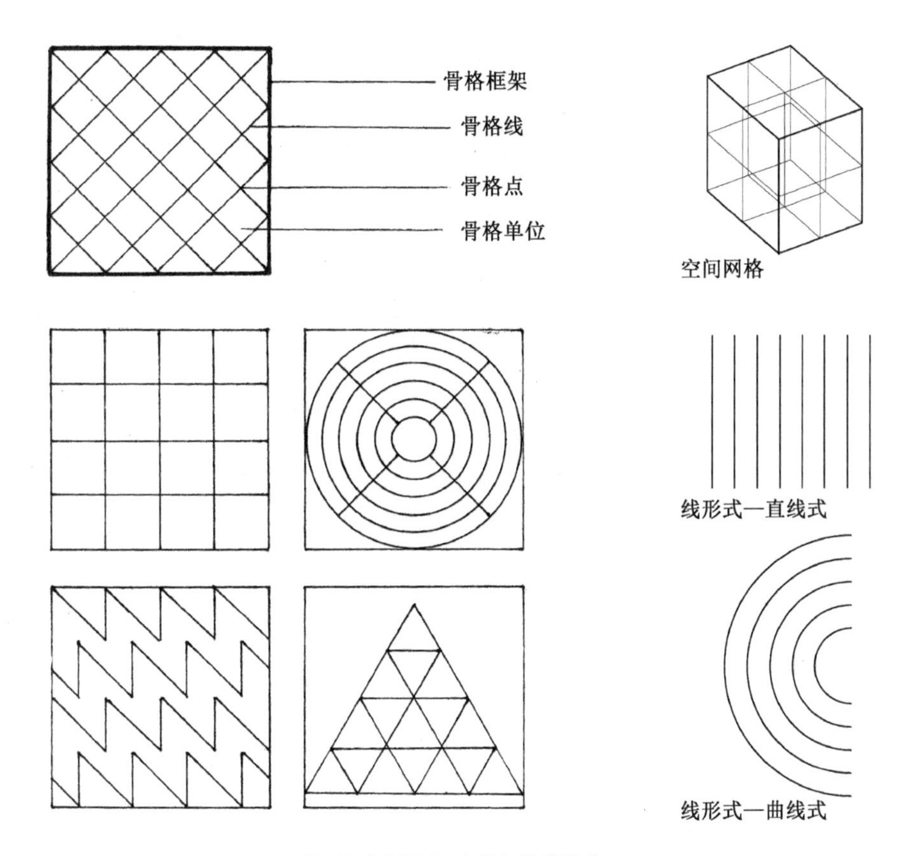

平面与空间网格、直线与曲线形式

图 5-6　骨格的形式

(2) 根据骨格线的可见性，可将骨格分为可见骨格和不可见骨格(图 5-9)。

2.1.3　骨格法的基本构成类型

"重复产生韵律，韵律产生美！"

重复构成是指在设计中不断重复使用同一基本形的手法，是平面构成中一种最基本、最常用的构成方式(图 5-10)。重复的感受特征有：印象的强化，节奏感，韵律感，统一和谐；过多的重复也会产生单调感。

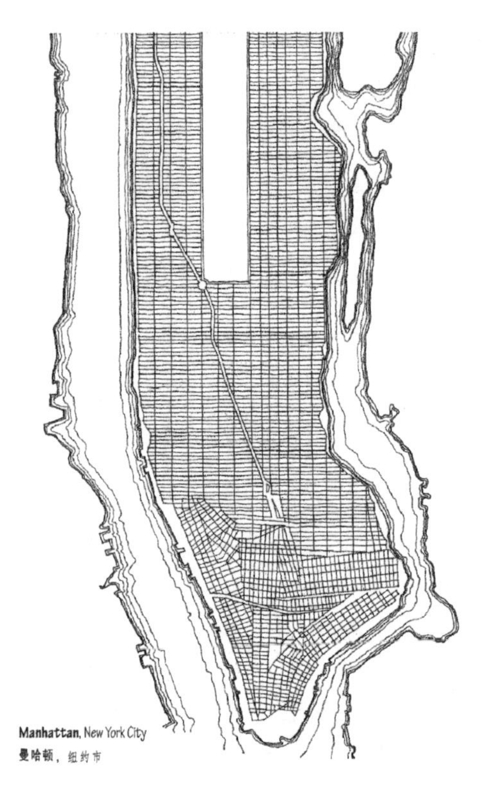

图 5-7　一个城市的骨格

图 5-8　骨格的分类一

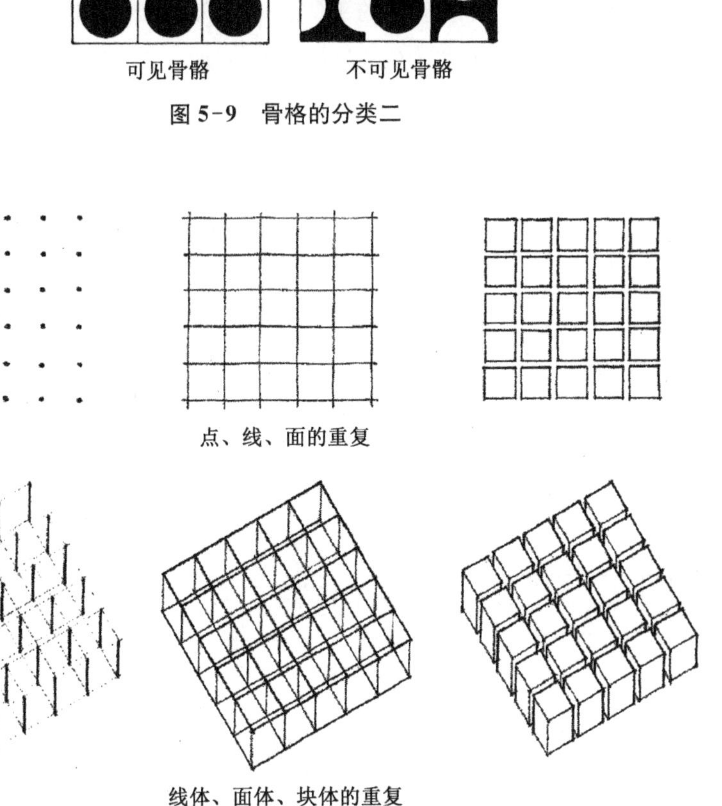

图 5-9 骨格的分类二

图 5-10 基本要素的重复构成图示

重复构成的形式有两种：基本形的重复和骨格的重复。基本形的重复：基本形依据骨格框架重复出现。在进行重复构成时，基本形可以有一种或一种以上，但决不宜多，否则容易造成视觉上的混乱。骨格的重复：用骨格线将骨格框架的空间分割成形状、大小相同的单位，构成的规律性骨格。重复骨格就是骨格单位的重复，两者有时是互为一体的。

在园林设计中，几乎所有的景观要素都可以作为重复构成的基本单元——植物的重复，几何空间的重复，各类景观小品如路灯、坐凳、台阶、铺地等的重复(图 5-11)。无论对于单个的形体建筑或小品本身的内部要素，抑或是场地空间，重复可以赋予其秩序并体现韵律美，重复是设计达到统一最常用也是最基本的手法。而近似构成、渐变构成、变异构成、发射构成等构成类型则是在重复构成的基础上进行的不同变化处理后形成的(图 5-12、5-13)。

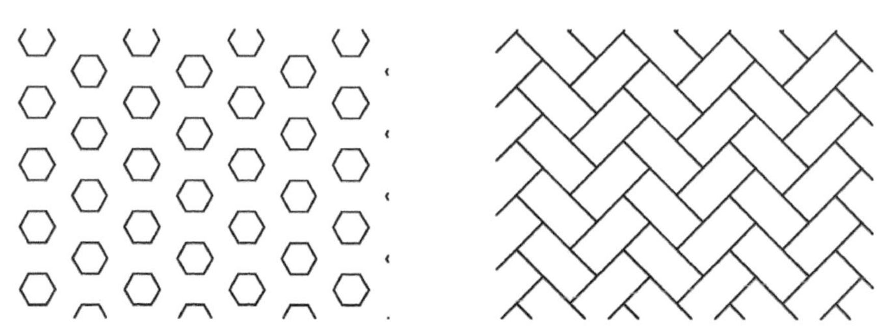

图 5-11　重复的铺地纹样

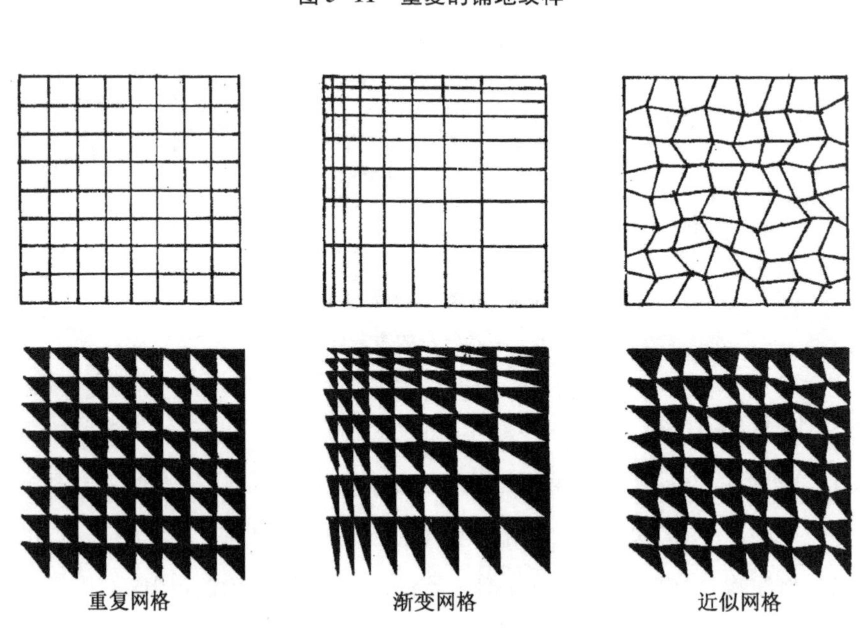

重复网格　　渐变网格　　近似网格

图 5-12　重复骨格的演化

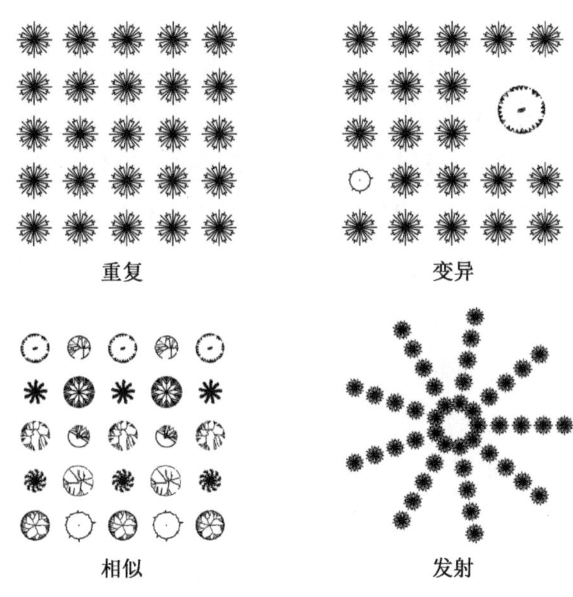

图 5-13 基于重复骨格的不同构成示意

(1) **近似**其实就是相对重复,近似构成注重的是基本形或骨格在重复的过程中有所变化,如基本形的各项视觉元素部分发生变化(图底转换、方向变化、位置变动、形状变化等),使得构成呈现一种丰富性,打破机械重复的单调感。

(2) **渐变**构成就是基本形或骨格在重复的基础上,在形状、色彩、大小、方向、位置、骨格等视觉或关系元素的某一个或某几个方面发生渐变形成的构成,基本形或骨格在渐变过程中逐级递增或递减,呈现数学上的一种几何关系,最终的构成具有重复、渐变、韵律、动势等效果。

(3) **变异**指的是规律性的特变。自然界中的变异现象有很多,如万绿丛中一点红、鹤立鸡群等。变异构成就是在重复、近似、渐变、发射等构成形式的规律中,下意识地出现一个或一部分非规律的基本形或骨格单位,用以突破规律的平淡与单调。变异的内容则无外乎构成的三元素——点、线、面的大小、方向、图底、形状、位置、肌理、色彩等。变异构成处理时要注意两个问题：

◇ 变异的大小：变异过大会显得独立或孤立，变异过小则有雷同之感，因此变异要适度；

◇ 变异的多少：变异过多会使整体效果失去协调，过少会被整体的规律所淹没，因此变异要适量。在构成设计中变异的数量不要过多，一般不宜超过三个（王化斌，1994）。

变异源于对比，而对比是园林设计中最常用的手法。无论是形体设计还是场地设计，要想突出某一个要素或景物，使其成为主体或主景等重点对象，或者作有别于其他要素的改变增加趣味性，就将大多同一的要素作为背景或陪衬，将主体景观进行特别处理——在大小、方向、图底、形状、色彩、位置等中的某一个或某几个方面，作出有别于周围其他要素的改变——强调、突显，明显有别于周围景观，实际上就是对比手法的运用（图 5-14）。

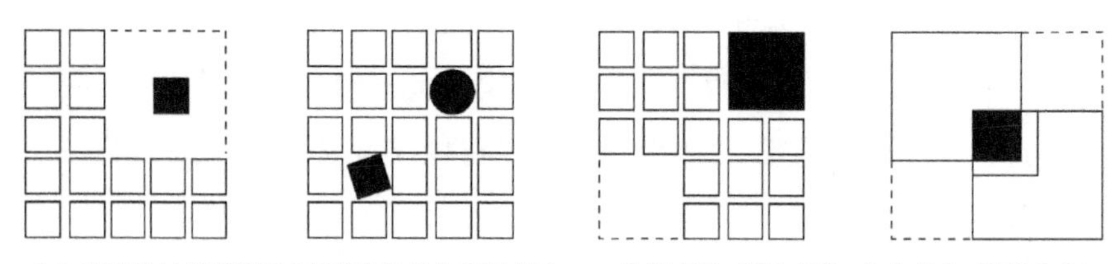

(a) 变异设计处理图示（在既定的结构和秩序中——位置变化、形状变化、大小变化、图底变化）

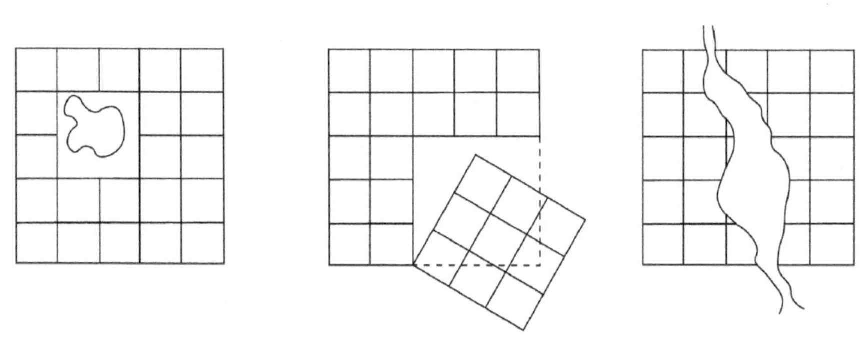

(b) 设计在形状、方向、形态与质地等方面的变异处理图示

图 5-14　变异构成与形体、场地、空间设计

（4）**发射**是一种特殊的重复形式。发射也具有渐变的视觉效果。发射是一种自然现象，如贝壳的螺纹、花瓣的有序排列、光源体的光芒放射，等等。发射具有强烈的视觉焦点，能使所有形象集中或扩散，还有多方位的对称效果。放射性构图和结构在设计中经常被使用，如广场设计中为了强调中心景观将地面铺装纹样设计成放射形，许多中心场地与周围道路的关系因功能的需要呈放射状(图 5-15)。

（a）发射构图

（b）铺地的发射纹样

（c）城市的发射结构

图 5-15　发射构成的应用

2.1.4　骨格的叠合设计

形在骨格的控制下可以取得秩序感，从而产生节奏感和韵律感。但是，有时候单一的骨格在秩序控制方面显得过于简单，使得设计在视觉效果上不够丰富，缺少趣味性。这个时候可以采用骨格的叠合，即将两个或两个以上的骨格叠加在一起(图 5-16、5-17)，来控制基本形或

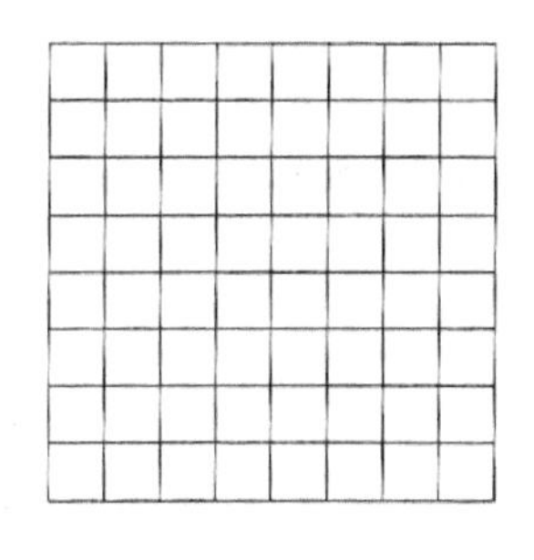
单一骨架

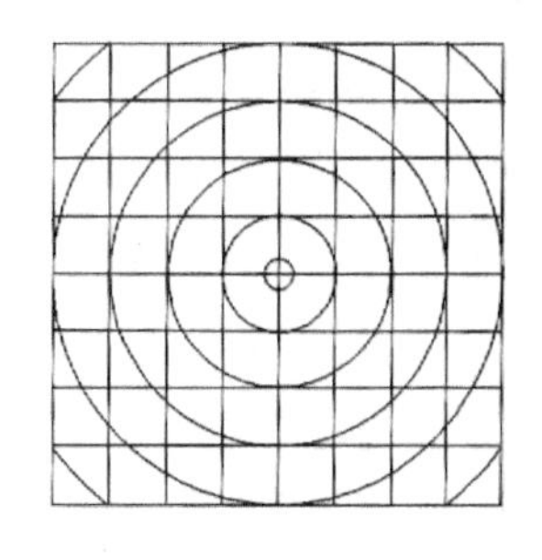
复合骨架

图 5-16　骨格的叠合

者进行画面(场地)的划分,使得构成设计呈现多元骨格相叠加的复合效果(夏镜湖,1996)。如图5-18,简单的重复骨格、发射骨格和渐变骨格利用叠合设计形成丰富的构成形态。

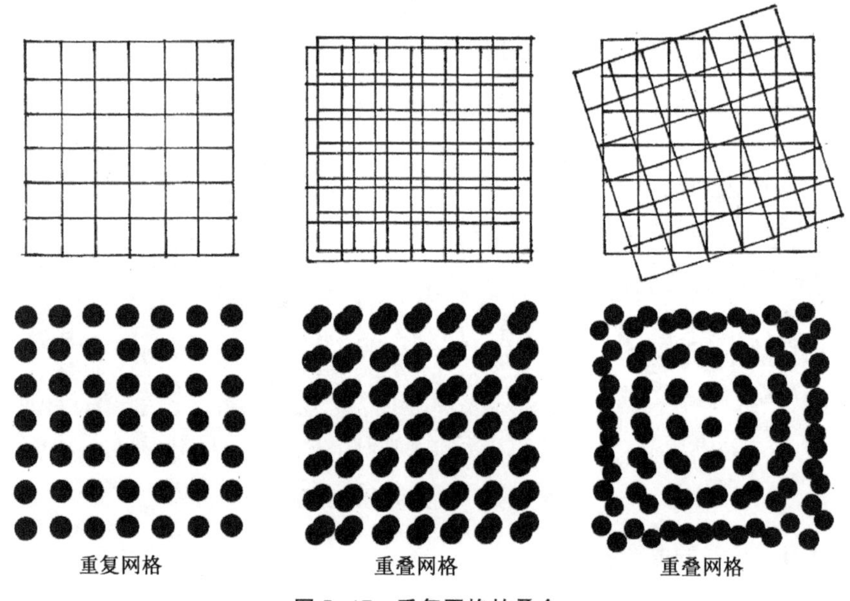

图5-17　重复网格的叠合

在进行骨格的叠合设计时要注意以下几点:(1)叠加的骨格数量不要过多,两到三个为宜,否则容易产生混乱和无序;(2)注意骨格的主次关系,最好有一个骨格占主导地位,其他以此为基准进行叠合,这样容易取得统一;(3)注意叠合的角度、深度、层次,可以全部叠合,也可以局部叠合,注意叠合部分的细部处理;(4)注意叠合后骨格的整体处理,即整体性。在具体景观设计中,结合功能的需要对细部进行适当的处理,设计的丰富度和观赏性会明显增加(图5-19)。

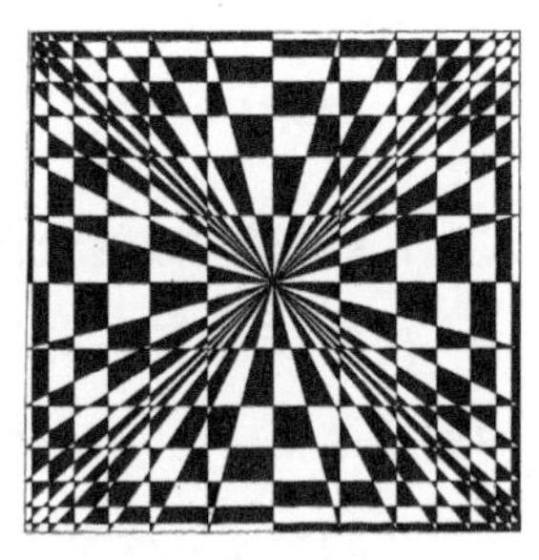

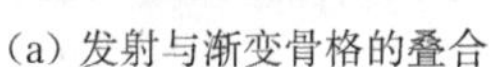
(a) 发射与渐变骨格的叠合　　(b) 发射与重复骨格的叠合　　(c) 发射与渐变骨格的叠合

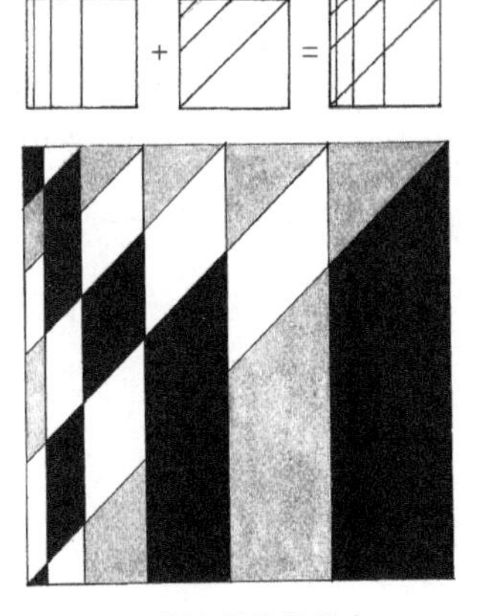

(d) 渐变骨格的叠合

(e) 发射与渐变骨格的叠合

图 5-18　叠合构成设计

(a) 重复骨格和重复基本形的叠合（玛莎·施瓦茨设计）

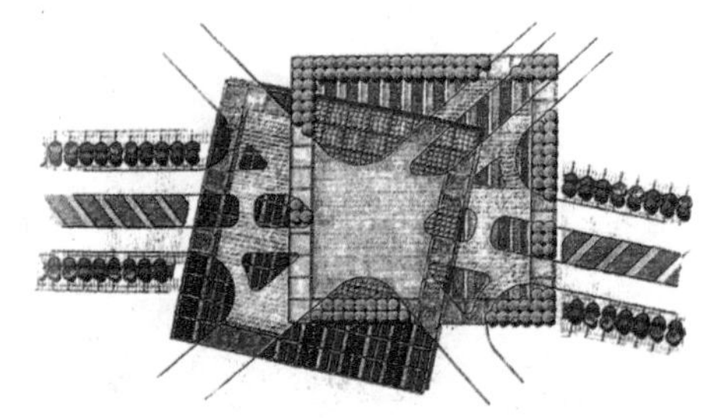

(b) 叠合广场设计案例(EDAW 设计方案)

图 5-19　景观设计中的叠合构成

2.2 聚集法

2.2.1 结集构成的概念与分类

聚集,不言而喻,就是结集、集中的意思。聚集法在构成设计中的应用就是结集构成,将各种分散的要素(基本形)按照一定的规律和美学法则聚集到一起形成一个统一的整体。现实中的结集现象有很多,如归栏的畜群、拥入赛场的观众、人口和建筑密集的城市与乡村,等等(图 5-20)。结集在设计中是一种常用的组织图面的手法,基本形在整个构图中可自由散布,基本形之间没有明显的、确定的结构组织方式,基本形之间通过聚集,有疏有密。最疏或最密的地方常常成为整个设计的视觉焦点,在图面中造成一种视觉上的张力,像磁场一样,具有节奏感。密集也是一种对比的情况,利用基本形数量排列的多少,产生疏密、虚实、松紧的对比效果,形成新的形象,强调聚和散。结集构成的形式特点有:方向性、目的性、群体性(朱翔,2000)。

结集构成中的基本形只起从属作用,它自身的存在意义并不大,主要

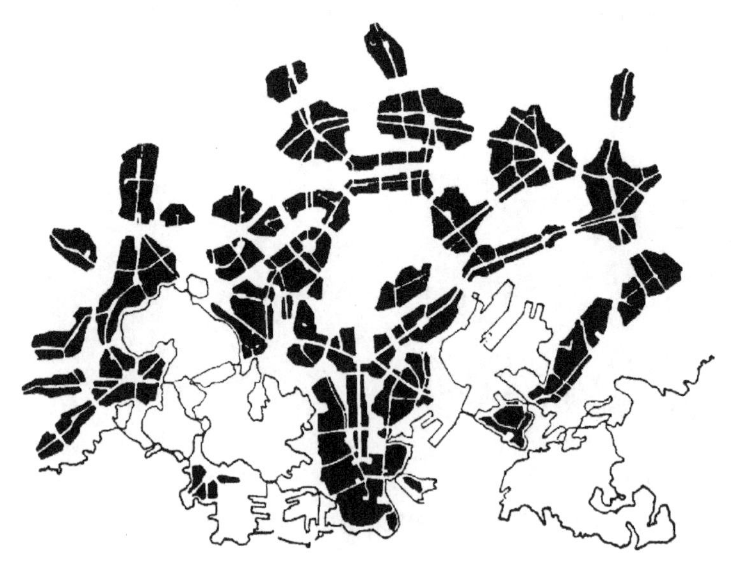

图 5-20　以道路为基准的建筑结集构成城市

是靠“群聚性”突出排列的动向和疏密对比(王群山,2001)。一般情况下,结集构成在画面的框架内不设骨格线,属非规律性骨格结构,但框架空间中有凝聚点、凝聚线或凝聚面。

形的聚集状态主要有两种形式:拥挤与疏离。拥挤是过度密集,所有基本形在整个构图中是一种拥挤状态,占满了全部空间,没有疏的地方;疏离与密集相反,整个构图中基本形彼此疏远,散布在各个角落,散布可以是均匀的,也可以是不均匀的(王群山,2001)。如图 5-21,根据基本形聚集的基准和特点的不同,可将结集构成分为四种类型:(a)趋向于点的结集:在设计中将一个概念性的点放于构图上的某一点,基本形在组织排列上都趋向于这个点密集,愈接近此点愈密,愈远离此点愈疏;(b)趋向于线的结集:在构图中有一概念性的线,基本形向此线密集,在线的位置上密集最大,离线愈远则基本形愈疏;(c)趋向于面的结集:在构图中有一概念性的面,基本形以面为聚集中心,在面上及面的周围密集最多,离面愈远则基本形愈疏;(d)自由结集:在构图中,基本形的组织没有点或线的密集约束,完全是自由散布,没有规律,基本形的疏密变化比较微妙(王化斌,1994;王群山,2001)。

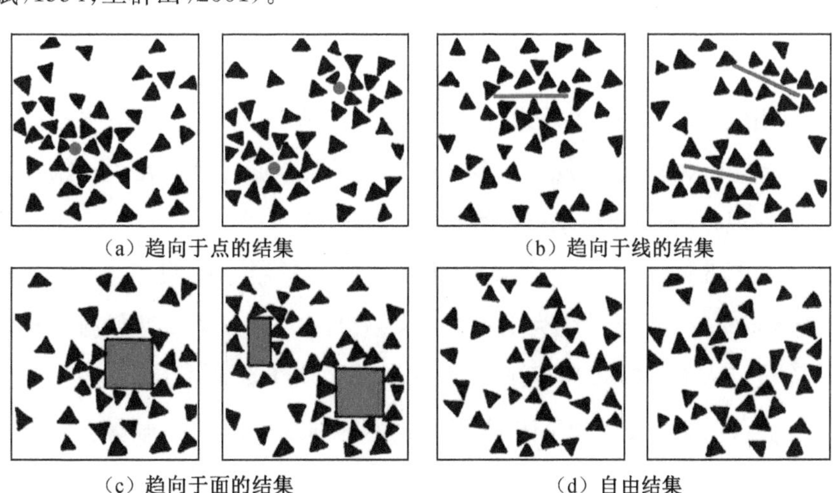

(a) 趋向于点的结集　　(b) 趋向于线的结集

(c) 趋向于面的结集　　(d) 自由结集

图 5-21　结集构成类型图示

需要注意的是，在密集效果处理中，基本形的面积要细小，数量要多，以便有密集的效果。基本形的形状可以是相同或近似的，在大小和方向上可有一些变化。在密集的构成中，重要的是基本形的密集组织，一定要有张力和动感的趋势，不能组织涣散。

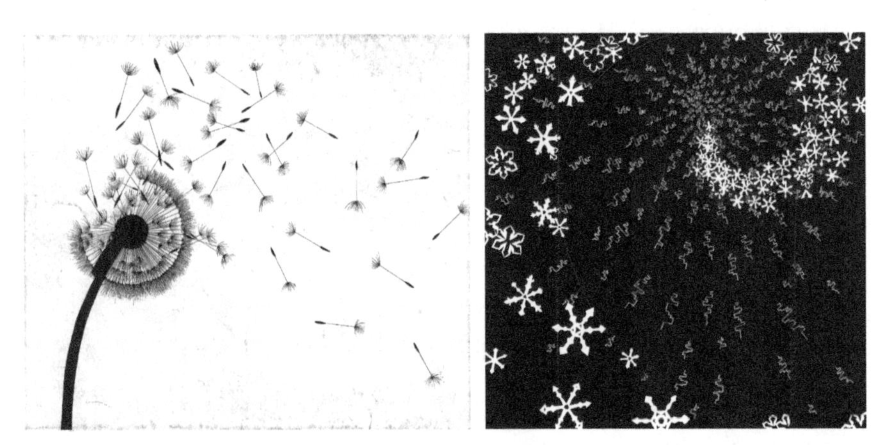

图 5-22　结集构成设计

2.2.2　结集构成与园林设计

如果从结集的角度看景观设计，那么在没有明显骨格的控制下，环境中有足够多数量的景观元素的组织与安排就可以认为是一种具功能性的结集构成，如涉及众多植物的种植设计、众多建筑的居住区设计、众多相同或相似元素的小品景观设计等。在众多空间的处理上，可以将空间视为实体，并依据一定的规律将其结集构成景观空间序列。在进行结集类景观处理时，务必要注意整体感和统一性。

如图 5-23，彼得·沃克设计的哈佛大学泰纳喷泉景观（Tanner Fountain）——位于哈佛大学一个交叉路口，由 159 块石头集结排列构成一个直径为 18 米的圆形石阵。石块部分镶嵌于草地中，部分嵌于路面上。石阵的中央是一座雾喷泉，喷出的水雾弥漫在石头上，喷雾会随着季节和时间而变化，到了冬天则由集中供热系统提供蒸汽，人们在经过或者穿越石阵时，会有强烈的神秘感，感到禅宗般的诗意。泰纳喷泉充分展示了沃克对于极简主义手法运用的纯熟。泰纳喷泉也因此被看做是沃克的一件典型的极简主义园林作品。由玛莎·施瓦茨设计的明尼阿波利斯市联邦法院大楼前广场同样具有结集构成的景观效果(图 5-24)。在大楼入口通道的两侧,一些与地面铺装线条成 30 度角的不同高度和大小的水滴形绿色小丘方向一致而又随意地聚集在一起,成为该设计中最引人注目的要素。

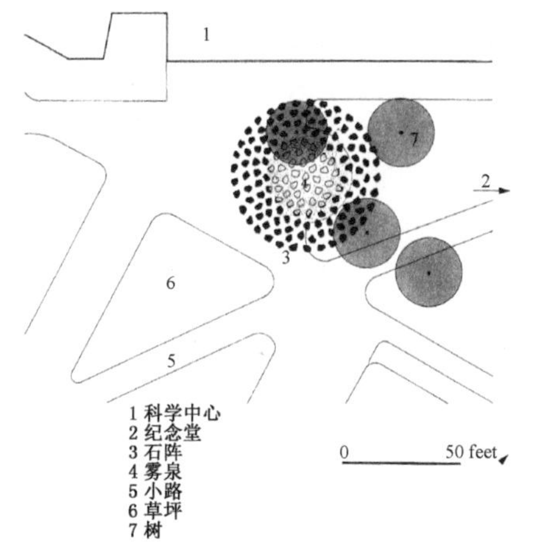

(a) 哈佛大学泰纳喷泉平面图

(b) 泰纳喷泉照片实景(彼得·沃克设计)

图 5-23 泰纳喷泉

明尼阿波利斯市联邦法院大楼前广场平面图

明尼阿波利斯市联邦法院大楼前广场鸟瞰

图 5-24 明尼阿波利斯市联邦法院大楼前广场

3　分割类构成

3.1　分割构成的概念与分类

分割类构成方法是指通过对原形进行面的划分及划分后的处理形成构图，或者对原形进行分割及分割后的处理，分割产生的部分称为子形，子形重新组合后形成新形，原形可以是简单的形或形体，也可以是复杂的形体（田学哲，1999）。原形经过一种或多种分割后，可以进行如下的处理——减缺、穿孔、移动、错位、滑动、旋转、拼接等，从而产生新形。因此，分割含有分解、组合的含义（韩巍，2006）。按《现代汉语词典》的解释，分割是“把整体或有联系的东西强行分开”，它主要包含人为对形态的处理；分解是“把一个整体分成它的各个组成部分”，它包含人为的形态分解与物质形态的自然分解，如化学分解、数学上的因式分解等；而组合则是把分解与分割的形态“组织成整体”。分割构成在各类视觉形态设计中有很广泛的应用。

形态的分割、分解与组合是造形设计中的一种设计方法，它体现了形态设计中的对立统一关系，体现了通过形态的分解来形成组合的规律和方法。分解、分割与组合是一对矛盾，在形态设计中相互影响、相互联系。设计中的分割、分解是将原有的形态，通过设计的方法“拆”成不同的关联形态，形成形态与形态之间的相对独立。设计中的组合是寻求形态的规则性和连续性，将分解、分割的关联形态通过有秩序的排列组成新的形态（韩巍，2006）。

分割构成的类型主要有以下几种（图 5-25）。

（1）等形分割：等形分割是指形态在分割、分解与组合手法上采用形态的同一性与一致性的设计，分割后的子形相同。这样的方法也可以从单元法的角度去理解，分割后的子形可以通过骨格法或聚集法来组织安排。等形分解、分割必须是形态设计的单位形态完全相同，而组合时等形形态通过一定的构成方式形成整齐、明快的形态效果(韩巍，2006)。等形分割后，由于子形相同，易取得协调、均衡的效果，如何处理子形是造型的关键(田学哲，1999)。

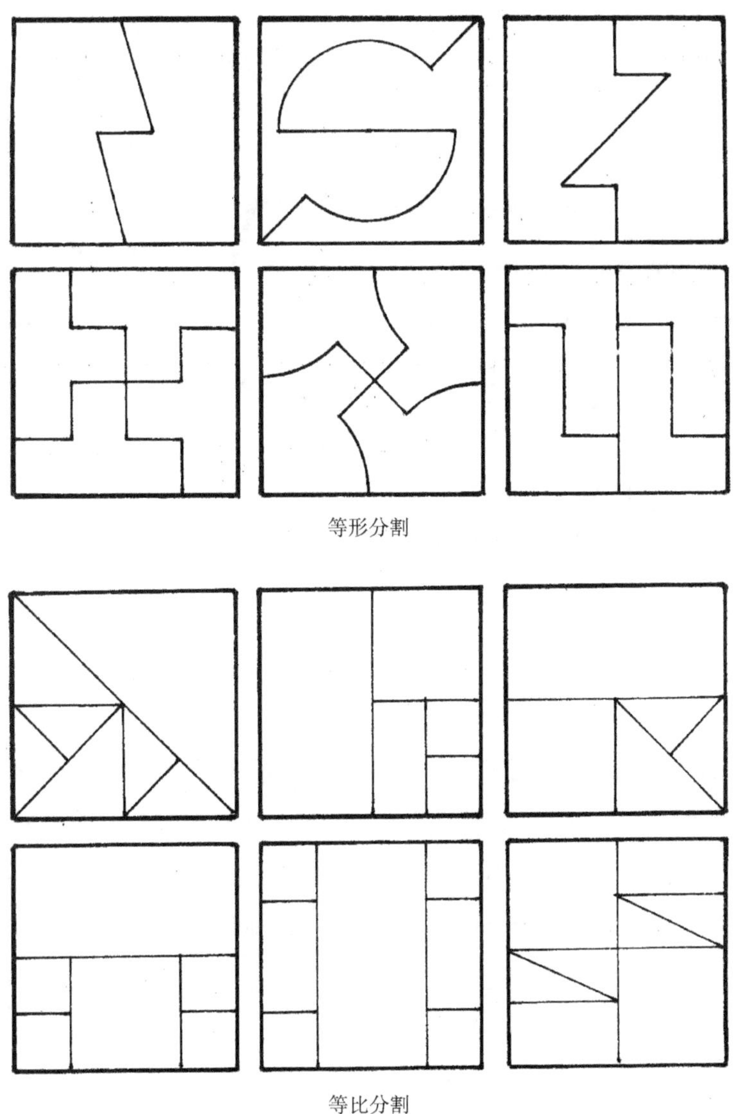

等形分割

等比分割

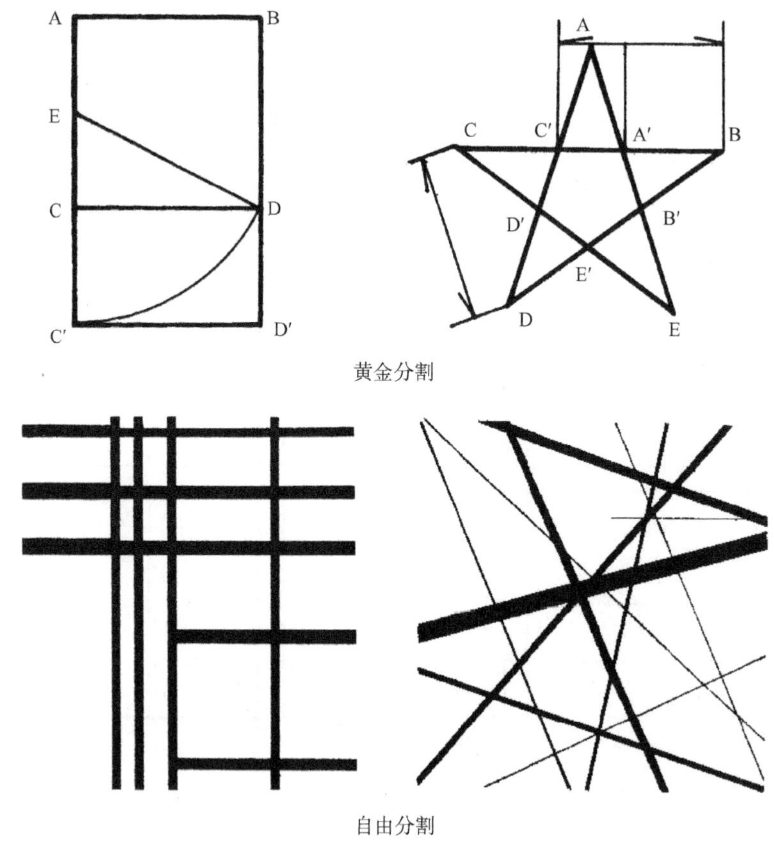

黄金分割

自由分割

图 5-25　几种不同分割形式

(2) 等量分割:等量分割是指形态在分割、分解与组合手法上可以有所不同,分割后的子形面积、体量大致相当,而形状却不一样。在形态的处理手法上主要采取等分分割、分解与组合,如垂直与水平的等分造形、对角等分造形、任意斜线造形、曲线造形等(王化斌,1994;辛华泉,1999)。由于这种分割产生的子形的形状相异,不易协调,在后期处理时,注意考虑原形对子形的作用,使之具有一定的完形感。又由于形态等量感所形成的同一性,在组形时需要通过不同的分解与组合手法形成等量形态均衡感及安定感(韩巍,2006)。

(3) 比例—数列分割:比例—数列分割是指形态在分割、分解与组合手法上按照一定的几何或数学关系进行处理，有等比分割、平方根矩形分割、黄金比分割等。比例—数列分割所产生的子形在整体上形成一种渐变关系，因此韵律感较强。等比数列如：$1,a,a^2,a^3,a^4,\cdots,a^{n-1},a^n$，这种数列关系先变化慢，再逐步加快，产生加速感；调和数列如：1，1/2，1/3，1/4，1/5，…，1/n，这种比例的变化会先很快，再逐渐趋于平和，产生减速感（王化斌，1994）。黄金比：将一线段分割成两部分，使其中小段和大段之比等于大段和整段之比，这个比值约为 0.618。黄金比被认为是一种最完美的比例关系。将这一比例关系运用到矩形，就是所谓有黄金比例的矩形。这种矩形比在古希腊的建筑设计中很常见。

（4）自由分割：形态的自由分割，是在形态的造形过程中，不设规则只将形态自由分割、分解与组合的方法。当采用规则方式来作形态的分解、分割与组合，将会产生整齐明快的构成形态；而采用自由方式来作形态分解、分割与组合，其特征给人以自由之感。该手法极力排除数理规则的生硬、单调，并避免等距离、级数、对称等规则。在设计时特别注意每个形态要素中所出现的方向、长度、大小、形状等特点，在形态可能的范围内力求变化，避开规则，追求高度的自由。其形态造形时的主要特征在于没有相同之形，子形缺乏相似性，全为相异之形，因此要注意子形与原形的关系，另外还要注意子形之间的主次关系，使得设计具有某种共通的要素，由此而使整体一致统一。

3.2　分割构成与景观设计

有图形就有分割。只是构成学中的分割构成仅注重形及形和形的相互关系，而园林设计注重的还有功能等社会生活的实际要求。建筑和景观设计的平、立面以及空间形态推敲都可视为一种“分割构成”的构思过程。分割不仅对平面的构图与划分设计起到重要的作用，对于形体（实体和虚体）的设计同样重要。因此，在园林设计中，分割作为一种思考方法或设计手法，对于场地的划分、布局，或者建筑与小品等设计都是必要且行之有效的。如图 5-26,(a)单纯的平面分割构成设计经过功能化的处理:灰色为硬质场地,绿色为绿地,蓝色为水面,白色为道路,即可转换为场地设计示意图。(b)左图为长方形的母形,经过竖向 1/4 的切割移位,

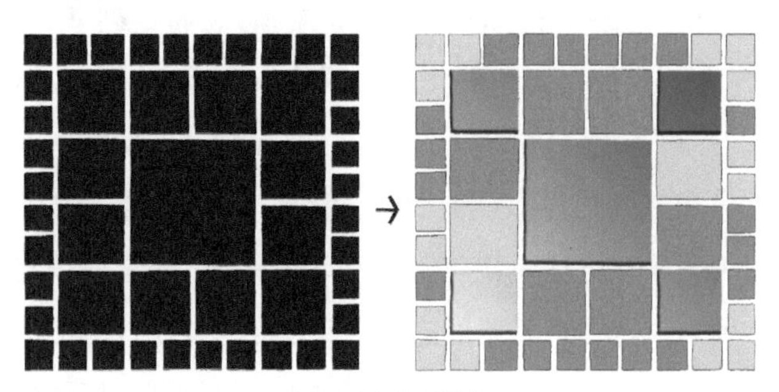

(a) 面的分割设计

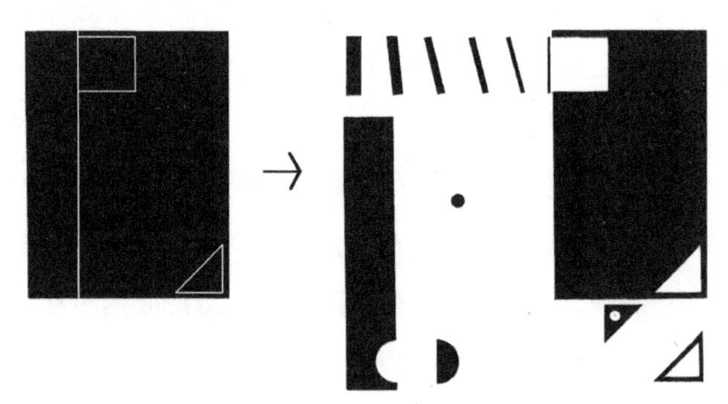

(b) 面的分割及分割后的处理设计(切割、移位、渐变、翻转……)

(c) 立体与空间构成(分割)设计

图 5-26　分割构成设计

以及圆、方、三角不同形态的分割处理，形成统一丰富的新形态。(c)一个实体和一个虚体有部分叠合，连接部分基于原形的结构划分形成小的正方形(体)和三角形(体)，经过材料、尺寸、竖向等细节的进一步处理，构成虚实相同、主次分明的空间形态。

园林设计的基本构思就是如何将场地进行分割和处理，形成不同性质的空间环境以满足人们丰富多彩的生活需求。场地的空间划分可以是一次的，也可以是二次或多次的。在进行多次空间分割划分时，要注意处理所产生的系列子空间——子空间与子空间的关系，子空间与整体环境的关系，视觉景观与功能上尽量做到整体、协调、统一。如图 5-27，场地设计与空间可以通过分割而形成，图中实体可以是建筑、树林、雕塑或构筑物等实体景观，虚空可以是铺装、草地或水面等空间虚体。前文曾提及，实体与空间的关系如同图与底的关系一样，是互为生成、互为可逆的，因此，图中的关系就可以有另外一种理解了。图 5-28 中，(a)德国慕尼黑机场凯宾斯基酒店花园，由彼得·沃克事务所设计，是规则式园林和现代艺术的完美结合。花园以倾斜于酒店主立面的正方形网格为主要结构，黄杨绿篱围合每一个方格形成相对独立的小空间；以垂直于建筑主立面的线条为基准，对每个正方形空间进行二次分割，形成同样尺度的小路、连成线的三棵杨树、三角形红色碎石铺装面等，形成秩序井然又变化丰富的花园景观。整个酒店周边环境景观设计都采用了简洁的景观语汇，林荫道、绿篱、树阵、草坪以及多年生花卉，点、线、面结合，布局结构既强调整体性，又注重细节变化。(b)六本木新城(Roppongi Hills)景观设计由日本景观大师佐佐木叶二主创。图片为屋顶花园的局部景观，弧形长廊与建筑之间的广场平台，依据周边交通环境通过对环状小丘地形的处理(分割、移位等)，以及地面、休憩设施和艺术雕塑的设计，形成围合感较强的富有艺术氛围的公共开放空间。(c)丹·凯利设计的佛罗里达州坦帕市国家银行总部花园，以圆柱形建筑的半径为基准形成主干网格结构，同时，将银行大楼优雅的开窗图案扩展到花园中，转化成地面上石块和草地的网格，高大整齐的棕榈标示了与城市联系的通道，下层的紫薇以不规则的种植与地面的几何图案形成对比，为广场带来四季的变化。长度不等的细长水沟打破了网格的严谨，通过泉水带来亲切活泼的感觉。作为结构主义景观大师，丹·凯利在众多作品中沿用了古典设计理念的框架结构，并巧妙地将它和现代主义更为自由的设计手法结合起来。网格既是设计手法也是一种象征手法，是延续建筑结构和形式的设计手段。景观和建筑的网格位置对位，意在通过这种暗示强调两者之间的密切联系，把室内空间很自然地引导到更大尺度的室外空间。所示的景观设计实例可以清楚地展示分割在现代景观设计中已经成为一种行之有效的方法。

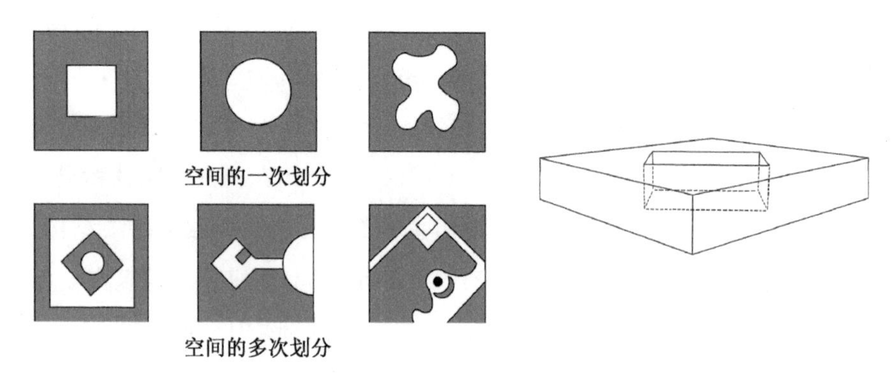

(a) 场地的简单分割与空间的形成

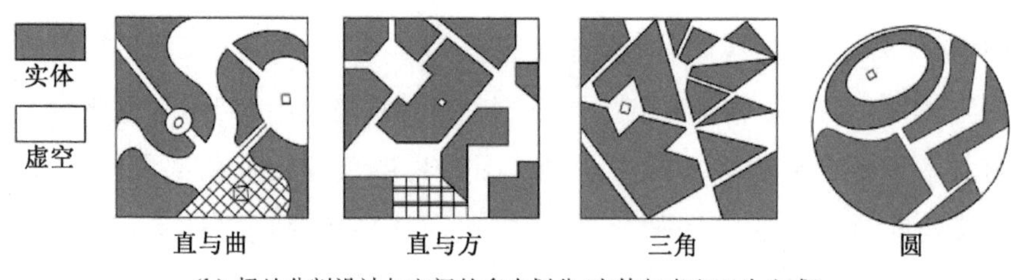

(b) 场地分割设计与空间的多次划分(实体与虚空互为生成)

图 5-27　场地的分割与空间的形成

(a) 慕尼黑机场凯宾斯基酒店花园

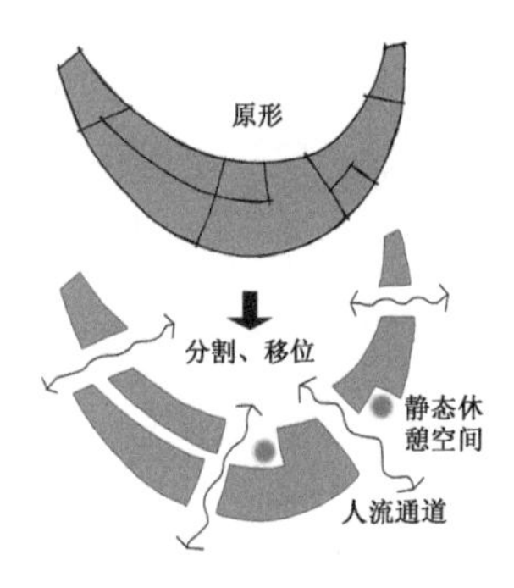

(b) 六本木 Hills 屋顶花园景观

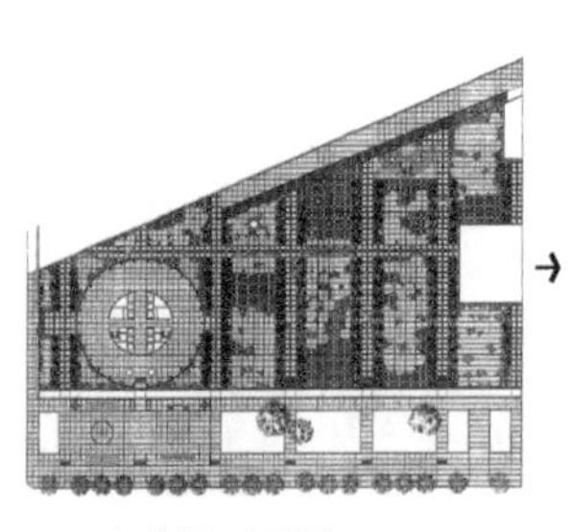

花园平面图

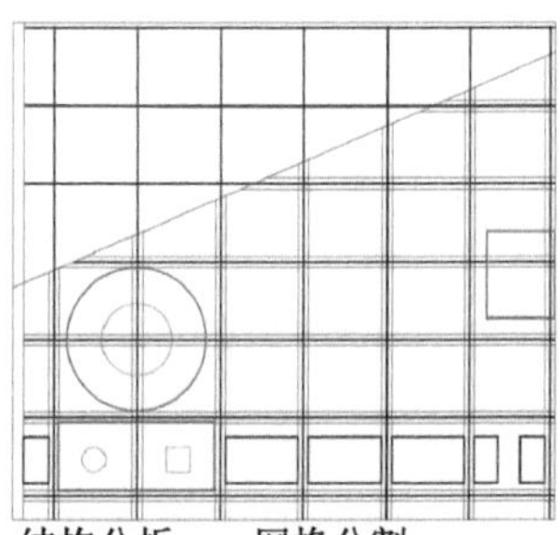

结构分析——网格分割

花园鸟瞰

(c) 佛罗里达州坦帕市国家银行总部花园设计(丹・凯利设计)

图 5-28　分割法在景观设计中的应用实例

4 变形类构成

4.1 变形的概念

变形在拉丁文中的词义是歪曲(deformation),指“改变对象的形式,使对象偏离自然形成的或通常的标准”。在艺术中它是指有意识地改变(夸大、缩小或其他的改变)所反映的现实中的对象和现象的性质、形式、色彩,以达到使它们具有最大的表现力、对人产生审美感染力的目的(韩巍,2006)。在各种不同的艺术种类、流派和体裁中,变形的用法也各不相同,这取决于艺术家的艺术方法和创作任务(奥夫相尼柯夫等,1981)。变形类构成是将原形进行变形,使之产生要瓦解原形的倾向,从而产生新的形态,具体操作手法有扭曲、挤压、拉伸、膨胀等(田学哲,1999)。这一方法更多运用于体的构成中或形体类的设计中,如雕塑设计、工艺产品设计、建筑设计和环境小品设计等。由于园林研究的重点是空间,因此本文就该方面内容只作简单阐述。

4.2 变形方法

变形类方法产生的构成设计与前面两类方法(单元类方法和分割类方法)相比,有这样的特点:变形产生的形,其内部的每一点的相对关系都发生了一定程度的变化。而单元类方法及分割类方法产生的子形,只是局部的关系发生改变。如果把变形法的复杂程度比拟为乘法的话,那么单元法和分割法的复杂程度就可比拟为加减法,其变化的程度有显著的质的区别,因此,变形类方法是一种较复杂的构成方法(田学哲,1999)。但是应注意,变化程度复杂与否跟审美价值的高低并无直接关系,所以不能认为变化越复杂就越高明。要注意协调处理变形法中涉及的一些要点如形的简洁归纳、抽象变形、物理变形、运动印象及形的破坏等。

(1) 简洁归纳与抽象变形

在设计形态的过程中，作为形态的表达有很多种，其中采用变形的手段来创造所需的形态是设计师必具的基本功。形态的变形的手法主要是通过对原形态的创造性处理来实现的。一方面，它受到各种条件的制约，如功能的制约、材料的制约、加工方法的制约等，在限制的条件下，必须对原有的自然形态加以归纳，通过简洁与抽象的变形手法，使所需要的形态得以实现。另一方面，它是形态设计中审美的需要(韩巍，2006)。世界上的物质丰富多样，设计师"必须按照形式美的规律将自然形态删繁就简，保留其有代表性的、动人的、人们感兴趣的特征，并通过主观想象加以变形。经过一番'化装'，使其本质和特征更加突出，更加符合装饰的目的"。

变形的过程就是提炼的过程，我们通过对原来的形态、动态、神态等因素的观察、分析、提炼、归纳，运用概括与抽象的手法来形成新的形态。因此，在形态设计中通过归纳与提炼可以寻找出形态精华，通过抽象的手法可以使形态的转化达到最简洁的效果(图 5-29)。著名的包豪斯体系在其形态的设计与研究中，就是主张采用抽象的点、线、面、体和科学性的色彩，从抽象的几何形态入手，寻找形态的形式美的规律，引导人们对抽象概念形态的联想，以此去探求多种形态的变化。

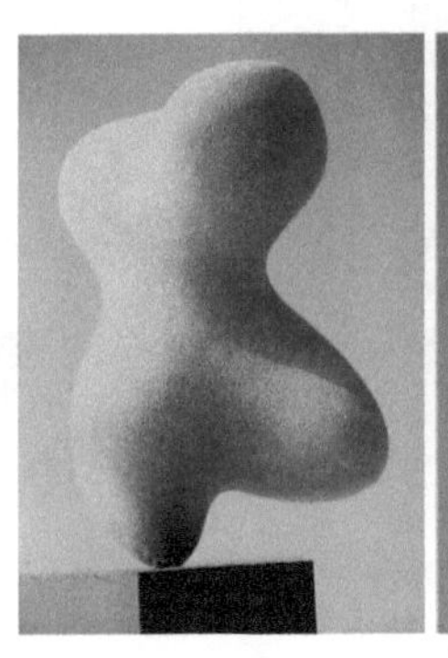
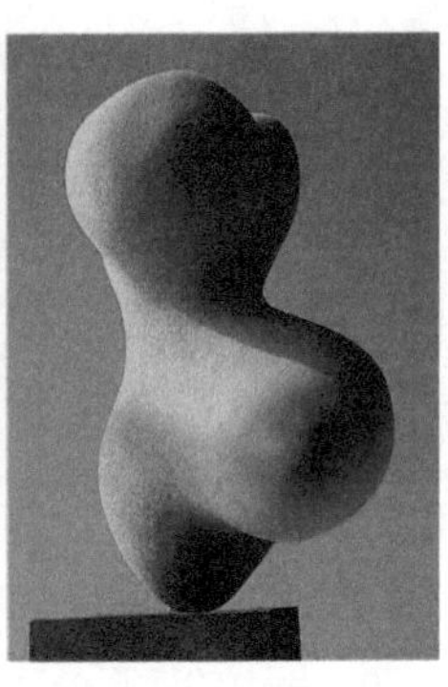
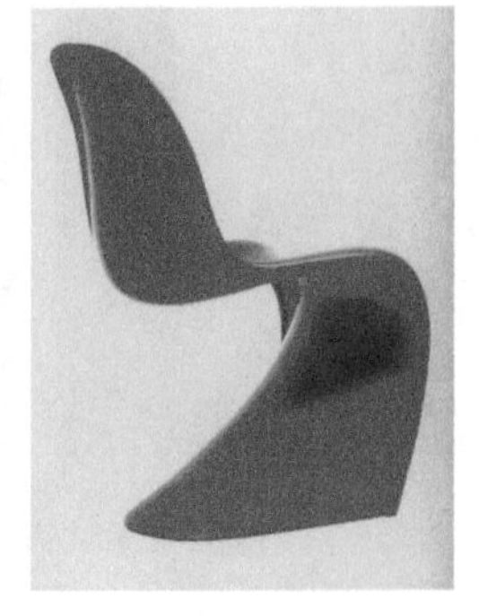
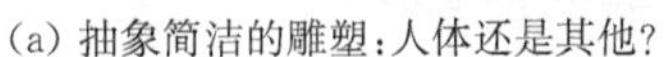

(a) 抽象简洁的雕塑：人体还是其他？

(b) 一个由整体塑料板材经变形制成的椅子

图 5-29　抽象变形实例

(2) 物理变形与形态运动

所谓平面设计中的物理变形与形态运动，是引用了物理学的原理将平面的原始形态通过一定的方式产生变形的效果(韩巍，2006)。一个平面形态经过机械与人工的手段如挤压、撞击、拉动、折叠、撕扯、切割以及改变性质等外力的运动，会产生平面形态的变形，甚至会产生平面形态向立体形态的转化。例如一张平面的卡纸，当我们通过某种机械的方式将它向某个方向挤压与折叠时，这张纸产生了形态运动，引起变形(图 5-30)，形态从平整的表面转化为有很多折纹的半立体表面(余昌冰等，2004)。当我们将镜子平整度改变，形成透镜与凹镜，也会产生变形的一种形态，此时由于镜面变成曲面状，当形态投射到镜面时将会因镜面变形呈现歪曲。同样，在金属板材的加工中，人们常采用“板金”的手法实施金属板材形态的变形，通过机械的加工或手工的敲打，形成所需金属板材的造形形态(金剑平，2001)。

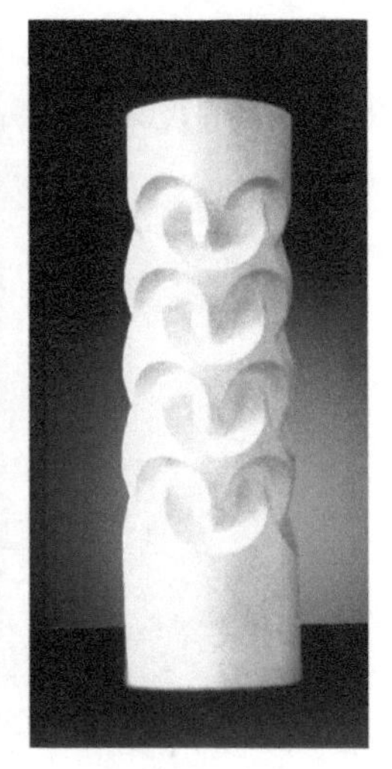

平面卡纸经切割、折叠、扭曲、挤压等变形处理后形成的形体

图 5-30　平面的变形处理

(3) 秩序的改变与形态的破坏

在形态的变形过程中，利用坐标体系的改变产生变形的状态，是很多设计师经常采用的设计手法。在基准所在的坐标空间，把一个形态正确地画在基准坐标空间中，并将形态的主要部分在坐标的格子中所占的位置加以定位与确定，然后将新坐标根据需要形成特殊的坐标形状，其中间的形态定位点必须与原坐标定位点一致，再将原形移到新的网格上，原形因适应新网格的构造而被变形，此时所形成的状态是由所构成的形态迁移以及坐标的改变而产生的变形视觉效果(图 5-31)。如果利用坐标交换所造成的具象形态的变形，具象形态的动作或表情将会表现得更加生动，局部的形态由于受到强调，会产生特殊的形态。非具象形态坐标交换所造成的形态的变形，也会形成很多非序列、非规则以及意想不到的形态(韩巍，2006；金剑平，2001；詹和平，2006)。如图 5-32，从建筑外墙装饰到庭院结构，统一设计，形成整体，微地形处理将原本的直线条变形为曲线，形成差异并丰富景观语言。

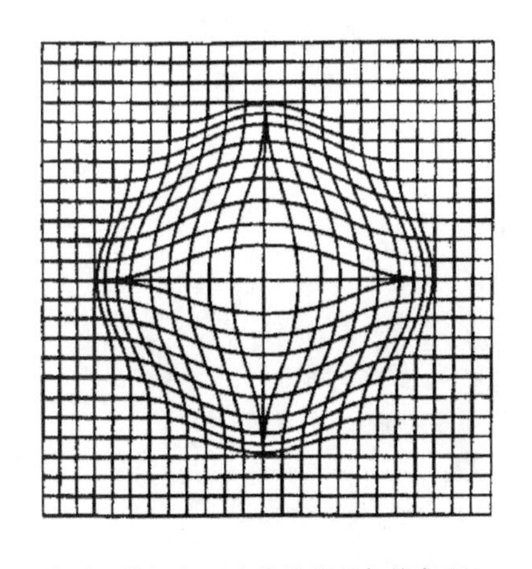

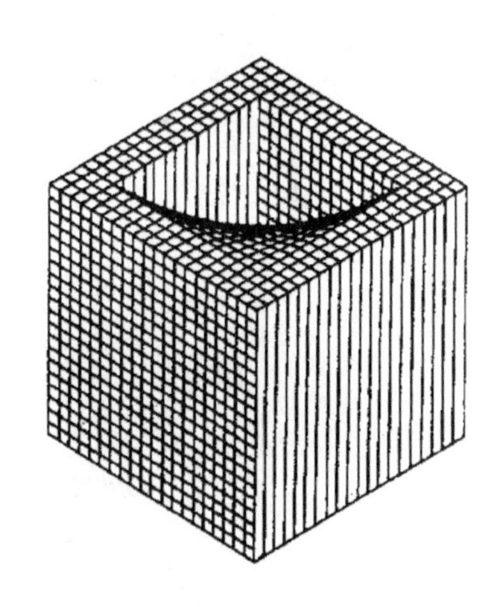

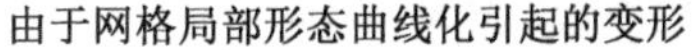

由于网格局部形态曲线化引起的变形　　由形态切点集合所形成的立体感

图 5-31　形的秩序改变与形的破坏图示

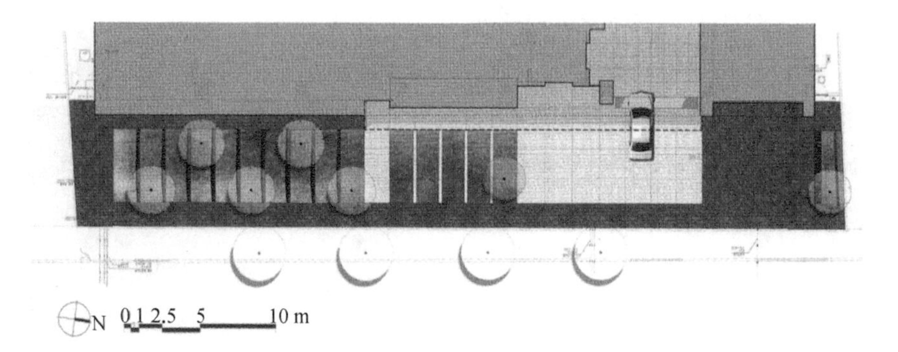

设计平面图

图 5-32　街头景观

第六章

园林空间构成

空间法就是利用空间的作用来组织形体。园林设计的核心就是创造空间,利用各种自然的和人工的要素来为不同的人、不同的活动、不同的需求营造不同性质、不同形态的空间,或明亮的、幽暗的、亲切的、肃穆的,或开敞的、半开敞的、围合的、半围合的,等等,使人产生不同的心理感受。在园林中行进即在空间中行进,感受园林即感受空间。相对而言,宏观的"园林规划"注重大功能区的布局统筹,而微观的"园林设计"更倾向于功能空间的营造。

每个空间都有其特定的形态、形状、大小、色彩、质感、构成材料等,它们综合表达了空间的品质和空间的功能作用。园林设计者解决问题的终结是以提出一个或若干个能满足设计条件的空间为标志的。设计中既要考虑空间本身的构成要素藉此产生的空间品质,还要考虑整体环境中诸空间之间的关系。

因此,园林设计在某种程度上就等同于空间设计。构成作为一种方法,与园林设计的结合则为我们提供了一种行之有效的操作手段,让我们更好地把握设计。从这个角度理解,园林设计就是"空间构成"设计。只不过这种构成比纯粹的形体或空间构成要复杂,因为它最终要添加很多其他的要素——人、气候、文化等,并要形成一个和谐统一的整体。

1　空间的概念

老子在《道德经》第十一章中有言:"埏埴以为器,当其无,有器之用。凿户牖以为室,当其无,有室之用。故有之以为利,无之以为用。"表明无论是器皿还是房子,人们要用的不是别的,而是它的空间。物质的部分只是作为"利"而存在,而其中的"无"才是我们真正使用的部分。芦原义信(1985)在《外部空间设计》一书中认为:"空间基本上是由一个物体同感觉它的人之间产生的相互关系所形成的。这一相互关系主要是根据视觉确定的,但作为建筑空间考虑时,则与嗅觉、听觉、触觉也都有关。"从中可以看出，物质和人是空间得以存在的两个根本条件，离开了物质，空间就无法建立；没有人，空间便无存在的意义（图 6-1）。如何让空间变得有意义，就需要设计者提前的规划与思考。如图 6-2，有色形状可以是物质体块，周边的留白是空间。那么如果形体是散乱的，空间则是消极的，不容易被感知和关注；如果对形体稍加规划设计，空间则可以成为被关注的重点。

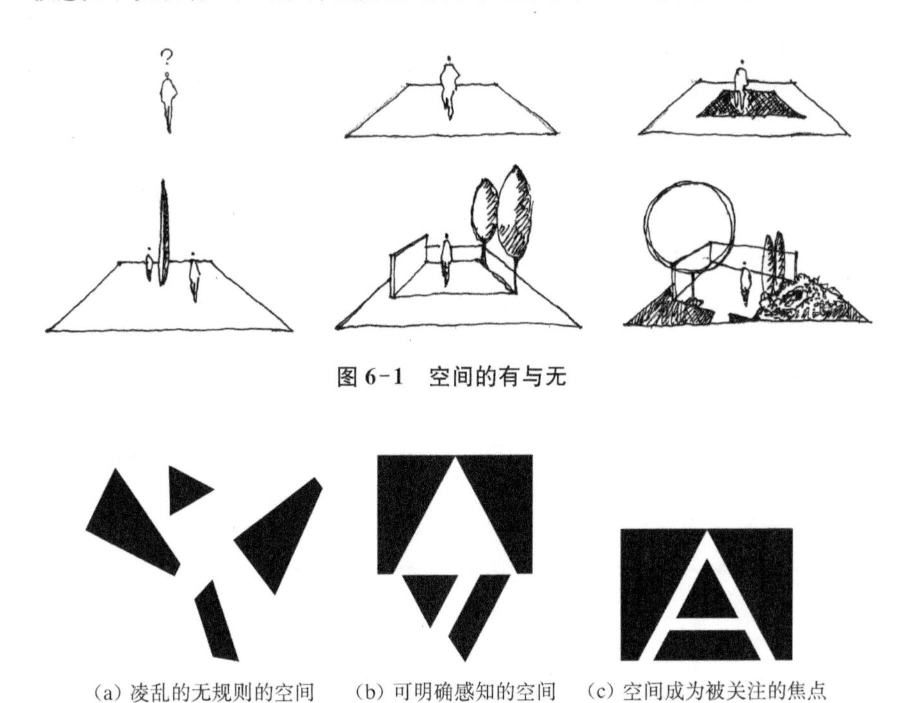

图 6-1　空间的有与无

(a) 凌乱的无规则的空间　(b) 可明确感知的空间　(c) 空间成为被关注的焦点

图 6-2　相同的形体不同的组合

在大自然中，空间是无限的，但是在我们周围的生活中，我们可以看到人们会用各种手段来寻找自己需要的空间。例如：在夏天，人们围坐在一棵大树下乘凉、聊天、下棋，大树所形成的阴影给人们提供了一个可感知的空间；铺在草地上的一块地毯界定了其与周围不同的空间氛围；因街头艺人的表演而临时围合的空间，人散了空间便也消失了。又如城市中开放的广场具有多种空间类型：开敞空间适合讲演、表演、开展大型的活动；半开敞空间、私密空间适合交谈倾听，等等（图 6-3）。这里简单地归纳空间及人对空间的感受:空间是容积,它是和实体相对存在的;人们对于空间的感受是借助实体而得到的;人们常用围合或分隔的方法取得自己所需要的空间;空间的封闭与开敞是相对的;不同形式的空间可以使人产生不同的感受;空间可以是流动和起伏的,可以引导定向的运动;空间可以是内向的、外向的、上升的、下降的、辐射的或切向的;空间可以设计用来激发既定的情感反应或产生一系列预期的反应;空间可以与物体或其他空间相联系,并从这种联系之中获得最真实的意义;空间的变化可从

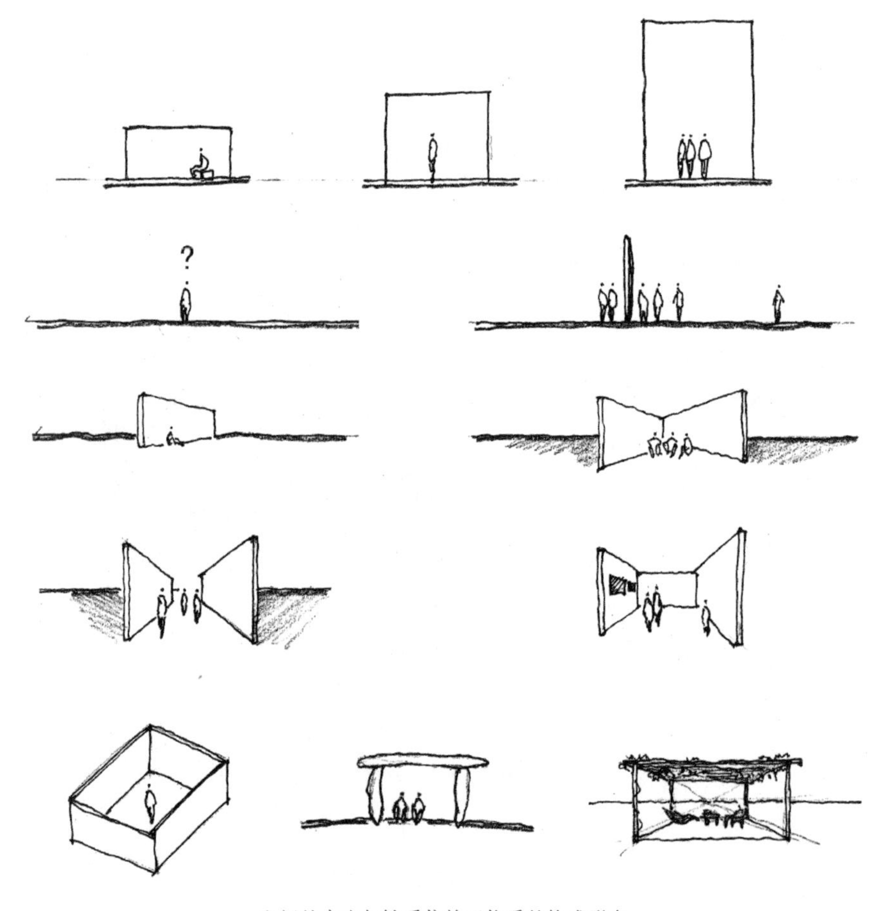

空间的产生与性质依赖于物质的构成形态

图 6-3　空间与人的行为

大到小，从轻盈飘渺到凝重沉闷，从动态到平静，从粗犷到精致，从简单到精巧，从阴郁到灿烂。它们的尺寸、形状、特征可以无止境地变化。

很明显，在为任何特定功能设计空间时，我们首先要很好地确定那些最需要的特征，并竭尽全力展现它们。

2 空间的类型

依据的标准不同空间分类有很多种，常见的空间分类如下（韩冬青，2003；刘永德，1996）：

（1）形成位置：内部空间（建筑内部）、外部空间（建筑外部）和灰空间（半内部、半外部空间）。

（2）使用性质：公共空间——城市共享空间；半公共空间——公共空间与私密（专用）空间的中介体，过渡空间；私密空间——个人或家庭占有。

（3）社会交往：个人空间、社会空间、公共空间。

（4）空间形态：基于6个面的构成关系。开敞空间——开放的、敞露的、空透的；封闭空间——聚气的、内包的、围合的；半开敞或半封闭空间。

（5）空间态势：动态空间——无明确的安定点，视线流动，产生一定的心理趋向；静态空间——有交汇点、视线着落点，心理安顿于某一领域。

（6）边界形态：积极空间——向内的、收敛的；消极空间——扩散的、被分化的、暗示的；虚拟空间——发散的、无明确领域的。

（7）心理感受：物理空间——实体所限定的空间，具体化为空隙或消极的形体，如虚线、虚面、虚体；心理空间——实际不存在但能感受到的空间，本质是实体向周围的扩张。

园林着重研究的是建筑外部空间、城市环境空间、公共空间、区域空间。

公共空间则是指相对于私人专用空间而言的，一切非限于特定人群使用的空间(侧重于外部空间),可以向公众提供进行一定社会活动的场所。

景观设计的关键就是空间的设计,公共空间设计的目的就是促进人与人、人与环境之间的广泛交流。如果仅有空间而没有人的活动和身心投入,空间就只有物理的尺度概念而无实际的社会效益,只有空间与行为相结合,才能构成某种行为场所——观赏、休憩、交谈、活动等(史津,2002)。

城市公共空间是公众进行公共交往活动的开放性场所,是人与环境进行物质、能量和信息交流的重要场所,是城市形象的重要表现之处,是城市生活的重要载体,更是城市精神的重要体现。同时,城市公共空间还包含与生态、文化、美学相一致的多种目标(张斌等,2000)。

3 空间的规定性

如果可以把空间看作容纳人的活动的"容器",那么空间就存在三个方面的要求:量的要求——合适的尺度;形的要求——合适的形状;质的要求——合适的氛围(彭一刚,1998)。不同的活动需要不同性质(量、形、质)的空间;相反,不同性质的空间会产生不同的活动(图 6-4)。空间的功能和空间的形式是相互影响的,是内容决定形式还是形式决定内容,这是个需要考虑的问题,同时空间和人的行为也会相互影响。

> 形式(Form)只是对事物之间不同点的认识……从中取走一点,形式也就毁掉了……设计是一种练习,或是由认识形式而构成实体。随便举个例子,如果考虑所谓的"勺子",你会想到一个容器和一个柄。拿走了容器,就只剩下了一把剑似的东西。取走了柄,则成为了一只杯子。放到一处,它们成为一把勺子。但是,"勺子"不是某一把勺子,

“勺子”是一种形式。某一把勺子则可是银质的、木质的、纸的……成为某一把勺子，这就是设计……这可以类推到房屋以及任何我们所做成的东西。

——路易·康

图 6-4　满足量、形、质要求的容器

从最基本的层次上看，空间构成设计可以简单地理解为建立界面三要素以及它对量、形、质等基本属性的满足。其实，围合或开放本身没有任何价值。围合的程度和质量只有在与给定空间的功能发生联系时才有意义（刘云月，2004）。也就是说，空间的构成方式要受到功能的制约。同样，功能对园林空间的规定性也体现在三个方面，即量、形、质的规定性。

（1）量的规定性。一个画家也许从来就不会去数一下他的作品中究竟画了多少个人或形体，因为其数目常常是根据构图的需要直接确定的（刘云月，2004）。但对于园林设计而言，设计师首先必须明确该环境是为什么建造、为谁而建造，其中将进行哪些活动，以及人们的活动或行为通常需要多大的空间范围等。例如：供几个人的休憩空间、供儿童玩的小型游乐场、供大型公共活动的集散广场，等等，内容不同、要求不同，场地的面积也就不同。也就是说，平面面积的布局大小将为我们的设计工作提供最初、最基本的信息和线索。

（2）形的规定性。在方案设计中，单单知道使用空间的平面面积大小，还不足以创造出一种有用的使用空间，因为它还缺少与量的因素同样重要的属性——形的规定性(彭一刚，1998)。也就是说，平面的形状或长宽比例是其中另一项需要考虑的重要因素。解析几何中的知识告诉我们，平面面积相同的场地可以有多种乃至无数种形状。但如果考虑到使用功能的情况，那么在无数种平面形状中可供选择的数量便会少之又少。以一个普通标准的篮球场为例，场地是长 28 米宽 15 米的长方形，如果以其他的形状如圆形或三角形建造，即使面积等同，也无法开展正常的篮球活动。

由上可见，要获得一个有用的空间，首先要具备两个条件：一是满足一定的容量(容纳的人数以及相应的面积、规模)，另一个是控制形状(即长宽高的比例关系)。

(3) 质的规定性。从最基本的层面而言，我们已知道空间的量与形是为达到某种功能活动所需要的必要条件。但如果仅仅停留在这一点上，就会掩盖许多重要的细节，从而使园林设计这一与人类生活息息相关的艺术失去了应有的深度和广度。研究表明，如果说量加形的规定性保证了空间的适用性，那么，质的规定性则赋予了空间的舒适性(彭一刚，1998)。

空间的舒适性设计包含了两方面因素：一个是生理方面。显然，温度是人类舒适的首要尺度，其次是湿度(尤其是在夏季高温时)。在日常生活中，人们都知道影响环境舒适的因素有很多，如日照、空气流动以及对流造成的热转移等。气象数据表明，在夏季晴朗的日子，暴露在日光下要比阴凉处的温度高 20 ℃左右。因此，辐射热的强弱是造成人们难受或舒适的一项重要因素。一般说来，温度、湿度、空气流动(通风)和辐射是影响生理舒适的主要外部因素。因此，在主要的或重要的使用空间设计中，考虑空间的位置、遮荫的处理以及通风气流的组织等这些基本的质的规定性尤为重要，生态设计和可持续发展思想在当代设计中应引起高度的重视(赫茨伯格，2003；杨秉德，2004；彭一刚，1998)。

舒适性设计的第二个方面是人文领域所追求的文化归属感、领域感或场所精神设计层面。这也是空间设计中质的规定性的重要内涵之一(彭一刚,1998)。遗憾的是对这部分内容的讨论已超出了本文的范围,故不做深入的展开分析。

4 空间的限定手法

对于单一空间而言,空间限定的手段,最常见的是按照相位从形成空间的底面、侧面和顶面的变化进行分类。从构成空间的最终物质形态来看,单一空间的限定类型大概有七种(表 6-1):围合、设立、覆盖、凸起、挖掘、托起和变化质地(顾大庆,1991)。

(1) 围合:最基本的限定方式,垂直界面的运用是形成空间最明显的手段。根据围合的不同方式,空间感呈强弱不等的变化。大体上有围合的相位变化、围合的构件特点、阴角和阳角等限定问题(图 6-5)。

(2) 设立:以高度明显的柱状形体(标志物)所形成的空间,离形体越近,空间感越强。如果不加上其他限定手段,设立所限定的空间边界是模糊不清楚的。

(3) 覆盖:相当于概念中的“顶”,顶界面所提供的下部空间称为覆盖空间。一般来说,有顶的空间可作为室内空间或室内与室外的过渡空间(灰空间)。

(4) 凸起:以底面抬起的标高变化区别不同的空间感。隆起的部分具有体量感。

(5) 挖掘:与凸起相反方向运动形成的空间。挖去的部分便形成空间容积。

(6) 托起:将底面与地面分离,以某种方式架构起来呈悬浮状。

表 6-1 单一空间限定的七种方法

界面		断面示意图	透视示意图	园林构成要素
底界面	S1	质地变化		道路、草地、水面及各式不同的铺装等
	S2	挖掘		凹地形、下沉广场等
	S3	凸起		凸地形、上升台地等
	S4	托起		天桥、空中走廊等
垂直界面	S5	设立		灯柱、景观柱、雕塑、树干等
	S6	围合		植物、墙体、建筑、构筑物等
顶界面	S7	覆盖		天空、亭廊架等构筑物的顶、树冠等

(7) 变化质地:在不改变标高的情况下,以材料、颜色、肌理等的改变区别不同的空间。

采用一种限定方式形成的空间是一次限定空间,复杂的空间需要多次的限定。丰富多彩的空间环境主要就是由上述限定类型单独或组合而形成的。设计师可以有意识地运用不同的限定类型塑造公众需要的多样化的空间。

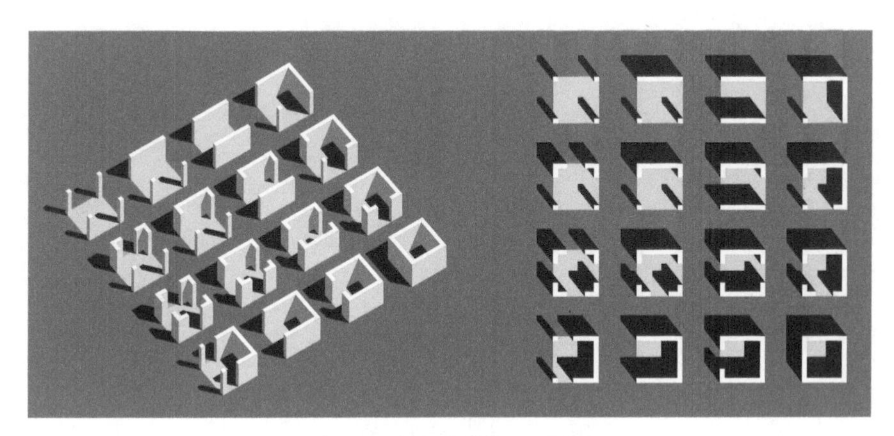

图 6-5 空间边界的不同处理

5 空间与界面

一般意义上的几何空间定义(物理空间):指由底平面、垂直面、顶平面单独或者共同组合成的具有实在的或暗示性的范围围合(布思,1989),其形态从开敞到封闭有无穷多(图 6-6)。以立方体空间示意,空间形态大致可分为:底面暗示性空间,单面围合、两面围合(平行围合或直角围合)、三面围合、四面围合,完全闭合空间(图 6-7)。一般情况下,建筑空间的形成则是三个界面共同作用的结果。所有外部空间,无论是限定的还是自由的,都由三个空间要素构成:底面、顶面和垂直的空间分隔面。园林作为“没有屋顶的建筑”,空间的产生更多地借助于底平面和垂直界面的处理。

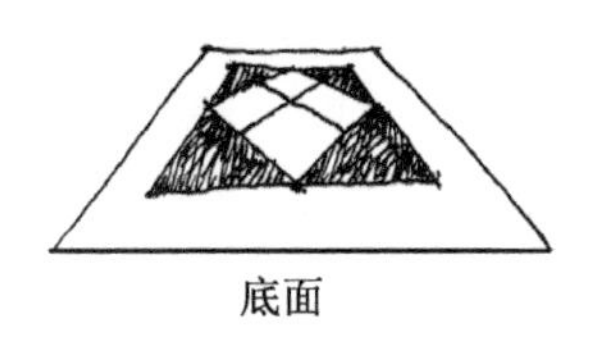

底面

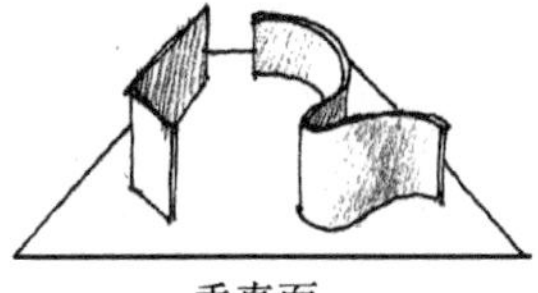

垂直面

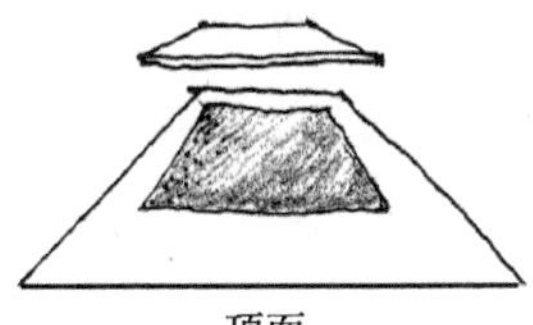

顶面

图 6-6 空间构成的三要素

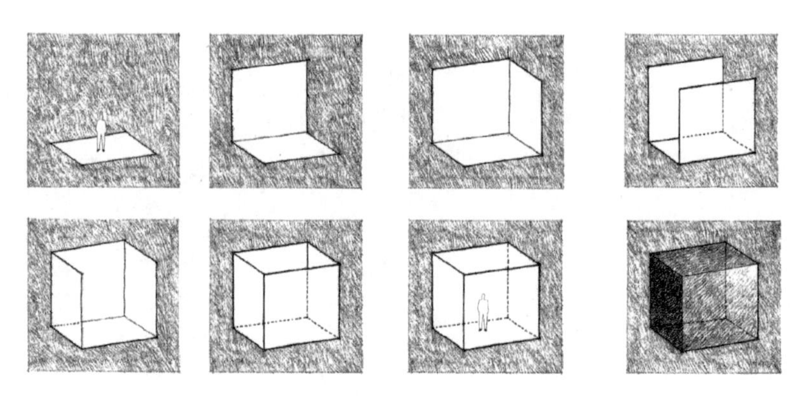

面要素的增加或减少所形成的不同空间形态(开敞↔封闭)

图 6-7　空间与界面的关系

在外部环境中,一个场地一般是由地面、垂直面来限定的,顶就是天空。因而,底面和垂直面是园林空间界面的主要元素。如城市广场,作为景观设计中的一种典型场地,从空间构成的角度可以这样理解:广场→底界面与垂直界面的组合→“空间体”→“没有屋顶的建筑”。一般地,广场围合程度越高,就越容易形成“图形”,但围合并不等于封闭,在设计时要注意广场本身的二次空间组织变化处理。围合广场常见的要素有建筑、树木、柱廊和有高差的特定地形等,其中以建筑围合较多(图 6-8)。目前国内的一些广场有不少都是用道路界定范围,或只在广场的一侧到两侧布置建筑,容易使游人在行为及心理上产生不安定的感觉,致使游人在广场内停留的时间缩短,降低了广场的内聚力及吸引力。

一个独立的面,其可以识别的第一性特征便是形状,由面的外边缘轮廓线所确定。面的形状种类可以有无穷多个。环境中界面边缘轮廓线有时是模糊的,且界面本身也可能组成复杂而难以把握。因而,环境一旦出现独立的面,意味着它需要依附特殊的目的或特别的解释(程大锦,2005;西蒙兹,2000)。通常情况下,园林中的各个面要素之间总是相互联系且延续的。这时,面的表面特征如材料、质感(软质与硬质)、色彩以及虚实关系(虚空与实体)等因素将成为面设计语汇中的关键要素(图 6-9)。

威尼斯圣马可广场

罗马圣彼得广场

图 6-8　因界面的限定而产生的空间

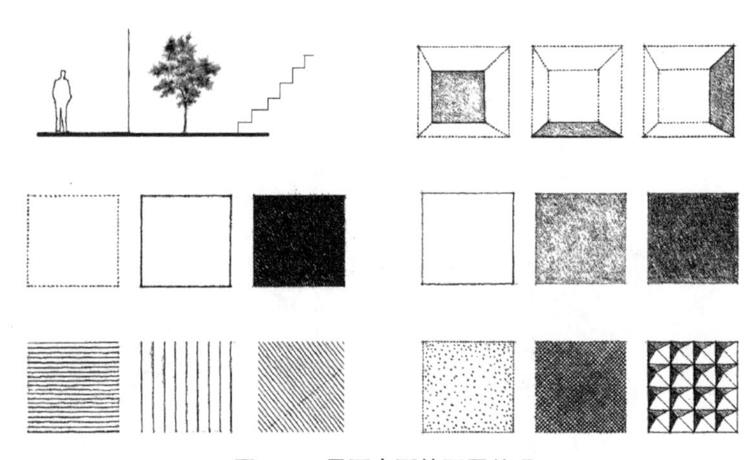

图 6-9　界面表面的不同处理

5.1 园林中的底(界)面

底面在园林环境中主要是地平面。底面支撑着人们在环境中的各种活动,底面直接确定一定体积的区域范围,底面的尺寸、形状、质地、材料、图案、色彩等常被设计用来表现用途。底面和用地的安排关系紧密,因为我们最关心的"用途"就落实在这个空间底面上(布思,1989)。我们从一个项目的规划中所看到的就是什么将放于这个底面上,它不仅要确立各类用途,更要确立规划设计上每个用途彼此间的关系。因此,底面设计是十分重要的(图 6-10)。

不同材质的铺装(肌理)　铺装与草地的镶嵌(结集)　底面的形态处理(对比)

图 6-10　环境中底面的不同处理

5.1.1　底面的构成要素

环境中底面的构成要素主要有土壤、水面、植被、铺装等(图 6-11),有时设计中还会用到木材、玻璃、金属等材料。在底面材料和质地选择中除了要考虑色彩、肌理、质感、组合等视觉要素(图 6-12),还应考虑用途、吸附性、噪音、反光性、吸热性、排水、耐用性、维护、成本等因素(布思,1989)。

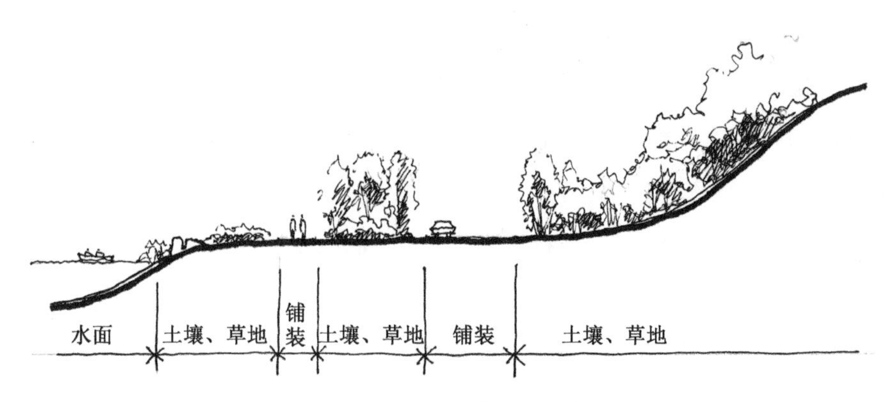

图 6-11　底面的构成要素

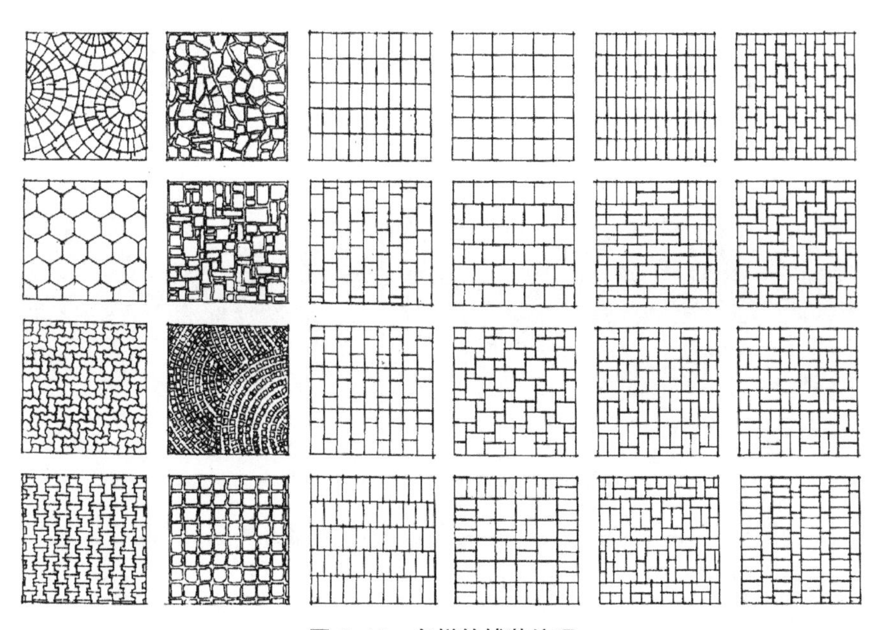

图 6-12　多样的铺装纹理

一般情况下自然环境中，底面经常是地球的自然表面。由于地表土层有薄有厚，土壤的水分和养分以及植被各不相同，所以底面实质上是各种生物的生息之地。明智的设计师决不会无缘由地扰乱或调整自然地表，所做的任何调整都应该是在保护项目场地质量的前提下，对预计用途的实现（西蒙兹，2000）。

5.1.2 底面的构成形态与设计

地表——水平的、扭曲的、倾斜的或阶梯状的——是所有建设的基础，也就是所有物体将置于其上、其中或绕于周围的平面。项目最基本的规划形式也将建立在这个平面上。底面的基本形态有：(1)平面——最常见的地表形态，适合于各种场地活动，由于排水问题，环境中没有绝对的水平面；(2)曲面——山体是最常见的曲面形态，曲面在环境中可以起到缓冲性、景观性、趣味性等作用；(3)坡道、台阶——提供平面间的过渡，考虑到无障碍设计，有高差并需要提供交通的场地环境时要尽可能设计舒适的坡道。

因为底面的设计可以表达空间与功能，因此底面的处理关乎一个设计的成败。底面的处理方式大致有如下三种：(a)质地变化；(b)底面下沉（挖掘）；(c)底面抬高（隆起）（图 6-13）。

(a) 质地变化

(b) 下沉广场

(c) 底面抬高

图 6-13 底面的三种处理方式

一般说来，由于视线关系，人们对底面的注意并不多，因此在设计中常常把它做成连续的水平面，以满足正常的、多种行为活动的要求。如果有必要把基面设计成可感知的变化，就必须对质感、色彩和图案图形等要素进行有效的控制。如铺装与草地的不同处理，以及不同铺装纹样与材料的处理都可以对空间的界定起到一定的作用(图 6-14)。此外，地面标高的变化——上升或下沉，既可以划分空间，又可以获得无障碍的视线或无干扰的休息环境或相关的功能空间。如建筑入口空间处的常见地面处理——地面抬高并在材质和式样上区别于周边，而上升或下沉广场在城

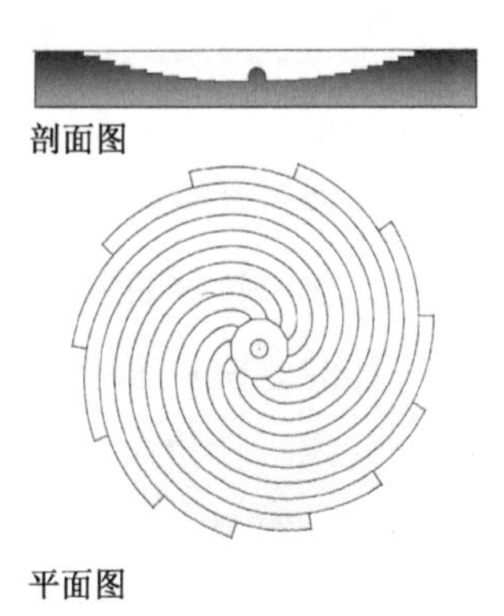

图 6-14 底面多样处理设计

市中就随处可见了。在古代，抬高隐喻着高高在上，因此一般帝王贵族使用的建筑特别是行政建筑都设立于高处。地面上升往往还带有一种宗教色彩，一般的祭祀活动都安排在坛或台上举行，如天坛中的圜丘等。

地表的处理对于实现恰当的过渡是很重要的。地表的基础形状和模式如果处理得很好的话，可以很微妙而强有力地把建设要素与场地及其他部分联系在一起。通过机敏地设计处理地表，我们可协调、强化并整合置于其上的所有要素。

5.2 园林中的垂直(界)面

在环境空间中，我们最了解的是垂直面，而不是基面或顶面。垂直的各种要素总是与我们面对面的存在，因而它在人们的视野中是最活跃和最重要的一种空间构成要素，也最具有视觉上的趣味性。垂直要素是空间的分隔者、屏障、挡板和背景。空间的三个面中垂直面是最显眼且最易于控制的，在创造室外空间的过程中具有最重要的作用。垂直面容纳和连接着用地区域，可紧紧地控制围合它们，如使用砌石墙体，或更松散地用植物界定室外空间。垂直因素强调并解释了底面的交通和使用模式。任何空间的垂直因素都必须这样阐明规划意图，它们必须引导人、可使人掉转方向、引人前行、使人停留、可为人接受且容纳场地所要求的规划用途。底面的规划模式大多设定了空间的主题，而垂直面则加以调节，并产生那些能创造丰富和谐的多种形式(西蒙兹，2000)。

中国古典园林中的障景、夹景、框景、对景等处理手法实质上就是以对垂直界面的处理来达到设想的效果。如障景即利用规划设计上的处理手法，通过屏蔽近处的或景观中突兀的要素，通过视线迂回的方式把主景或远景或地平线或茫茫苍穹等这类退隐的或广阔的要素展现出来。苏州拙政园中部景区入口处的黄石假山设计就是“障”，而站在水边远眺北寺塔就是“借”。

5.2.1　垂直面的构成要素

在竖向上有可感知的高度的一切景观要素都可以成为景观中的“垂直面”，如建筑(外立面)、围墙、栅栏、景墙、植物、凸地形、竖向水体、构筑物等(图 6-15)。为了达到某种竖向设计的要求可以采用不同的景观要素。垂直界面的各种形式要素都可以抽象为点、线、面或体，并被用来加以分析、研究或设计。当然，由于每种要素的性质不同，所产生的空间品质亦会不同，如障景的设置，可以是灌木丛，或假山，或人工瀑布，或景垂直面，等等，最终的视觉景观效果则会有很大的不同。

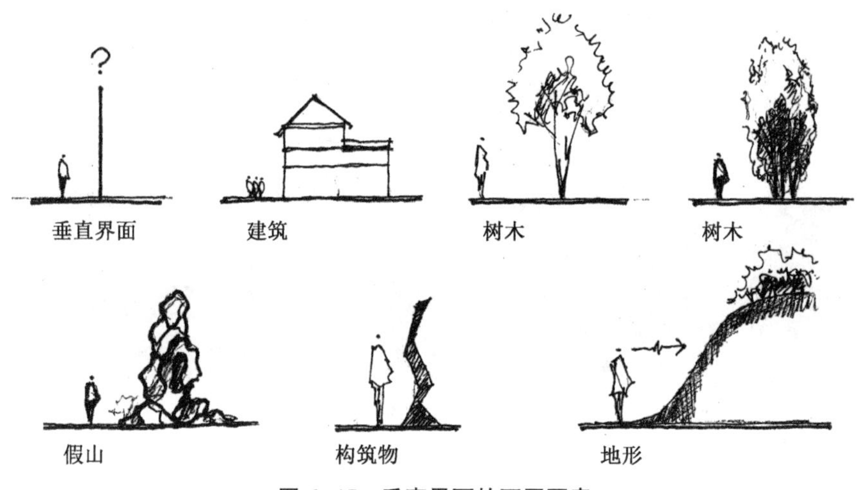

图 6-15　垂直界面的不同要素

(1) 植物

即使仅仅使用植物进行隔离，由于植物形态(图 6-16)与属性的多样性亦可以有很多种景观形式而产生不同的景观效果——不同的要素产生不同的景观效果。不同的植物有不同的形态，同时植物又分为常绿的、落叶的、针叶的、阔叶的、乔木、灌木等，不同植物的搭配所形成的垂直界面是丰富多彩的，并为环境划分出各式各样的空间(图 6-17、6-18)。

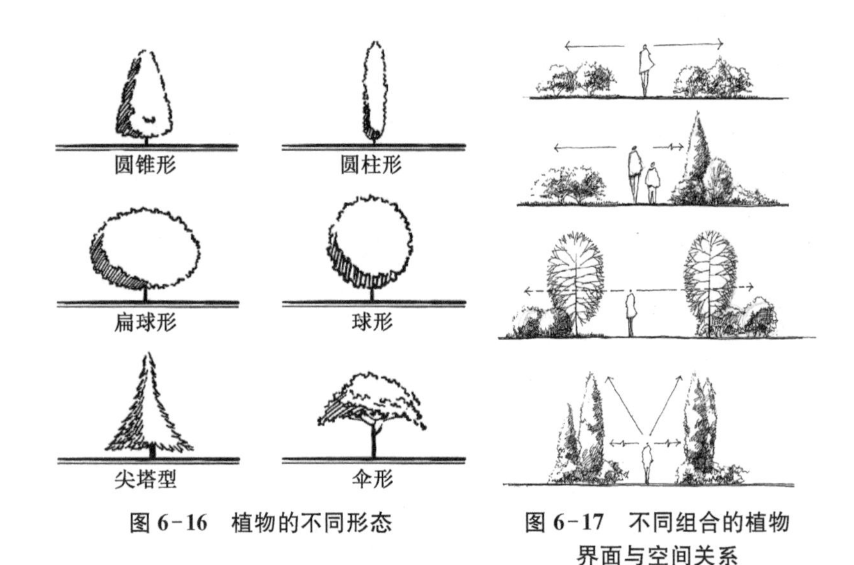

图 6-16　植物的不同形态

图 6-17　不同组合的植物界面与空间关系

图 6-18　不同形态的植物界面

(2) 建筑

城市的形成离不开建筑，建筑可视为构成城市的第一物质元素，无论是庭院、街道还是广场都需要建筑的围合界定(图 6-19)。通常，建筑在空间内部及周围都是决定性因素。如果建筑是在空间内，它们可被视为雕塑般的要素以便于全面地感受。无论建筑是在空间内部还是外部，空间本身的发展都要使人的注意力集中到主要立面或组成部分上，且提示人朝入口前进。

建筑的功能甚至集中于外部空间，外部空间可以设计成前景或背景、前厅或外部建筑的空间，而建筑自身则成为配角。这样的建筑物可主要

(a) 建筑围合的街道

(b) 建筑围合的广场

(c) 建筑围合的庭院

图 6-19　建筑作为垂直界面

作为空间的围合者、分隔者和背景，如城市广场。

被建筑围合的公共广场、庭院或集市广场在设计中提出了很复杂的问题：它们和使用者都必须比例恰当。哪一个有优先权呢？圣彼得大教堂很明显“控制”了它的广场和聚集的人群。纽约中央公园则犹如一个“统治”旁侧大厦的青翠的女王。欧洲的许多小型城市广场，从拂晓到凉爽的深夜，放松休闲的市民和旅游者聚集于此闲逛、就餐（梁雪等，2006；西蒙兹，2000）。人们、空间或建筑，哪一个更重要呢？这没有定律可言，只能依次综合考虑每一项，使所有的关系恰到好处且令人愉悦。

5.2.2　垂直面的功能

景观中“垂直面”由于所处的环境和形态不同，其作用亦可能不同，总体而言，垂直面在景观中的作用主要有以下几种（刘永德，2001；布思，1989；张鹏举，1997）：

（1）制约空间或构成空间——在形成空间的诸多要素中“垂直面体”是最直接最有效的，“垂直面体”越封闭、越高、越坚实，空间感越强烈。

（2）屏障和引导视线——屏障视线的目的一是为了“挡”，即“俗则屏之”；一是为了“逗”，即“嘉则收之”。“垂直面体”一般高于正常人眼高度就可以封闭视线，设计中一般要高于 1.83 m，切记不要与人眼等高，这样会影响人的正常观赏需求。在中国古典园林中为了“扩大”内部空间经常会遇到障景的处理手法。与屏障视线相对，精心设计的“垂直面体”可以引导人的视线进而引导人的行为，如行道树的控制和引导，以及利用“垂直面体”形成景观轴线等。

(3) 分隔功能——与上述两种作用密切相关的另一作用是“垂直面体”能将相邻的空间彼此隔离开,为了划分或形成不同性质的空间,“垂直面体”优先被使用,无论是常见的围墙垂直面还是古老的城墙垂直面莫不如是,古典园林中的“园中园”亦是此法。

(4) 视觉作用——景观设计的任务就是为公众提供高品质的空间环境,其中视觉效果是首要考虑的因素,视觉的愉悦度在很大程度上依赖立面的景观效果,“垂直面体”本身的组合、形态、形状、色彩、肌理、质感等都会成为人们的视觉主体。同时,景观相对单一的“垂直面体”可以成为一个空间中其他重要景物(如雕塑)的中性、永恒的背景,抑或将两组彼此独立的景物协调为一个整体。

(5) 调节气候——环境中的“垂直面体”可以最大限度地削弱阳光和风所带来的影响,如高大的乔木或垂直面体对于建筑西晒和寒冷的北风的阻挡;用相同的方式可以得到相反的作用,“垂直面体”也可以用来引导夏季的凉风,将风引入室内外空间,使空间中的气流相互交换起到降温和改善空间质量的效果。其中“垂直面体”的设置和安放是处理的关键。

除此之外,“垂直面体”的功能和作用还有很多,如降噪、提供支撑等。

5.2.3 垂直面的构成形态与设计

垂直面的构成形态,主要是指垂直面的高低、曲直与虚实等。在现实环境中,垂直面的物质形态丰富多样,即使构成形态相同,由于物质形态的不同其空间的视觉效果也大相异趣。下面仅就垂直面作为单纯的“垂直界面”进行抽象的构成形态论述。

(1) 垂直面的高低

在此,垂直面的高低将影响人们对空间的体验。不同的高度具有引发人的不同行为的倾向(图 6-20、6-21)(芦原义信,1985)。0.30 m 以下高度常常作为路牙等边界分隔处理,由于被感知性极弱,广场及道路中尽量避免设计单级台阶,如果无法避免,则须用不同材料或颜色等作提示性设计处理。当垂直面的高度在 0.30～0.60 m 时，可以被人轻易跨越，因此，对人的通行阻碍不大，并可引导人们在这种矮垂直面上停留就座（如果材料允许）。当垂直面的高度在 0.90～1.20 m 时，一般不会被人轻易跨越，因此，基本上可以阻碍人的通行，但可为人们提供依靠休息的地方。当垂直面的高度不大于 1.50 m 时，大多数人视觉的空间是连续的，限定空间的垂直面如同室内的家具，只要垂直面的高度在正常的视平面以下，垂直面体只是在视觉上或行为上起一定的限定作用，整个空间仍然具有流通性或连续性。而当垂直面的高度达到或超过 1.80 m 时，对大多数人来讲，在视觉上就是完全隔绝的，在这种情况下被分隔的小空间获得了较强的独立性、围合感和领域感（王晓俊，2000a；张鹏举，1997）。

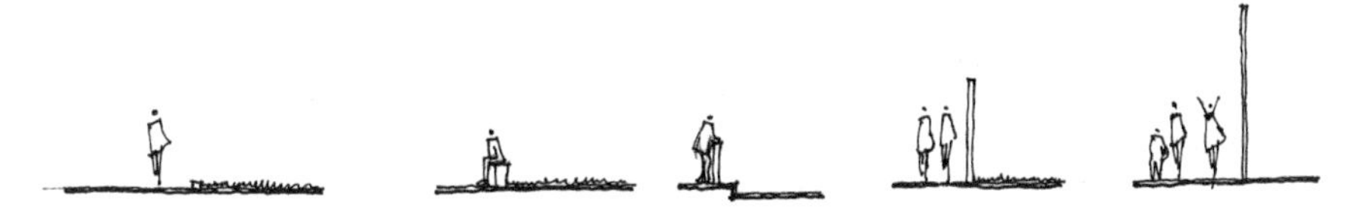

不同高度的垂直界面会引起人们不同的行为

图 6-20　不同高度的垂直界面

0.15 m 高的一级台阶

0.45 m 高的与花池结合的坐凳

0.90 m 高的栏杆

图 6-21　环境中的不同垂直界面

最具趣味或最优雅的特征通常置于或包含于垂直因素中，并且在与眼平行的高度。我们可明显地看出坐着的人的平视域比站着的人要低。但由于这一重要的设计要素在太多情况下都被忽略了，所以这一点要着重强调。最令人苦恼的视觉体验之一是垂直面处于视高或近乎视高处，

图 6-22　处于视高的界面会令人不舒服

尤其是篱笆或墙(图 6-22)(布思,1989)。这样的墙或屏障的顶部对那些经过或观看它们的人来说,真是大煞风景。

(2) 垂直面的曲直

围合空间的垂直面虽有曲直之分,然以直垂直面居多。有时出于使用功能的需要和环境因素、结构技术或造型的追求等,用弯曲的垂直面体限定空间也屡见不鲜。曲垂直面围合的空间给人的感觉具有流动性、导向性与聚集性,曲垂直面可分为规则的曲线和自由曲线,表现的分别是理性的浪漫和超理性的浪漫(洪石龙,2001)。中国古典园林中常见的曲垂直面是蜿蜒小路旁的竹林或围墙。

(3) 垂直面的虚实

一般而言,垂直要素可分为垂直面要素和垂直线要素两大类别。这两大类别对应于空间的两种典型形态:完全封闭空间和完全开敞空间。完全封闭空间是由四个垂直界面围合而成;完全开敞空间是由四个角柱暗示出来。前者是一种实体形态空间;后者则是一种虚体形态空间(刘云月,2004)。

垂直面的虚实对比关系到空间之间的联系,以及空间的明暗或者说空间与光的关系。垂直面体不同的虚实处理营造不同的空间氛围(图 6-23)。中国传统园林中常用的空间设计手法"欲扬先抑"就是典型的利用垂直面体的虚实变换造成空间明暗的强烈对比,形成空间的视觉起伏,特别在园林中具有小中见大的空间效果,给人以豁然开朗的感觉,令人心旷神怡。如苏州留园入口空间的处理,利用实墙形成狭窄的过道式空间,临近园中主景时,墙面的处理开始由实变虚,豁然开朗:实墙——漏窗——明窗——敞开。此外,中国古典园林空间中"看与被看"的视景关系,充分使用了垂直面的虚实对比和空间的相互渗透，特别是漏窗的应用，使多个空间互为框景，一个空间暗示着另一个空间的存在，构成多层次的空间序列。这些传统的空间处理手法是应该得到传承的精华。

垂直面经过设计处理可以形成实与虚、围与透的不同景观效果

图 6-23　垂直界面的处理

(4) 垂直面的围与透

由垂直要素限定的空间中，“封闭性”和“开敞性”是空间的两种基本特征。而在实际的工作中，设计师常常兼用这两个基本手法来创造空间，以取得丰富多变的空间形态。空间的封闭性与开敞性之间的相互关系可以通过面要素的减少或增加来理解：相对于完全封闭空间形态，通过减少其中一个或两个或三个垂直面，可以相应地获得各种形态的空间，如“U”形空间、“L”形空间、平行面空间以及独立的垂直面所限定的空间，等等。四面围合、三面围合、两面围合与单面围合四种形式中以前二者封闭感较好，有较强的领域感。随着面要素的减少，空间的封闭感减弱，而开敞性逐渐增强。同时，重要的是空间的开敞性带来了空间的方向性的变化。反之，对于空空的场地要想获得空间感，就要进行面的增加。

其实围合和开敞本身都没有任何价值，围合的程度和质量只有与给定空间的功能发生关系才有意义，例如，需要私密之时，才需要围合（西蒙兹，2000）。曾有人说过，在当代文明中，私密很快就会成为最有价值且最稀有的商品。几乎在任何城市街道穿行时，我们都能轻易察觉到私密性的缺乏。直到现在，我们才再次开始认识到那些与公共活动场面隔离且朝向围合庭院或花园的私人起居室和工作室的种种优势。中国的江南私家园林以及北方的四合院都是这类空间的典型代表（王书万，2002）。这类围墙式的住宅现在仍是所有规划空间中功能最合理且最令人赏心悦目的私密空间。很久以来，人们一直认为私密性是培养和欣赏那些具有最高人类价值的事物的基础。当然，寻求私密的围合不一定需要完全闭合。一个放置得颇为考究的屏障或一些分散安排的竖直要素就足以提供私密。

空间中见到的所有事物都是这个空间的一种视觉功能要素。从围合空间的特性和程度到显示的特性都必须和用途保持一致。空间中任何可见的事物从视觉上讲都属于这个空间，因而必须加以考虑。通常，远处的物体可通过向其开放、利用景框且聚焦于特定目标，被引入空间(借景)。远处的山峰或近旁的树木就可这样借入花园。例如，无锡的寄畅园远借龙光塔，苏州的拙政园远借北寺塔，沧浪亭近借园外的水面。

对那些想突出内部事物的空间来说，围合是可取的。显然在这种情况下，要避免注意力的分散，将兴趣集中于所观察的对象。例如，迎着飘动的衣物或穿梭的车流观赏一件雕塑品时，很难欣赏到那些展示躯体造型的光影的细微变化。再如，面对着一个富丽堂皇的远景，对观赏者来说一枝玫瑰的许多魅力也已消失殆尽。任何作为以细部取胜的事物的背景，都不该与物体本身争奇斗艳。空间的围合同时作为背景时，应该设计得使被观察的事物在它的衬托下能展示最佳品质。

通常，我们如果要将兴趣引向给定区域内部的一个物体，围合要素必须能使注意力向内集中。当要将兴趣引向外部事物或风景时，围合就需洞穿或开放，以便强化且框住那些引人注目的事物。

(5) 垂直面的构成组合

两个垂直面的组合主要有分离、接触、穿插三种关系。根据组合过程中的方向和角度不同，垂直面的组合关系又有平行、正交、斜交、自由交接等形式。由于距离的远近、接触的位置、角度等变量的不同，所产生的空间也是不同的。因此，竖向的组合形式是无穷尽的，我们只要把握基本的规则，就可以创造出我们想要的空间形式(图 6-24、6-25、6-26)。

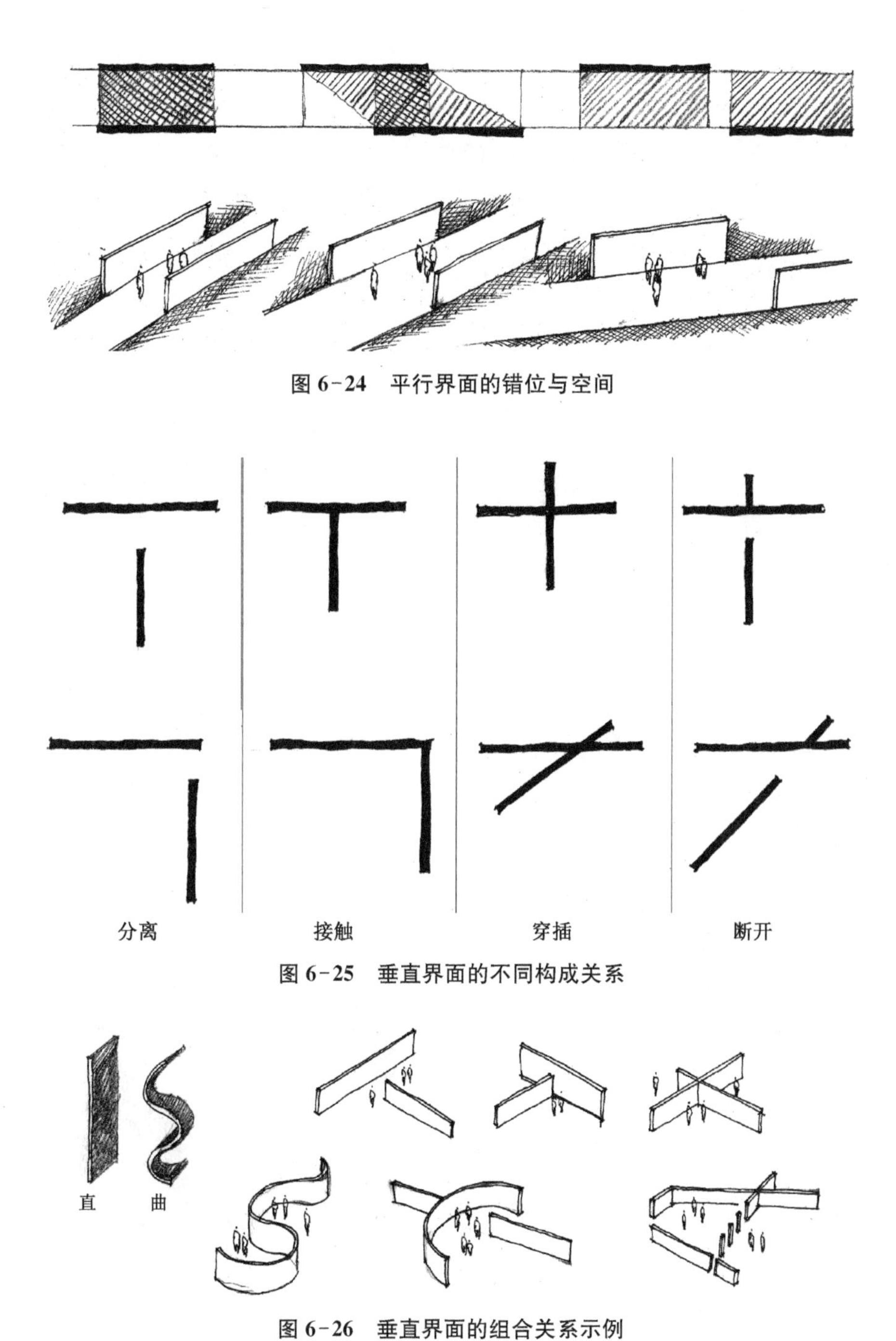

图 6-24　平行界面的错位与空间

图 6-25　垂直界面的不同构成关系

图 6-26　垂直界面的组合关系示例

◇平行、正交组合

在大多数情况下，垂直面以横平竖直正交方式围合建筑空间，但由于对相交部位处理方式不同，所获得的空间效果也不同。密斯·凡·德·罗为1929年巴塞罗那国际博览会设计的德国展览馆，第一次全面地向世人展示了新时代的建筑空间。图6-27(下)是展馆的轴测图，虚框是有屋

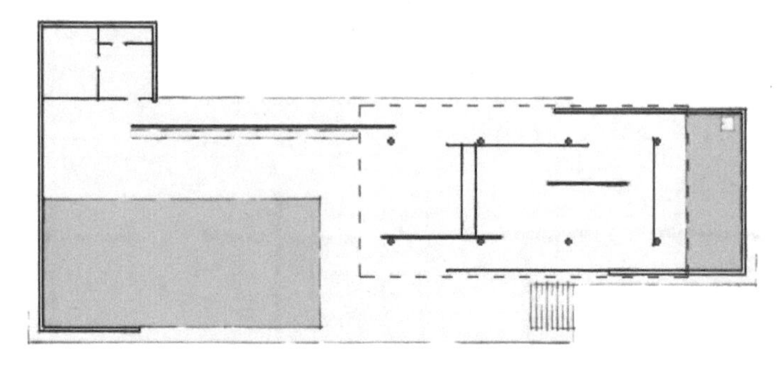

平面图

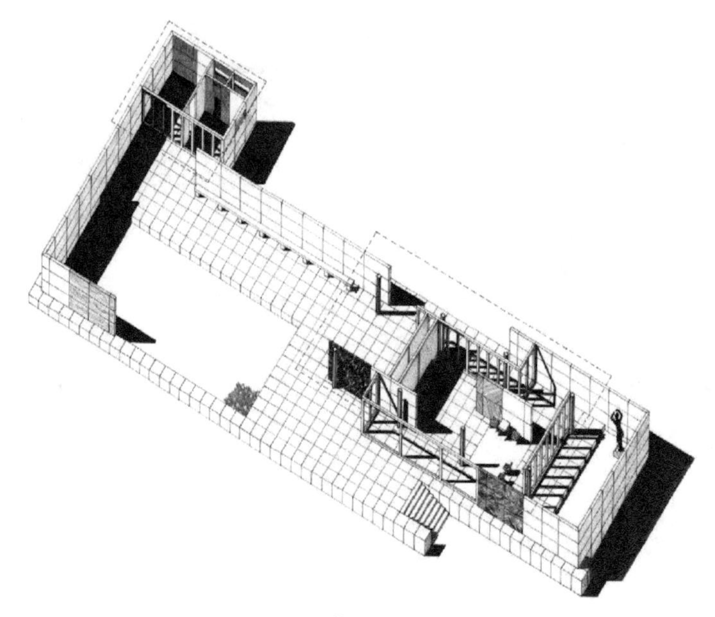

轴测图

图6-27　巴塞罗那国际博览会-德国馆

顶覆盖的部分。这座临时性建筑应用新的材料，以玻璃和钢为主，与传统空间的围合方式的最大不同在于，垂直面与垂直面相互交错，互不搭接，空间与空间边界模糊，相互渗透，具有强烈的运动感，打破了传统单一空间的静止与隔绝，在当时的西方建筑界可谓是一个全新的创造(洪石龙，2001)。

而现在，这种由垂直面体的交错与分离所创造的流动空间，已被广泛应用于各种各样的建筑和园林中，特别是展示性与多功能的大空间。

◇斜交组合

在有些情况下，由于环境的要求、基地的约束或建筑师个人的偏爱等因素，垂直面体的平面关系是斜交而非正交，这样就产生了锐角空间或钝角空间，这种空间若处理不当，特别是锐角空间，很明显会带来使用上的不便，若处理得好仍可获得特殊的空间效果。

◇自由组合

垂直面体的交接方式经常是随意而自由的，平面向各个方向任意伸展，许多没有严格的几何性，空间富有连续性，融合于自然环境，但多数情况下显得更奔放无拘束。

解构主义更是运用了垂直面体的分离、斜交等不同组合关系，创造出充满动感、分裂、模糊、不稳定等空间效果，不管其空间使用起来是否舒适，是否满足要求，但至少丰富了空间造型与外部的空间组合，开拓了人们的视野，令人耳目一新(韩巍，2006)。

◇“阴角”与“阳角”

所谓“阴角”，是指其内侧凹进去的空间；所谓“阳角”，是指其外侧凸出来的空间。空间性质上，阴角空间属于积极空间，阳角空间属于消极空间。在外部空间中，这种阴角空间实际是在领域上包围广场，将其包含于内侧。当沿着棋盘状道路布置广场时，全都成了阳角空间，形成要把人挤出去似的城市空间。相反，用阴角空间可以创造出一种把人拥抱在里面的温暖、完整的城市空间。在城市的公共空间中多保持转角的阴角空间

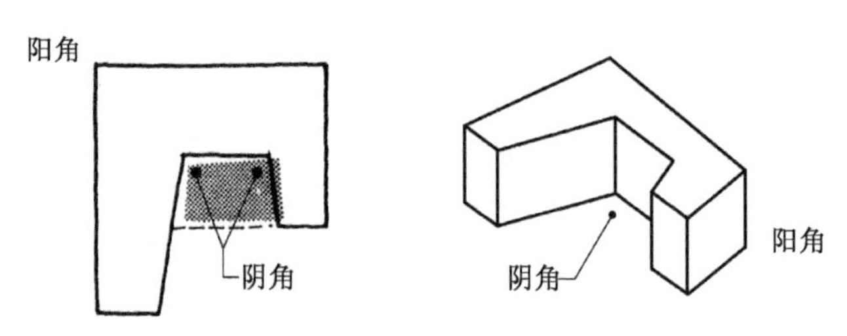

图 6-28 阴角与阳角图示

能为城市增添美丽而吸引人。

(6) 垂直面的质感

垂直面体的表面质感虽然不影响空间构成的具体形态,但却在很大程度上影响了人对空间的视觉感受。表面质感的粗细、轻重、冷暖都会在视觉和触觉上影响空间的效果,同时材料的质地与观察距离、光照条件等因素相关联(图 6-29)。

硬质界面

硬质与软质组合界面

软质界面

图 6-29 不同质感的垂直界面

竖向围合的界面可能会像碎石垒起来的墙面一样粗糙,也可同玻璃面一样光滑,或同花瓣、叶子的脉络一样轻盈。形式和材料的范围是无限的。但是,无论这种围合是巨大的还是小巧的,是粗糙的还是精致的,最根本的是要使围合适应于空间的用途或使空间的用途适应于预定的围合。

在传统的思维定式中,厚重的垂直面坚固稳定,给人以安全感;相反,轻盈的垂直面给人的感受是漂浮不定、受力模糊。垂直面的轻重之感源于人们对材料的亲身体验,是人们在与材料接触过程中的经验积累而形成的习惯性的心理感觉。古典园林多采用天然材料，建筑以木材为主，辅以少量的石材，另外就是大量植物的栽培。显然，石材的稳定性和坚固性远大于木材，前者厚重封闭，后者轻盈通透。

（7）垂直面的色彩

构成垂直面的材料，无论是天然色泽还是人工着色对空间品质的影响均比较明显（朱翔，1997）。一般说来，冷色调对人的眼睛刺激作用较小，容易使人心理平和，感觉舒适；暖色调对人的眼睛刺激作用较大，容易令人紧张与兴奋，感情热烈。此外，冷色调有后退远离的感觉，而暖色调则与之相反，因此冷色调的空间显得相对宽敞开阔，暖色调的空间显得相对紧张收缩。同时，垂直面的冷暖和材料的明度及光洁程度也有关，明度高且表面光洁的垂直面偏向冷色调，明度低且表面粗糙的垂直面偏向暖色调。材料质感的冷暖可以根据不同的心理需求和空间使用功能加以应用。采用不同的冷暖色调处理可以改善空间效果。局促狭小的空间采用冷色调处理可减小压迫感，如多种植深色的长绿灌木；宽敞的空间可采用一些暖色调来增加亲切感，如建筑或构筑物外立面的处理，以及花灌木和彩色叶树种的运用（图6-30）。

图6-30　垂直面的色彩运用

总之，垂直面是空间构成的基本要素，是园林空间创造的主要手段。垂直面有时被用于围合空间，有时被用于分隔空间，分隔的空间有时被完全隔断，有时却隔而不断。因此，在垂直面的作用下，可创造出丰富多彩的空间形态与性格迥异的视觉效果。没有垂直面体，空间便无从依附；没有空间，垂直面体的存在便失去意义。由此可见，垂直面的多样化产生空间形象的错落有致与空间组合的疏密有序，空间的多变性需要垂直面体的形态、质感及其组合关系作出积极的响应。只有紧紧抓住空间这个主题，牢牢掌握垂直面体设计这个手段，才能让垂直面体的设计更加富有新意，空间的创造更加生动活泼。

5.3 园林中的顶(界)面

环境的天然的顶平面是天空，因此，人们常常将园林称为“没有屋顶的建筑”。当开阔无垠的蓝天适合于做顶棚时，我们就接受它，并竭尽全力辨析与欣赏天空流云的形状和白昼的乳白色光线及夜晚群星的闪烁(西蒙兹，2000)；如果天空不适于做顶棚，就想办法做一些顶面控制。在环境中能够产生顶平面的要素有：树冠、廊架、张拉膜及各式空中构造物等，这些要素便相应地形成覆盖空间。

我们为了取得理想中的空间氛围，就需对顶平面加以控制——顶平面围合的形式、特点、高度、质地、颜色及范围等会对它们所限定的空间特征产生明显的影响(图 6-31)(布思，1989)。新的顶面可轻盈如半通透的织物或叶子组成的格网，也可坚固如横梁、厚板或钢筋混凝土，它可以是多孔的、穿透的或百叶窗(图 6-32)。如果顶面洞穿或部分开放，那在视觉上它就可能没有它所投射的阴影重要。通常，空间的天棚要保持简洁，因为它更多是用于感受而少用于观看。

综上所述，园林设计的处理关键就是空间，因此从构成学的角度去理解园林设计就是空间构成，就是将空间意识视觉化、具体化的操作过程，就是凭借一定的物质手段对空间加以限定以支持特定的行为活动要求的过程。设计的基本手法就是在场地上利用构成法则和形式美的规律初步划分和组织空间，并借助于空间容积、墙面、构筑物及植物等造形要素，合理地安排流线及活动分区，创造积极的空间形式(图 6-33)。其中，空间构思的具体化则取决于空间限定方式的不同处理、空间的数量要求和空

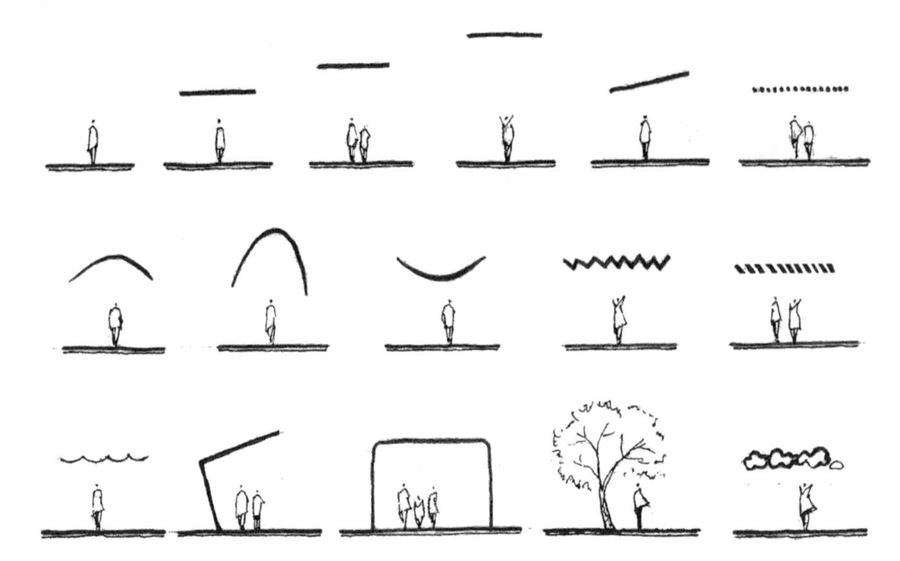

图 6-31 顶(界)面的处理

膜结构的顶

虚的顶

实的顶

图 6-32 不同形态的顶(界)面

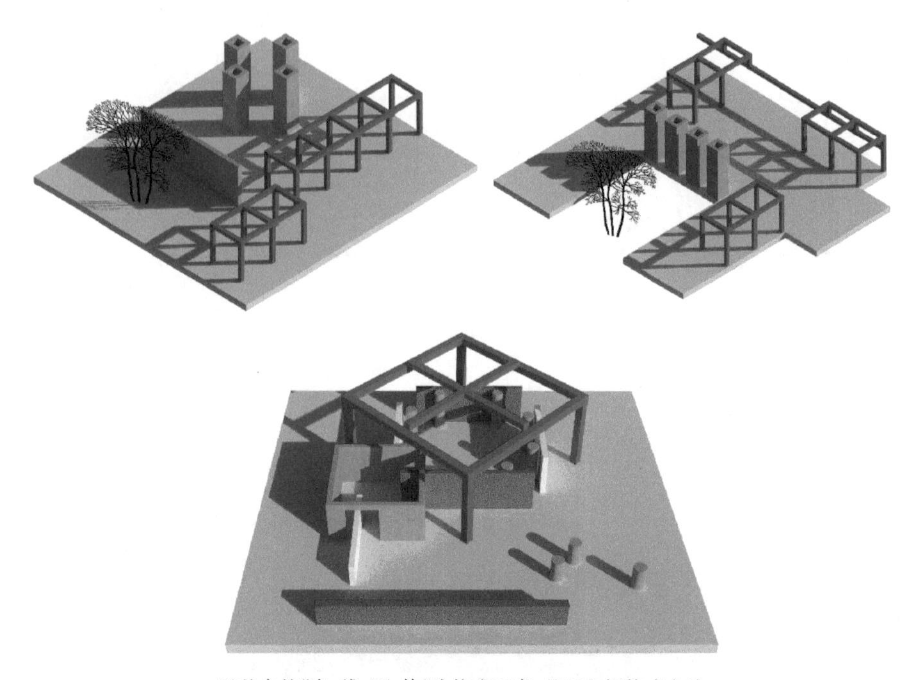

以基本的"点、线、面、体"为构成元素，基于空间构成方法，
设计与思考形体、界面和空间的关系

图 6-33　以空间为表达主体的空间构成

间的质量，可以通过底面和垂直界面的设计处理以及利用不同限定方式创造不同品质的丰富多彩的空间环境，如图 6-34 是一个具体的圆体空间环境的构成。

根津美术馆是一座与古代日本、亚洲艺术以及传统手工艺品相关的美术馆，它位于东京最著名的购物街表参道的东端(图 6-35)。从户外入口到建筑内馆，畏研吾设计了一条长长的步道，从建筑立面上突出 4 米高的深檐将其遮盖，访客们踱步 50 米的距离方能进入建筑。屋檐投下的阴影形成幽静的灰空间，右边的竹墙和左边的竹林围合形成富有东方人文情趣的精致空间，底面抛光的石材与鹅卵石分成两条线形空间——通行空间与观赏空间。深沉的色调和现代庭院的简洁形态形成的雅致空间，把拥挤街道的喧嚣抛在身后，让人静下心来，然后再走进美术馆。主体建筑另一侧与庭院相连，透明的玻璃墙使得室内和室外在视觉上形成一体，三个界面的多样处理形成了丰富多样的现代与传统相融的景观空间。

总之，无论多简单或者多复杂的园林景观设计，最终都可以理解为不同景观要素的空间构成，并可在现实中切实进行这样的操作。

(a)庭院空间构成

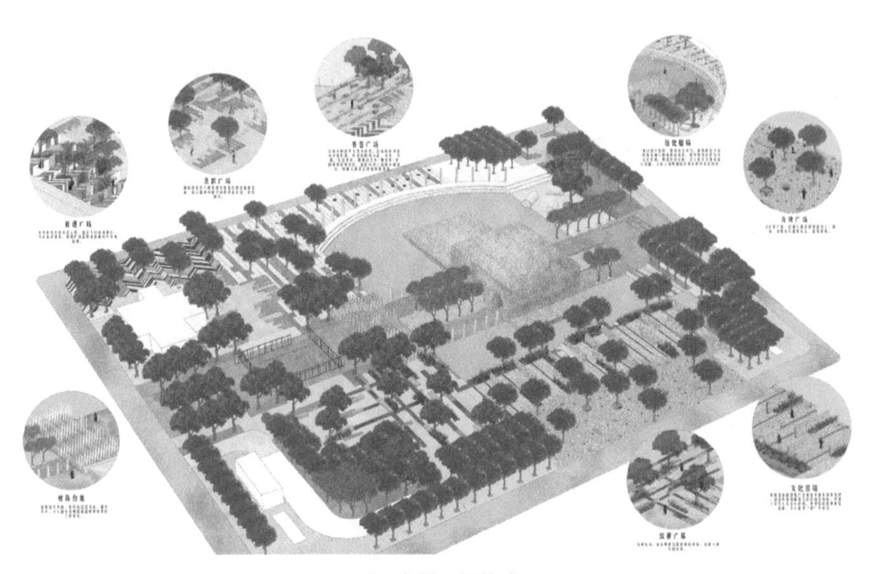

(b) 广场空间构成

图 6-34 以空间为设计核心的园林环境

图 6-35　根津美术馆

第七章

设计构成训练与案例解析

1 设计构成训练

1.1 训练目的

根据以上分析得出，构成学中四类基本的造型方法，其中心问题是通过对简单的基本形（形、体、空间）的处理，形成丰富的新形（形、体、空间）。对于需要寻求控制与秩序的景观设计来说，规律性的骨格和按比例的分割是非常有效的手法；对于通过变化来求得统一效果的景观设计来说，方法似乎更为多样——骨格叠合、聚集法、自由分割、变形法、丰富多彩的空间法，等等。一件构成设计作品的成功与否，并不取决于造型方法的复杂程度，富有创意的构思、精心的推敲和处理、选择恰当的造型方法，才是形成优秀构成作品的决定因素。同样，无论是园林环境设计抑或建筑设计，对于“形”的推敲和处理莫不如此。实际上在园林环境设计过程中，其构思布局、形体创造往往运用不止一种手法。因此，在设计中务必注意手法的主次关系，良好的主次关系有助于形成良好的形态。造型方法之间的界限并非总是那么清晰，它们的某些部分是互相包容的，比如单元法中的单元和等形分割法中的子形，骨格法中的网格与分割法中的分割，分割法中的移位和空间法中的空间，都是类似的。无论运用哪一种或哪几种造型方法，空间始终是园林设计的关键——满足功能的要求、满足公众的需求。

对于这四种类型方法，实际在进行构成创作或园林设计的过程中往往会综合运用，以得到我们想要的设计作品。对于构成设计而言，其中心问题是通过对简单的基本形的处理，形成丰富的新形；对于园林设计而言，除了要有丰富美观的形，还要注意因形而产生的空间及其多样的功能要求，这是构成设计与园林设计的最大不同。

1.2　训练要求

1.2.1　空间设计思维

在平面构成中是把相对于“形”而言的“底”看作是空间，立体构成中的空间则是具体的。形态构成中的空间法中的空间与空间设计中的空间的区别在于：前者的空间仅仅是形和形之间组织的“黏合剂”，重点在形体；后者正相反，形体只是围合空间的工具，重点在空间。它们的着眼点不同，空间的概念在其中的作用也不同。当然，实际上往往是空间和形体二者并存，很难将它们划分得一清二楚。

空间构成与立体构成都是以空间形态的方式展现出来，但二者是有区别的。立体构成是从形态要素的立场出发，研究三维形体的创造规律，体（块材、线材、面材）是要着重表达的积极要素，而空间往往是被体所限定的消极的要素（虚体）。在空间构成中，空间是设计的主体，要素的安排是以创造空间为目的的。由于一切空间形式都要通过体来表达，因此在空间构成中立体与空间是相辅相成的一个整体，正确理解二者之间的辩证关系是空间构成的一个核心问题（田学哲，1999）。空间形态可分为内空间和外空间两种形式，园林设计大都是围绕外空间的设计进行的。

从最基本的层面上看，空间构成设计可以简单地理解为建立界面三要素以及它对量、形、质等基本属性的满足。园林设计作为复杂的空间构成，构成学中抽象的点、线、面、体在现实环境中最终转化为具体的物质形态。

1.2.2　功能设计思维

在现实的园林实践创作中，设计方法是多种多样的。针对不同的设计对象与场地环境条件，不同的设计师会采取完全不同的方法与对策，并带来不同的甚至是形态完全对立的设计结果。在具体的设计方法上可以大致归纳为“先功能后形式”和“先形式后功能”两大类。两者的最大差别主要体现为方案构思的切入点与侧重点的不同。两种方法并非截然对立的，形式和功能本身就是相互影响的。一个设计应该将形式和功能协同考虑，这样方能做出好的设计方案。

景观设计是从功能到形式，还是从形式到功能？这是两种单向的思考方式，实际上形式和功能本身是一体，是密不可分的。因此，无论从哪个角度去设计去推敲，两者始终都应该共同被关注。最好的方法是以功能为核心的一体化推进，两者兼顾。

> 形式追随功能。
>
> Form follows the function, This is a law.
>
> ——路易斯・沙里文

> 我们一贯秉承的原则是把景观设计当成一门艺术，如同绘画和雕塑……所有的设计首先要满足功能的需求，即使在最具艺术气息的设计中还是要秉承功能第一的理念，然后才是实现它的形式。
>
> ——彼得・沃克

构成设计训练注重形态的生成处理和抽象思维能力的培养，但无论是建筑设计还是景观设计，最终都要服务于人、服务于具体的功能要求，因此，构成设计训练是对设计手段和设计思维的训练，不是设计的终极目的。对于在景观设计中，为了片面追求视觉形象而不惜牺牲基本的功能环境需求，甚至完全无视功能环境的存在，把景观创作与纯图形设计等同起来，追求构图和画面效果的这种形式主义的设计观念，我们应坚决反对。

1.3 训练内容

园林空间构成设计可以被看作是园林设计与空间构成的具体结合实践。设计训练以外部空间的构成作为主要内容，要求设计者综合运用构成设计的不同造型手段和空间限定的基本方法，应用实际材料创造多个不同的空间类型，并将其进行组织编排，使其有机统一，并满足一定的功能要求，并能够综合运用构成学中的平面、立体、空间的构成理论，结合色彩、构图及形式美的基本法则，培养设计能力和空间思维能力；进一步理解立体与空间的辩证关系，更好地塑造空间形态并将其进行组织、协调。这些是进行园林设计的必要前提和基础。

设计中要注重整体关系的把握，基本的控制手法如下：

(1) 形象简明完整，基于圆、方、三角等基本形态进行构图，并占据主要地位，即原形不要太多，形态不要过于复杂；

(2) 同一与变异，保持大部分要素的同一，可在局部少量变异；

(3) 结构关系定位，即通过格网、轴线、对称等不同控制模式，合理安排和处理各设计要素；

(4) 数的和谐，形状的大小和位置出于某一数字规律的控制，如比例、模度等。

1.3.1　训练一：综合构成(平面构成→空间构成→园林设计)

在既定的框架内，以基本形(点、线、面；圆、方、三角等)为出发点，采用多种构成设计手法进行分割、解构及细节处理设计，最终的设计方案要能满足形式美的基本法则，总体协调统一。综合构成的图幅尺寸为30 cm×30 cm，黑白灰或单色系或彩色均可，色彩总体要统一，忌过于繁杂。边侧需要绘制图形生成过程，主要包括最初的基本形或基本结构，主要构成方法思考，细节处理方法(图 7-1)。

如图 7-2(a)所示新形的产生过程，由基本形与线的分割划分进行叠加，再进行细部处理，如形的削减、分解、移位、图底等，最后形成一个统一均衡的构图，如图 7-2(b)。将该平面构成设计赋予其功能特征，并在其与环境的关系上处理到位就可以形成一个良好的园林环境，如图 7-2(c)和 7-2(d)。当然这里仅是提供一种可以思考与操作的方法，实际的园林设计要复杂得多。

图 7-1　平面构成之综合构成

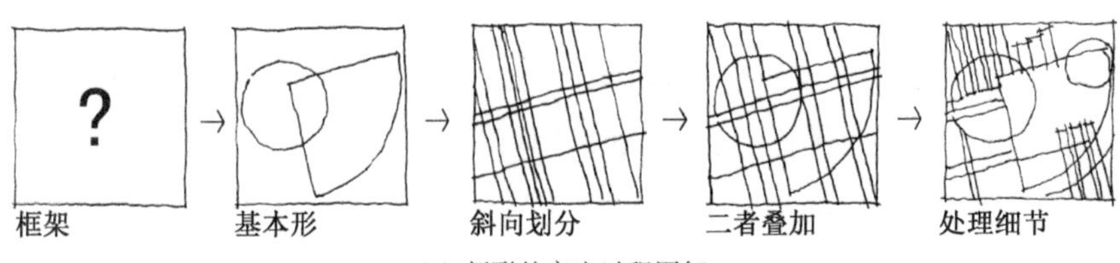

(a) 新形的产生过程图解

(b) 单纯的平面构成

蓝色：水；绿色：植被；白色：铺装

(c) 具功能性的环境构图设计

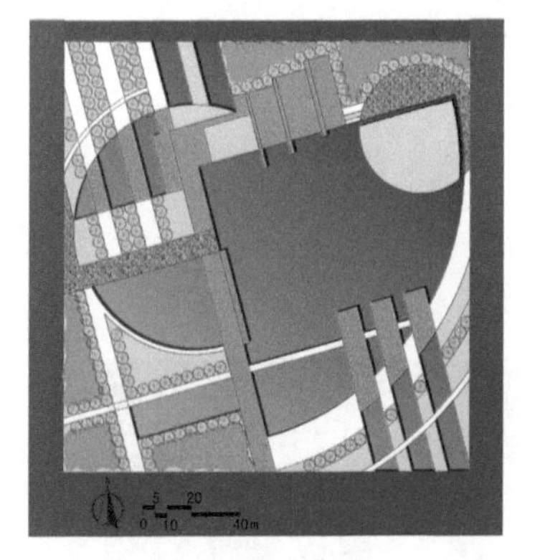

(d) 具有尺度概念的场地设计

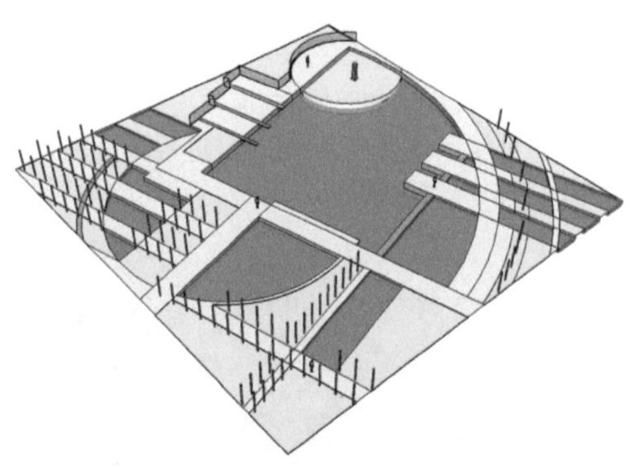

(e) 轴测图

图 7-2　从构成设计到园林设计

1.3.2　训练二：园林空间构成

假定在某一环境中(如校园)的一块 24×24 m² 或 30×30 m²(以特定

的模数为基准)的基地上，设计成为供人们穿行、停留、休憩及交流的外部空间环境。学习单一空间的构成与分化，在给定的框架中，采用不同方向的实体要素对空间进行围合、分割、引导和联系。分析空间中人的基本需求、行为和感受，并反映为整体空间“量”“形”“质”的特征以及上述实体要素的空间构成和组合方式。理解结构形式对空间的限定作用，掌握具体材料的建构方式和逻辑，并理解其对空间品质的细化过程。通过设计来了解景观设计中的秩序和控制，以及构成问题的基本结构模型和环境空间形式生成的基本过程。注意的要点是基于格网模数对线、面、体各景观构成要素的控制与组织(图 7-3、7-4)。

案例 1

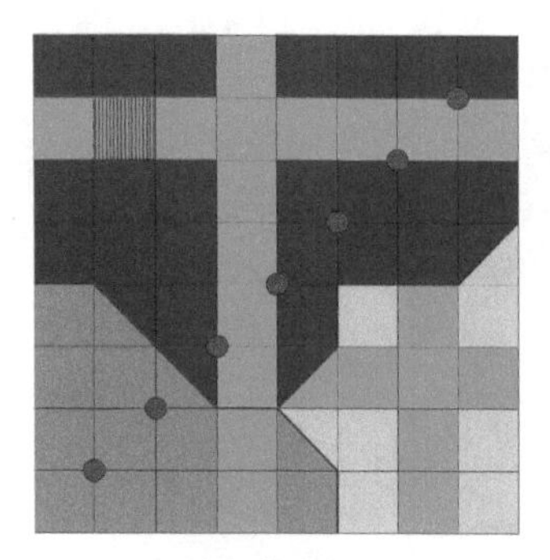

平面关系表达

模型表达

基于 3 米格网的限定，底面三层标高形成高差变化，不同材质肌理形成空间也联系空间；折线型垂直界面的设置，进一步分割和强化了空间界定；对角斜向的立柱，既是对规则格网控制的打破，又是对空间的串联，同时又进一步丰富了空间层次。

案例 2

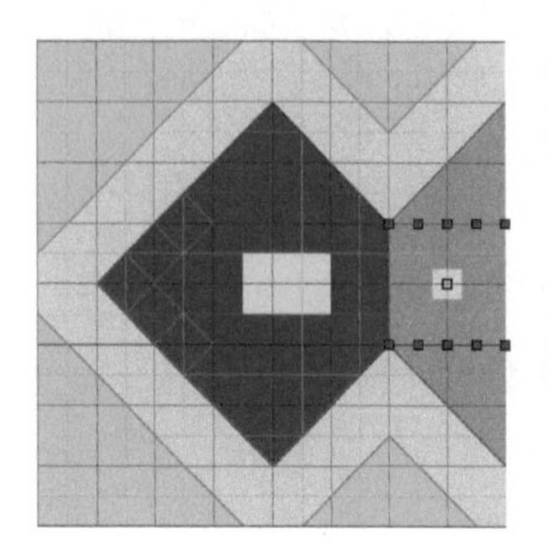

平面关系表达

模型表达

严谨的格网控制和对称的空间格局，天然具有整体感。中部分层抬高、两面围合、顶部覆盖、中心下沉等空间限定手法的运用强化了中心空间，整体主次分明，结构清晰，空间多样。

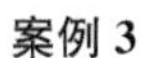

案例 3

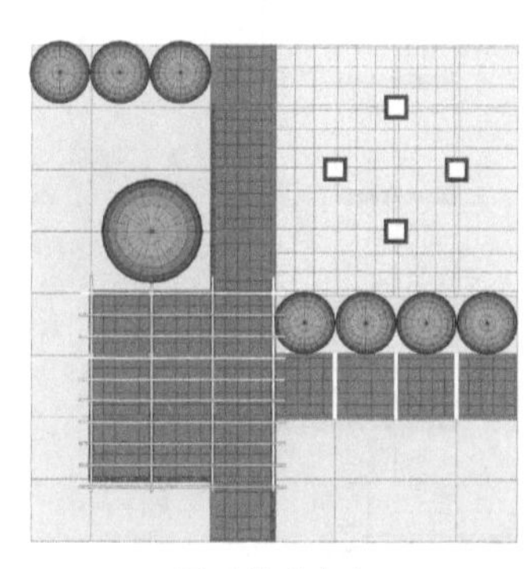

平面关系表达

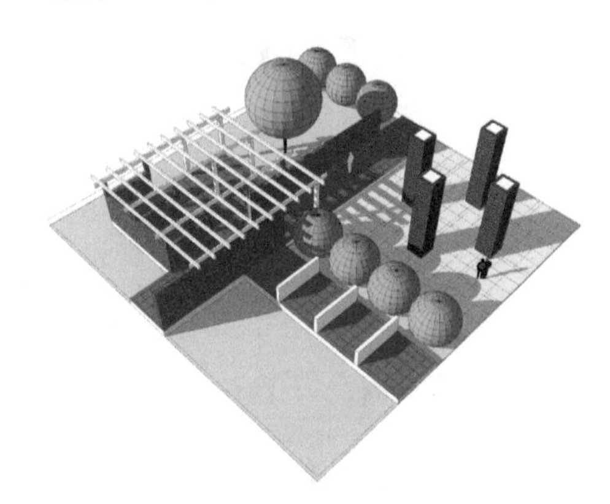

轴测图

底面材质变化形成不同使用空间——穿行、休憩、景观，不同高度的竖向“墙体”分割或引导空间，立柱的设置强化了空间中心意味。覆盖的框架形成虚的顶，下部空间顿生变化，中间 3 米宽短短的直线形通行空间则有 5 种空间氛围。

图 7-3　空间构成训练示例(一)

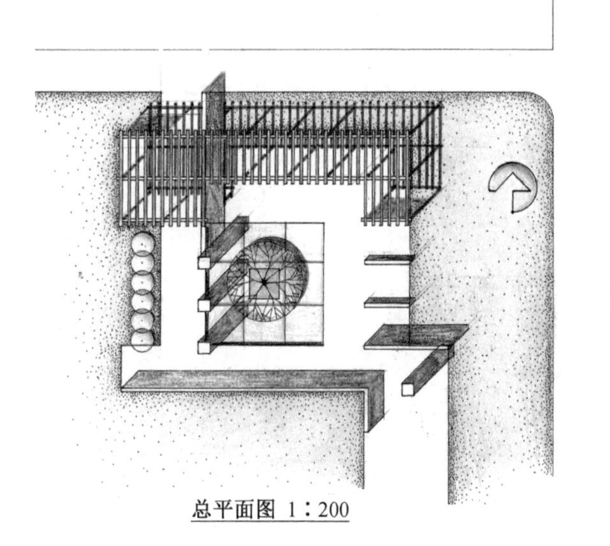

(a) 总平面图

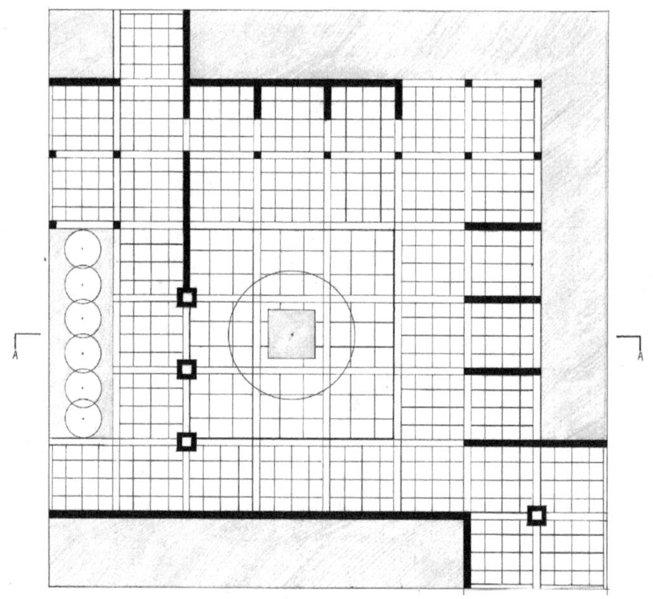

(b) 平面图

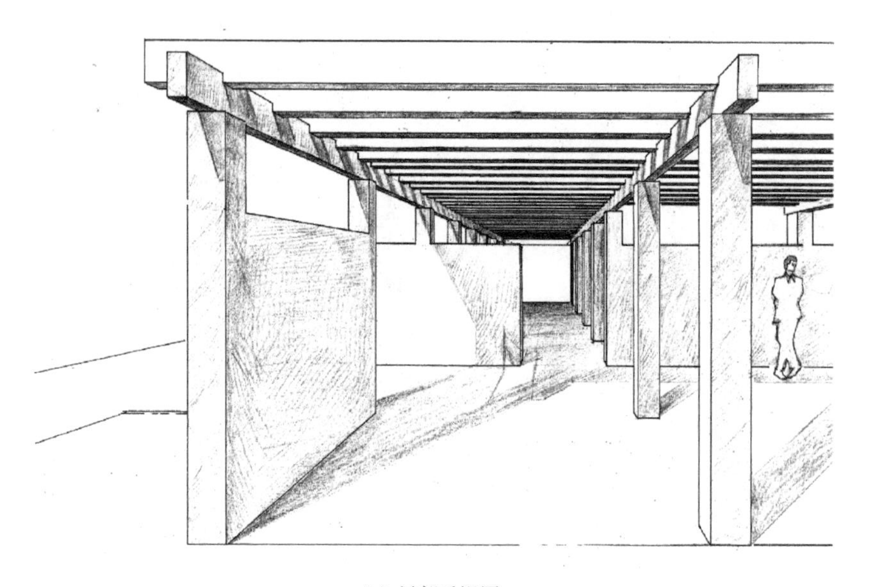

(c) 局部透视图

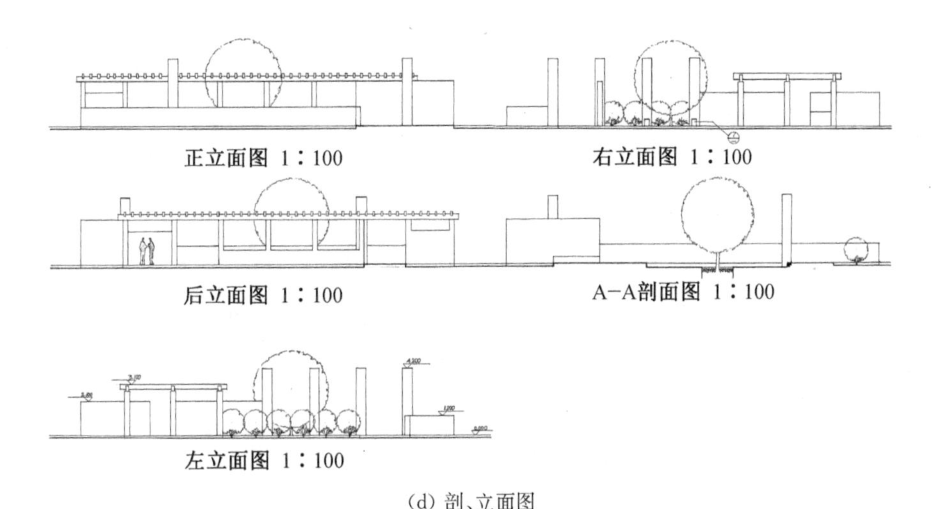

(d) 剖、立面图

手绘平面图、剖立面图、人视效果图等不仅增强动手表达能力，更是在绘图过程中对不同空间处理方法以及空间的生成过程有着更为直观的感受。基于格网控制，利用墙体、柱梁、植物等要素，通过不同空间的限定和处理方法，形成主次分明、满足功能要求的空间环境。(说明：图中比例为实际绘图比例)

图 7-4　空间构成训练示例(二)

1.3.3　训练三：园林初步设计

显然，园林设计即园林环境的空间构成，是一个有目的的行为，是将空间意识视觉化、具体化的操作过程，也就是凭借一定的物质手段对空间加以限定以支持特定的行为活动要求。所谓空间构思就是在基地上初步划分和组织空间，借助于空间容积、墙面、构筑物及植物等造形要素，合理地安排流线及活动分区，创造积极的空间形式(顾大庆，1991)。空间构思的具体化则取决于空间限定方式的研究、空间的数量要求、空间的质量、通过底面(草地、铺装、水面、踏步、标高变化等)和垂直界面(植物、建筑、墙体、构筑物等)限定等方式创造不同品质的空间环境(图 7-5)。无论多简单或者多复杂的园林景观设计，最终都可以理解为上述不同要素的空间构成，现实中并切实进行这样的操作。

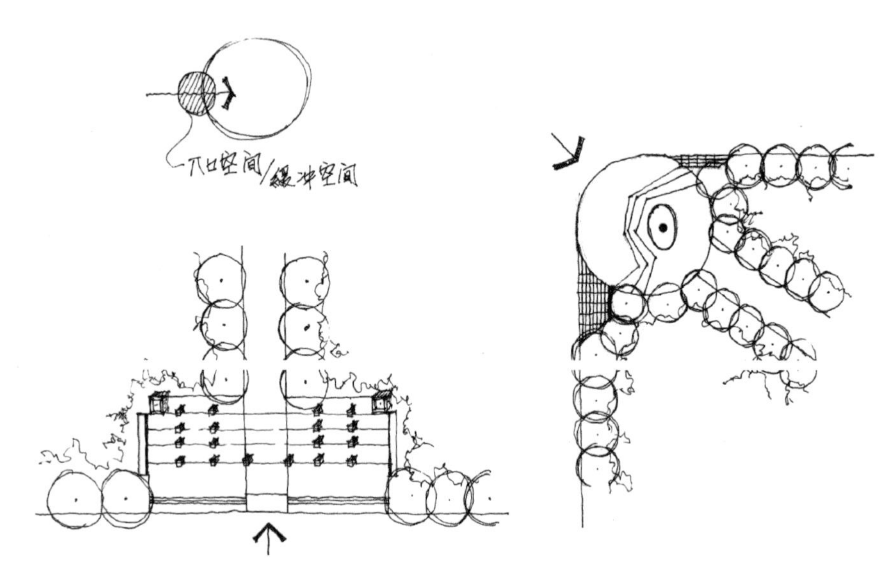

通过不同构成手法处理的园林环境入口空间设计

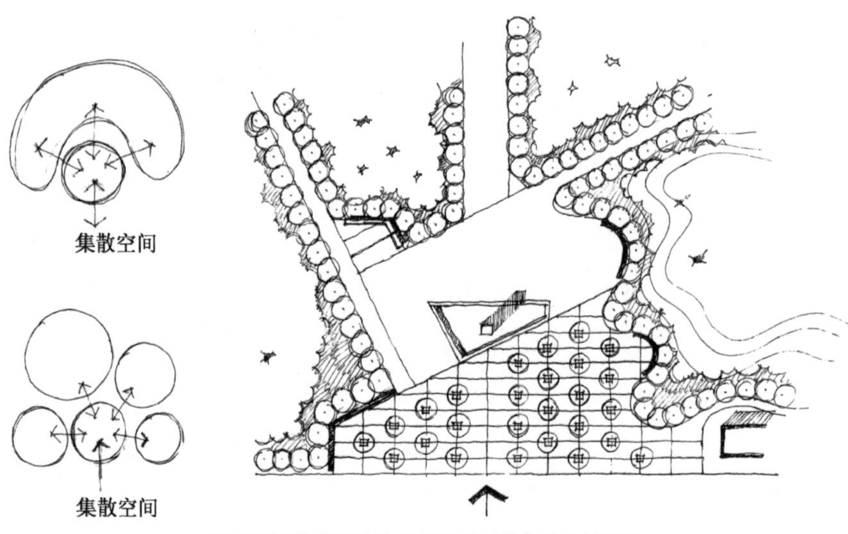

通过不同构成手法处理的园林环境集散空间设计

图 7-5　园林入口空间处理示例

以城市或校园中具体场地为对象，基于周边空间环境关系分析，综合思考园林空间、形态、功能、景观、文化、生态等一系列实际需求和现实问题，提出解决问题的思路和策略，以线条、图形和空间语言表达设计成果。建议结合模型推敲思考设计过程。

（1）校园场地设计一

如图 7-6 平面图所示，该场地位于校园主道路一侧，三面建筑围合，A、B 两栋建筑层高 7 至 8 层，中间为连廊，最底层为园林专业教室。场地呈方形与三角形结合，内低外高，高差约 1.2 m。要求基于场地环境条件和使用人群需求，设计可供穿行、停留、休憩的开放空间。建议以圆、方、三角等简单形为原形，通过格网、模数、轴线等控制，强化秩序，并从交通、休憩和景观等实际功能出发，调整完善方案细节。

方案一以圆形为母形，不断重复偏移，安排休憩设施、铺装和植物，形成内向空间，斜线是一种打破，既解决交通又丰富空间形态，斜线路径方向可再斟酌。方案二同样以圆为中心，利用地形高差，很好地处理竖向关系。廊架结构覆盖半圆，以及不同高度的树列丰富了空间层次。方案三在靠近建筑一侧基于交通路线设置三角形廊架，一侧开敞、一侧私密，功能安排较为合理。方案四以 3 个圆形的发射与叠合处理，合理安排铺装、草地、绿篱和置石等景观元素，空间形态主次分明，简洁而又生动。方案五以建筑立柱为基准，设置 6 排竖向景观，结合交通需求安排对角交叉两条小径，靠近主道路一侧设计树列分隔并丰富空间，基于休憩和景观功能，对相关竖向景观和交叉节点开展细部设计，方案整体性强，构图严谨、空间丰富。

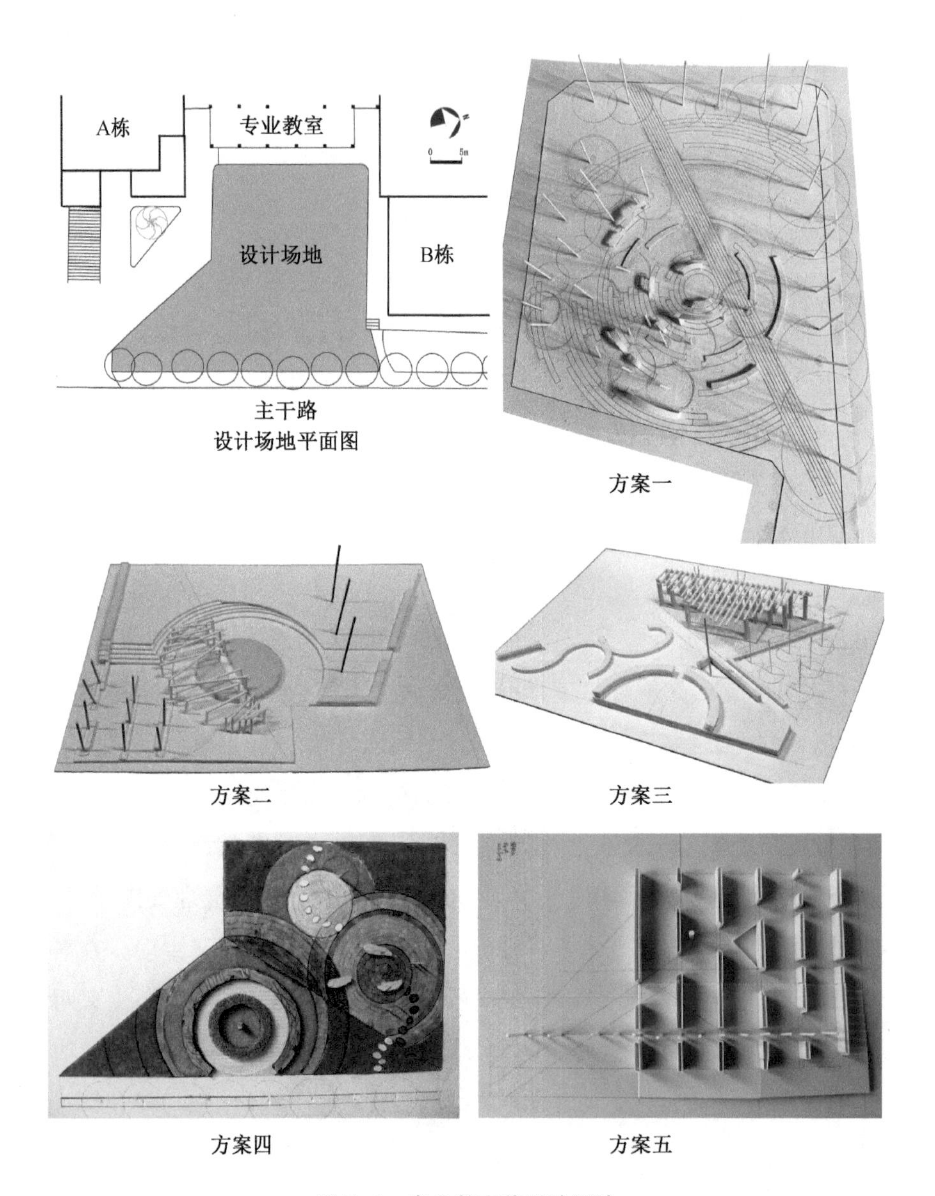

图 7-6　专业教室前绿地设计

（2）校园场地设计二

场地位于校园内教学主楼北侧，场地三面环路，一侧为廊架（桃李廊），场地内有孔子雕像一座，及数株乔灌木。基于场地条件特征，重新改造设计，满足师生穿行、休憩、阅读、交流等需求（图 7-7）。

方案一

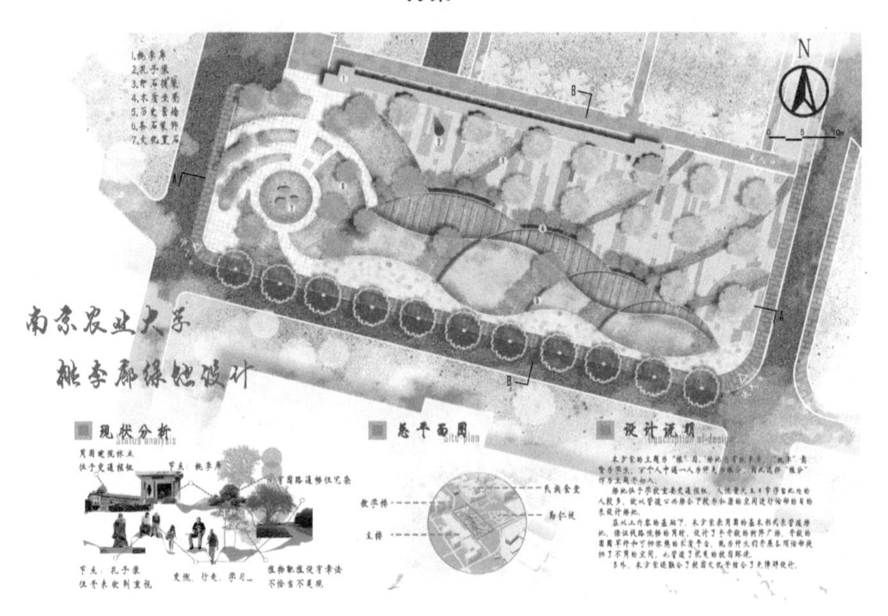

为体现农业大学文化特色，设计以麦浪为意向符号抽象化处理场地形态，微地形设计增加场地竖向变化丰富空间形态，不同材料铺装形成通行、休憩、活动等性质空间。

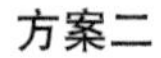

方案二

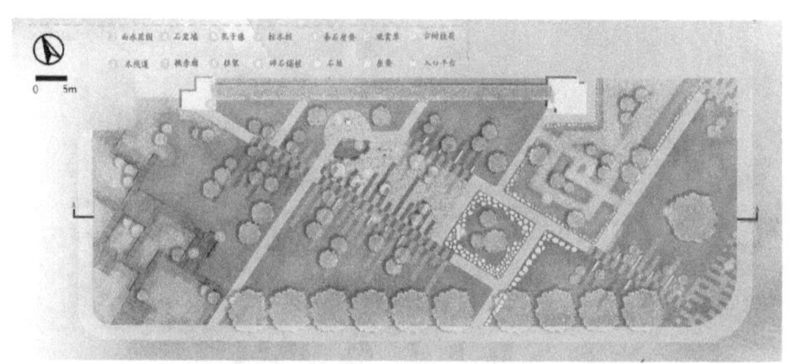

以交通便利性为出发点，斜向设置交叉路径，以原有雕塑为节点，安排休憩停留场地；基于整体结构关系，处理景观细节。

方案三

以场地中原有孔子雕像为中心，设置环形园路，并以圆形为基准，以人行交通出入口为控制点，合理安排路径，基于场地特征条件细化景观设计。

图 7-7　桃李廊绿地景观设计

(3) 校园场地设计三

场地位于教学主楼东侧，三面建筑围合，场地现有香樟等多株乔木，形成荫蔽空间，内部无道路及休憩设施，属于典型的未有效利用的边角空间(图 7-8)。

方案一

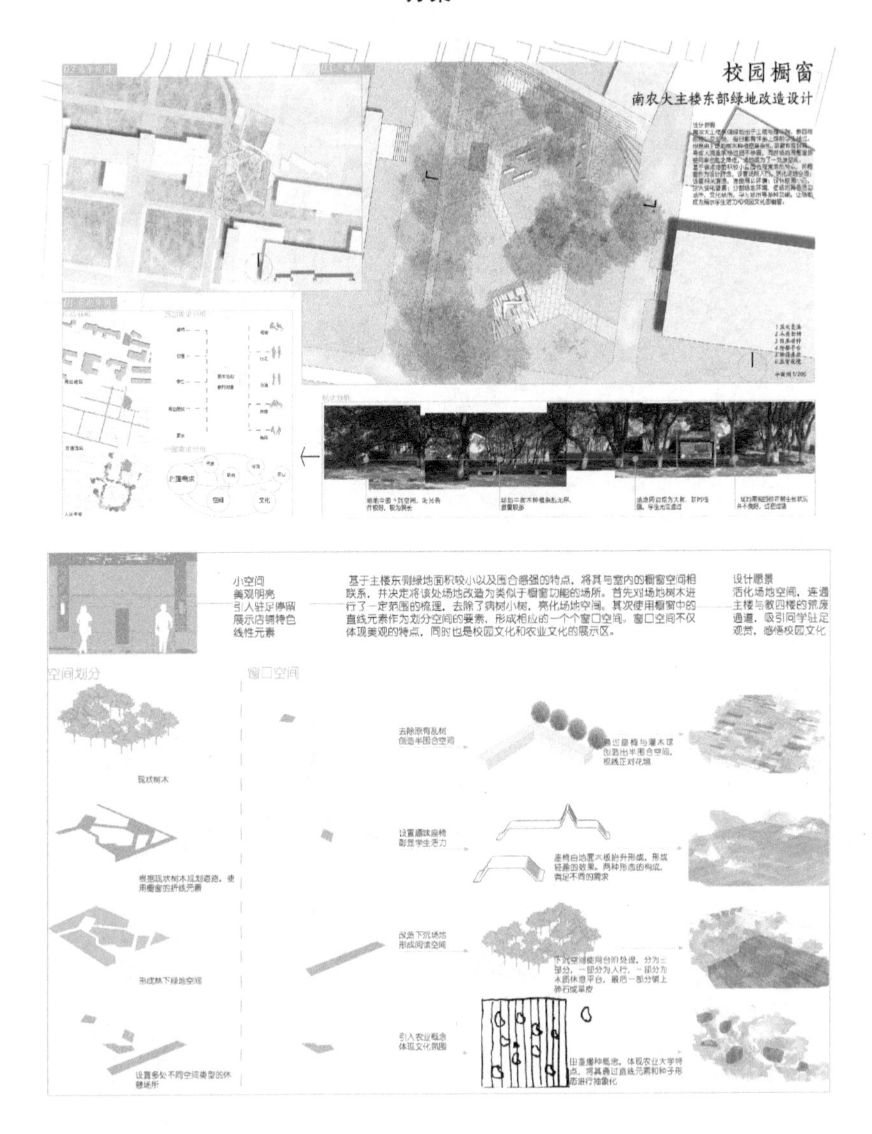

基于周边道路和建筑出入口分析，对场地内的植物进行适当梳理，以未来主要人流方向确定主次出入口和铺装路径，并依据休憩需求设置静态停留空间。

方案二

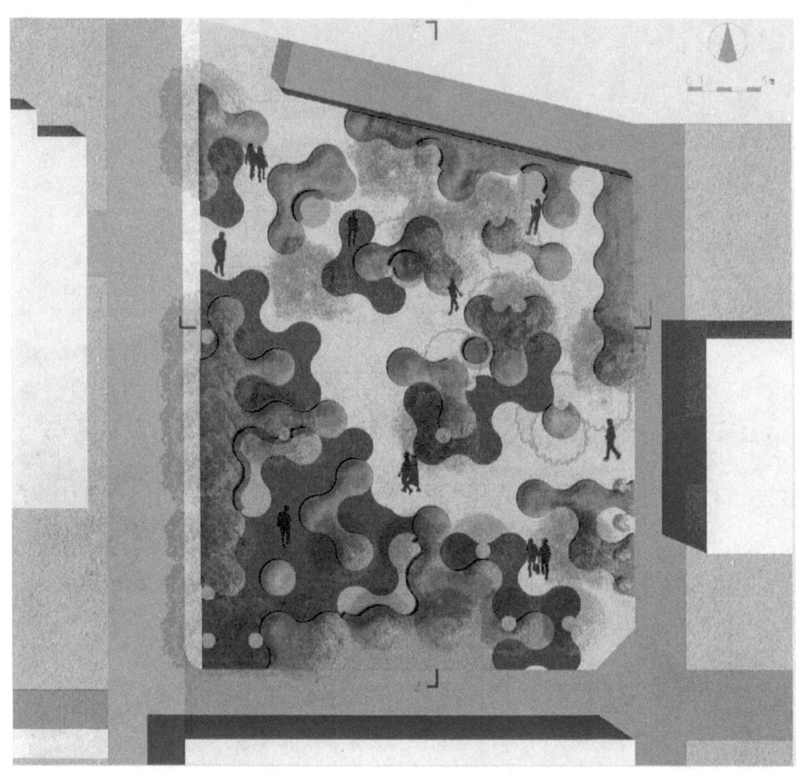

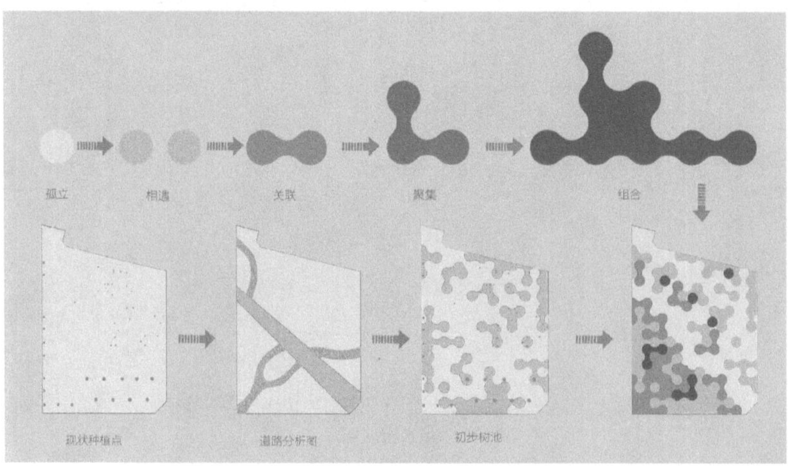

借鉴成都超线公园展示区景观设计理念，以圆形的相遇相融为构图基本形展开，呈现出一定的灵动性，方案较好地解决了原有保留树木的利用问题以及完善了场地穿越、休憩等功能。

方案三

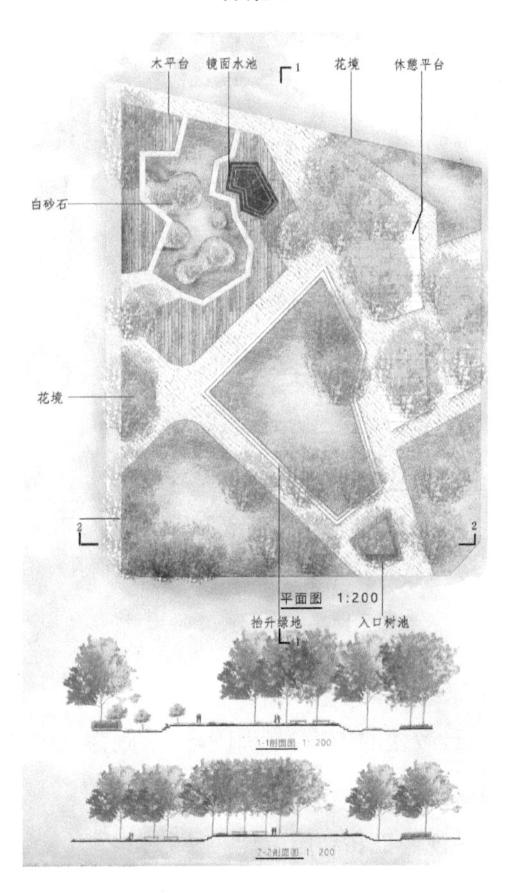

方案四

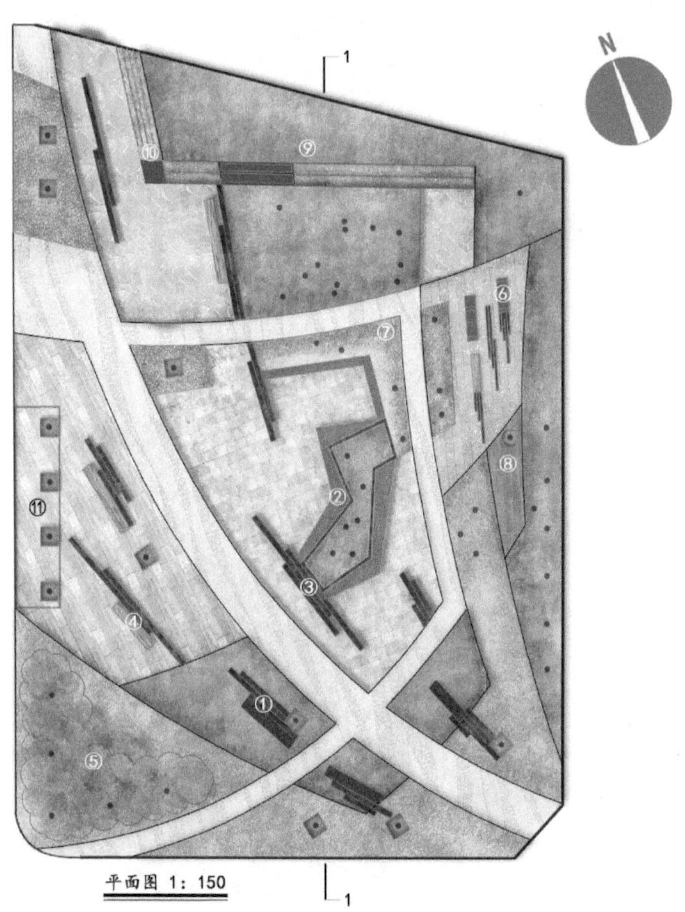

①文化景墙 ②异形树池座椅 ③条形生态植草沟 ④猫窝座椅 ⑤花境

⑥休憩小品 ⑦堆坡草坪 ⑧树池平台 ⑨休闲草阶 ⑩坡道 ⑪电动车停放区

图 7-8 主楼东侧绿地设计

(4) 校园场地设计四

该场地为学校行政楼的内庭，三面围合，东侧为下沉式体育场的主看台，南侧为简易模纹花坛，北侧是自然状态的桃花林，总体利用率较低。拟通过设计，提升景观效果和利用率(图 7-9)。

方案一

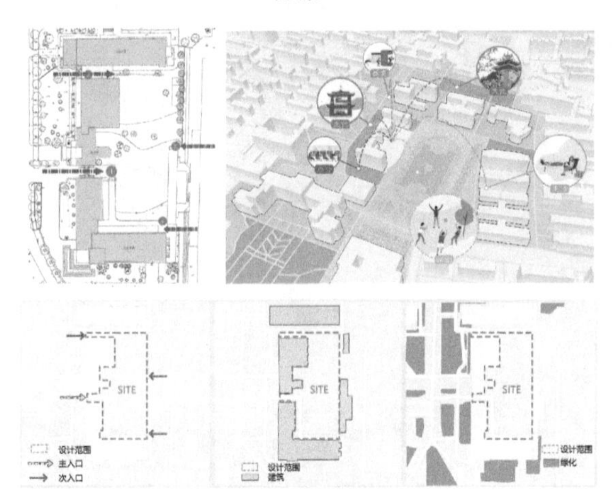
SITE
SITE
SITE
设计范围
主入口
次入口
设计范围
建筑
设计范围
绿化

场地位置

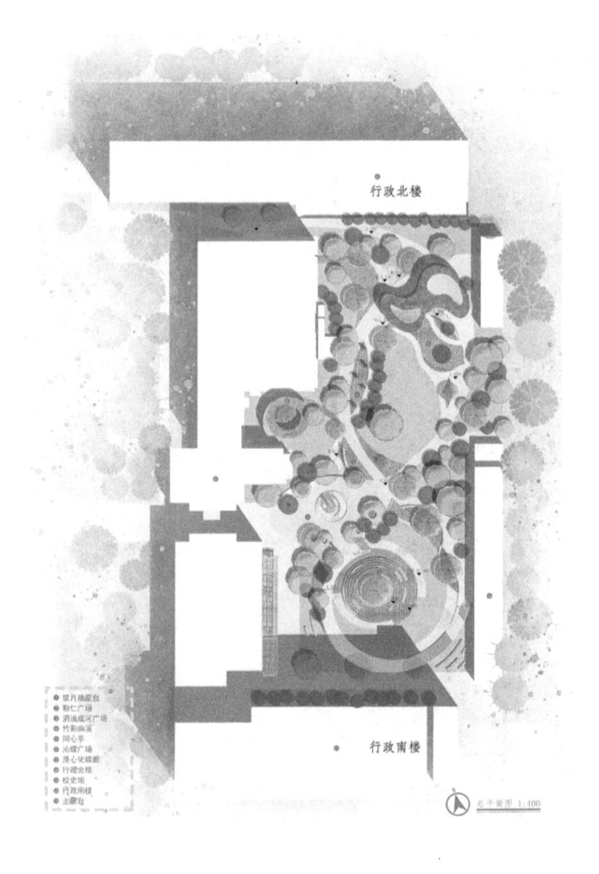
行政北楼
行政南楼
涓滴成河广场
竹影幽溪
同心亭
行政北楼
校史馆
行政南楼

■沁蝶广场：形似蝶翼，游乐其中，沁人心脾
■竹影幽溪：竹影幢幢，溪水潺潺，百年历史娓娓道来
■ 涓滴成河广场：点滴汇聚，以成江河
■同心亭：同心协力，共创辉煌
■澄心化蝶廊：自喻适志欤，翩然梦中蝶
■勤仁广场：朴实做事，勤学近知
■ 勤仁广场：朴实做事，勤学近知
■揽月摘星台：揽月摘星，不负韶华

方案二

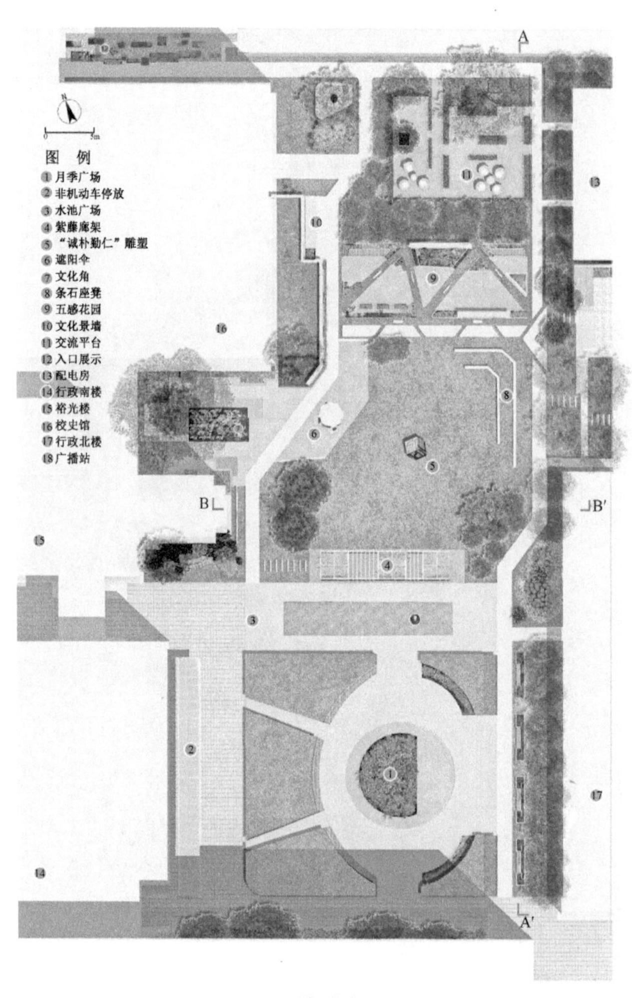
N
0
5m
图　例
1 月季广场
2 非机动车停放
3 水池广场
4 紫藤廊架
5 “诚朴勤仁”雕塑
6 遮阳伞
7 文化角
8 条石座凳
9 五感花园
10 文化景墙
11 交流平台
12 入口展示
13 配电房
14 行政南楼
15 裕光楼
16 校史馆
17 行政北楼
18 广播站
A
A′
B
B′

平面图

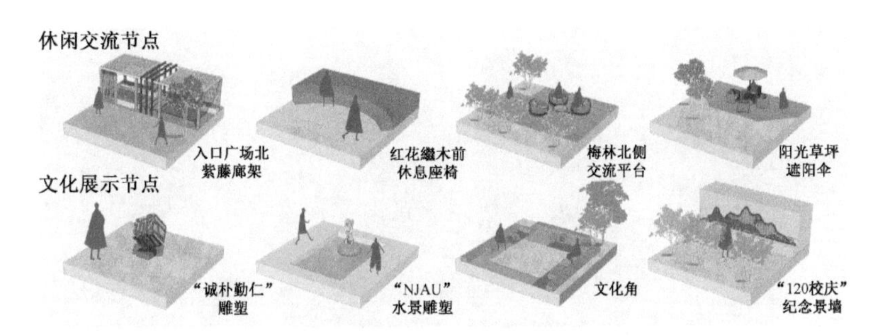

节点景观与空间表达

节点效果图

五感花园设计

鸟瞰图

图 7-9　行政楼庭院设计

在充分分析场地四周及内部环境的基础上，尊重场地现状，基于原有空间围合特征，对场地进行综合景观提升。两个设计方案都将人文历史、自然景观、空间氛围有机融合，从场地环境、服务人群及校园文化三方面出发，解决场地自然景观混乱、人为设计不当、场地功能空白的问题，重新组织了路线，增加了景观节点，将场地打造成一个集校园文化展示、观景放松、休闲交流为一体的校园景观空间。植物配置方面，都保留场地部分原有长势较好植物，植物选择以乡土树种为主，疏密得当，呈现一定层次感。不同的是，在空间形态处理上，方案一以圆形和曲线为构图特征，方案二以方形和直线为形态构成语言，并加入大量草本花卉提升景观效果，丰富场地植物色彩，并利用五感设计打造特色景观。虽然两个设计在线条和空间形态语言上风格迥异，但在整体上都着意营造一个整体闲适的氛围，力求将自然与功能场地结合，为主要服务人群——教师创造自然优美、空间丰富、文化体现的室外休闲空间，同时为师生提供休息、交流、穿行的空间。

2　案例解析

古典园林，以法国为代表的古典主义规则式园林和以中国为代表的东方自然式园林，在空间形态与线条语言上呈现巨大的差异，一个偏理性，一个偏感性，一代代匠人在历史的长河中留下无数的经典；近现代园林，由于国际交流越来越频繁密集，再加上文化的交叉传播与学习借鉴，富有现代感的纯功能性景观或国际化风格被接受和大量建设，并在世界各地涌现出许许多多优秀的作品。同时，景观的地域性在消退，也需要反思，“全球化”不应该是“西方化”，更不应该是“趋同化”；相反，越是在信息化高度发达的今天，那些可以鲜明地体现出自身文脉价值的作品，反而可能才是更具有了一种国际性的品格。尤其像中国这样有着悠久文化历史的国家，其传统中的很多精髓便可以在这样的时代里得到更多的关注。由于本书主要探讨景观形态和空间设计的基本问题，因此，仅列举几个代表性案例，分析其中的构成应用与转化，更为复杂的设计问题不做阐述。

格林埃克公园(Greenacre Park)

格林埃克公园是世界上著名的口袋公园，也是纽约市使用率最高的公园之一，每周的访客达 1 万人以上。其设计者是佐佐木英夫。格林埃克公园沿街宽约 18 m，进深约 36 m，相当于一个网球场的面积(图 7-10)。就像它的“姊妹”佩雷公园，格林埃克公园作为一个良好的城市公共空间，巧妙利用了园林树木和植物，结合水景地形，形成丰富多层次的休闲空间，有露天的咖啡馆，以及价格合理且美味的食品；有可移动的椅桌，使人们能够舒适可控地坐在适当位置。其 7 m 多高的瀑布层叠幕墙，不断地吸引着游客，灵动的水声营造出活泼的氛围，在车马喧嚣的城市里，营造出一方自然的小天地。人们可以在树荫下看书看报，瀑布流水的声音能很大程度放松人们的心情，仿佛工作上的烦心事都随着水流冲走了——自然的疗愈功能。

入口处5层台阶形成上升空间，分隔公园内外，顶部的廊架强化了入口感，人们可沿着从入口处延伸的花架到达中央座位区。主座位区设有随意布置的桌子和椅子，矮墙和宽阔的台阶也能充当额外座席，在午餐时段和其他繁忙时间提供大量休憩空间。另外，这里也设有一个小吃亭，全天候为访客供应食物和咖啡。

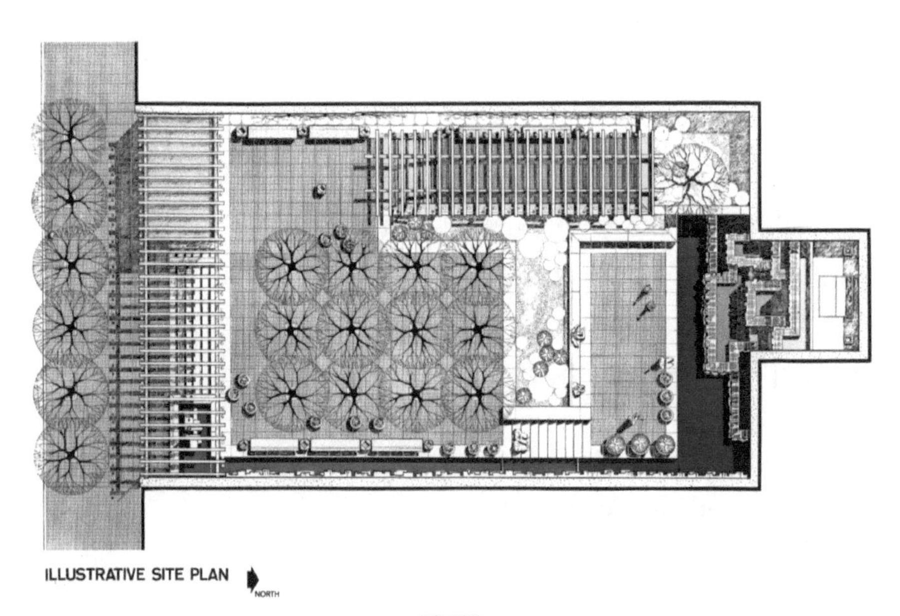

平面图

剖面图

图 7-10　格林埃克公园设计图

公园内皂荚树林立，树冠能阻隔猛烈的阳光，形成温和的日照环境，同时遮挡邻近的建筑物。起伏有致的墙壁跨越整个空间，恰如一面浮雕墙令公园生色不少。水沿着墙壁缓缓流下，形成一条小溪，通向公园尽头的主喷泉。最里侧花岗岩上的瀑布气势磅礴，不但是园内的焦点景观，也能作为隔音屏阻隔外面的交通噪音。

下层座位区设于水景底端，为人们提供不一样的亲水体验。沿墙壁布置的是一个抬升的平台，人们可在这里欣赏公园全景，俯瞰淙淙流水。这个抬升平台的顶部以花架和亚克力圆顶做成，并配备了照明和辐射式供热系统，以应付晚间和寒冷天气。

植物景观与花岗岩、砖块和钢铁等硬景观材料形成柔和的对比。杜鹃、日本冬青和马醉木等常绿植物分布公园各处，与地上的富贵草相映成趣。公园的四时之景各有不同：早春时，玉兰花、杜鹃和簕杜鹃争艳斗丽，季节性花朵在花钵里错落其间，砖墙上的爬山虎则在入秋后变成火焰般的红色，格外艳丽夺目（图 7-11）。

佩雷公园（Paley Park）

佩雷公园（Paley Park）位于美国纽约 53 号大街，面积仅 390 m^2，由美国第二代现代景观设计师罗伯特·泽恩（Robert Zehn）设计，并于 1967 年 5 月 23 日正式开园（图 7-12）。其作为新形式的城市公共空间，标志着口袋公园（Vest-Pocket Park）的正式诞生。佩雷公园在规模和功能上很好地响应了曼哈顿的条件，以独特的方式弥补城市中公共设施的不足（图 7-13）。

公园三面环墙，西南侧为公园入口。为了分隔空间，面对大街的开放入口以竖向抬升进行场地划分，人们通过四级台阶或两侧的无障碍坡道进入场地，借此将园内空间与繁忙的人行道分开。内部尺寸较小的面包砖形成尺度更为亲切的场所感。树阵广场，形成绿色覆盖空间，营造轻松氛围。树阵下方灵活移动的桌椅，为人们提供自由享受的休闲场所。

公园入口

从边侧上升平台处望向入口

中部休憩平台(树阵)

边侧上升休憩平台(廊架)

公园俯视

图 7-11　格林埃克公园实景

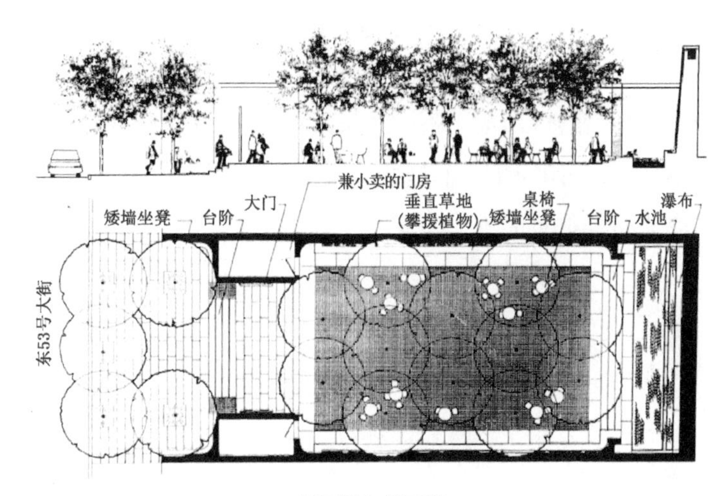

平面图与剖面图

图 7-12　佩雷公园设计图

入口台阶与扶手

从入口望向内部

公园内部景观

图 7-13　佩雷公园实景

公园后方高约 6 m 的水幕瀑布景墙构成入口对景，瀑布流水声缓和了城市的喧嚣，增强了场地的自然感受，并有效调节了小气候。公园角隅摆放花钵，随季节更换花卉，形成了不同的景观；同时，公园左右两墙面上覆盖的藤本植物，增添公园绿量。而这些不固定的休闲空间，可以根据人们的使用需求带来多样的可能。

> 作为一个纽约人，我一直确信，我们应该在建筑物中间特别留出一些露天场所，当我们的居民在白天休息时，能够有地方坐下来获得快乐。
>
> ——罗伯特·泽恩

伯纳特公园(Burnett Park)

在 1983 年建成的福特沃斯市伯纳特公园中，彼得·沃克(Peter Walker)采用格网控制和多层的要素叠合进行设计。如图 7-14，设计首先根据公园一侧的主体建筑(图 7-14h)的风格定位，其主立面为严谨的几何式构图——**重复构成**的立面效果，建筑前入口广场为等距的柱廊式空间结构，为取得风格上的协调一致和空间关系上的和谐，沃克将柱廊的等距关系延伸至整个公园，并依此进行**方格网**的平面划分建立重复骨格，或理解为按比例分割(图 7-14b)。根据周边环境现状(图 7-14a)，进而进行对角线**斜向划分**以满足交通需求，随后进行细部和边界的处理(图 7-14c、d)。公园中间的矩形水池的**位置偏移**可看作是对对称式格网的一种破解，打破过于严谨的构图格局。三侧花池借助于网格进行布局，形态则根据周边环境与交通状况做了变化处理以满足功能要求，**圆形**方便交通性穿越。最后是种植设计的安排，沿边是等距的行道树设计，在主入口处则省略；公园内部种植则是一种**自由的集结**，形成对比(图 7-14e)。整个设计把美的总原则——统一、多样——秩序中的变化与变化中的秩序体现得淋漓尽致，井然有序又不失自然，整个设计和谐统一（图 7-14f、g）。

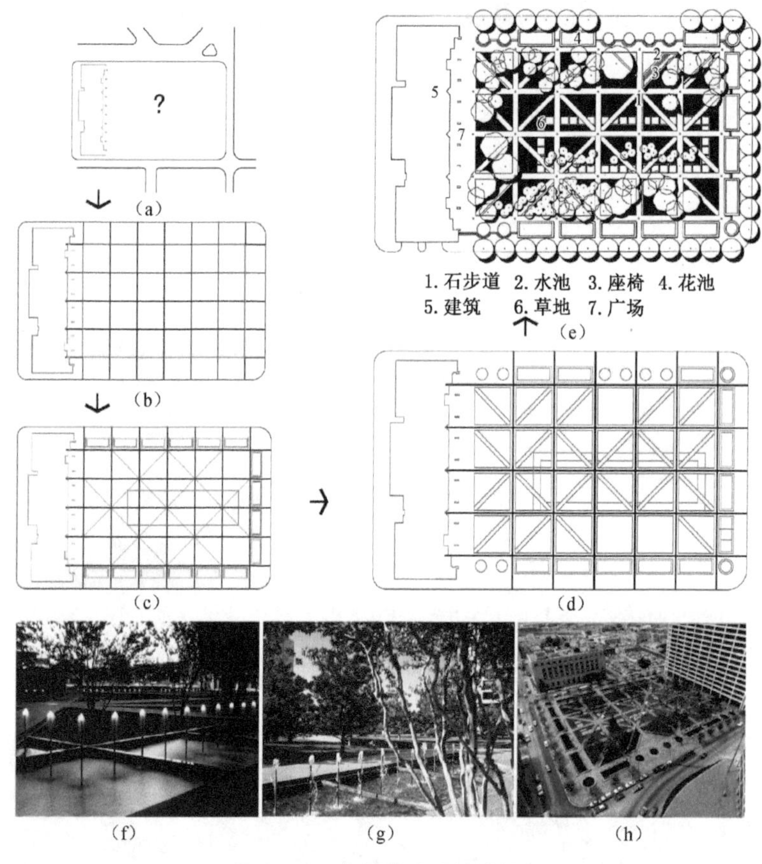

图 7-14　伯纳特公园构成解析

拉·维莱特公园（Parc de la Villette）

拉·维莱特公园位于巴黎市东北角，那里曾是巴黎的中央菜场、屠宰场、家畜及杂货市场。1974 年这几处有百年历史的市场被迁走后，德斯坦总统建议把拉·维莱特建成一座公园，并列为纪念法国大革命 200 周年巴黎建设的九大工程之一。1982 年举办了拉·维莱特公园国际性方案招标。在 41 个国家递交的 471 件作品中，具有法国和瑞士双重国籍的建筑师屈米

(Bernard Tschumi)最终成为公园的总体设计师。约55公顷的拉·维莱特公园环境十分复杂,东西向的乌尔克运河把公园分成南北两部分。屈米通过一系列手法,把园内外的复杂环境有机地统一起来,并且满足了各种功能的需要(王向荣,2002)。公园建成后被认为是解构主义的代表作品。

设计可以分解为三步:格网控制→线面分割→形的叠加(图7-15、7-16)。

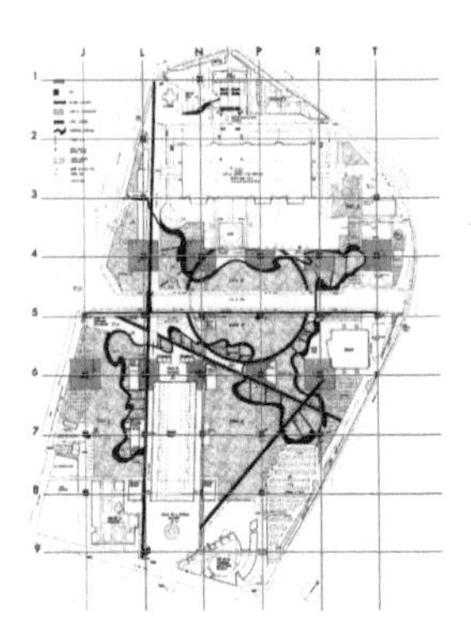
(a) 公园平面图与网格

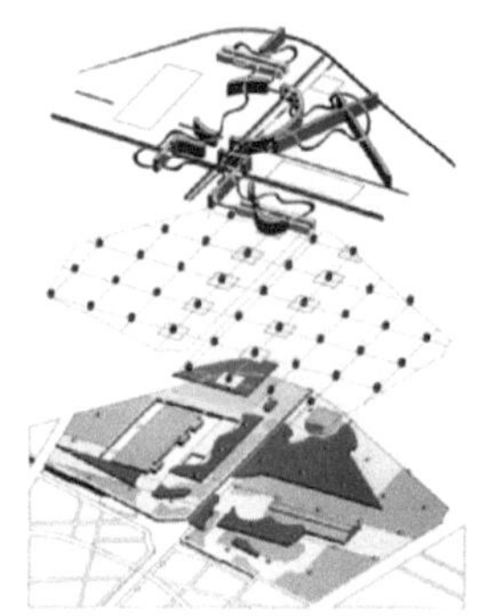
(b) 点、线、面体系图

(c) 公园设计方案鸟瞰图

图7-15　拉·维莱特公园设计图解

(a) 作为点要素的红色构筑物(Folie)

(b) 作为线要素的空中步道

(c) 作为面要素的主题园

(d) 线面的穿插

图7-16　公园实景照片

屈米首先把基址按120 m×120 m画了一个严谨的方格网,在方格网内约40个交汇点上各设置了一个耀眼的红色建筑(图7-16a),屈米把它们称为"Folie",它们构成公园中"点"的要素。运河南侧的一组Folie和公园西侧的一组Folie,各由一条长廊联系起来,它们构成了公园东西、南北两个方向的轴线。公园中“线”的要素有这两条长廊、几条笔直的林荫路和一条贯通全园主要部分的流线型的游览路(图 7-16b)。这条精心设计的游览路打破了由 Folie 构成的严谨的方格网所建立起来的秩序,体现着很强的对比,同时也联系着公园中分别由不同的风景师或艺术家设计的 10 个主题小园(图 7-16c)。公园中“面”的要素就是这 10 个主题园和其他场地、草坪及树丛。通过分析可见,方案由点、线、面三层基本要素构成,要素之间相互叠加、穿插,形成整体(图 7-16d),整个设计非常严谨而富于变化(王向荣,1997)。

解构即反构成,同样可认为是构成的一种,在拉・维莱特公园设计中,屈米通过“点”“线”“面”三个要素来分解,然后又以新的方式重新组合起来,形成一个统一的整体。他的“点”“线”“面”三层体系各自都以不同的几何秩序来布局,相互之间没有明显的关系,这样三者之间便形成了强烈的交叉与冲突,构成了对比与矛盾,使得整个公园既有秩序又有变化从而达到了高度的和谐与统一。

东京品川中心花园(Central Garden)

该案例位于东京都港区港南 2 丁目,设计单位主要是“日本设计”和“松田平田设计”两家公司,三谷彻教授等主持设计,1984 年规划立项,2003 年 3 月建成。该庭院宽 45 m,长约 400 m,总面积 18 180 m^2,长边两侧为高层商务建筑,呈狭长形线型空间。各栋高层建筑以及各自的裙房部分,均由从品川站延伸出的位于 2 层的步行道“空中走廊”连接在一起。场地人流量大,利用率高,为纯步行空间。

如图 7-17 所示,在充分考虑周边环境与使用功能的基础上,该景观设计在形态语言的表达上,非常注重构成手法的运用。景观沿长度方向大致划分为 12 个近似小广场,小广场之间用常绿乔木分隔以划分空间,每个小广场上的植栽依据平面重复网格的控制定点,种植落叶乔木。庭院上方有 2 座空中廊桥,与长边侧 2 层走廊相连,并顺连至品川车站出口平台。

每一个被分割出来的小广场，在设计上与两侧建筑的功能紧密结合，一体设计，竖向上顺接或下沉，景观上可能是开敞的铺装或井然有序的自然植被。铺装、小品、植物等所有景观要素的空间结构关系都很严谨，但当你走入园中望向远处时，却是一片望不到头、错落的森林，是一进又一

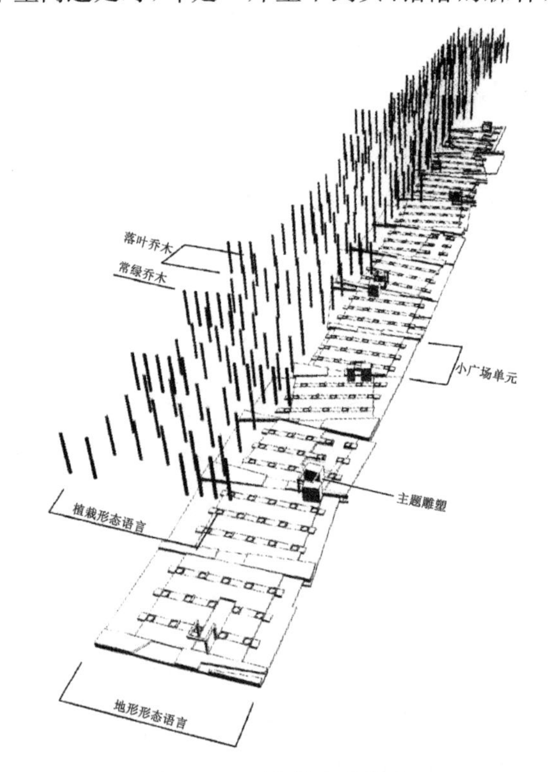

图 7-17　形态语言的构成

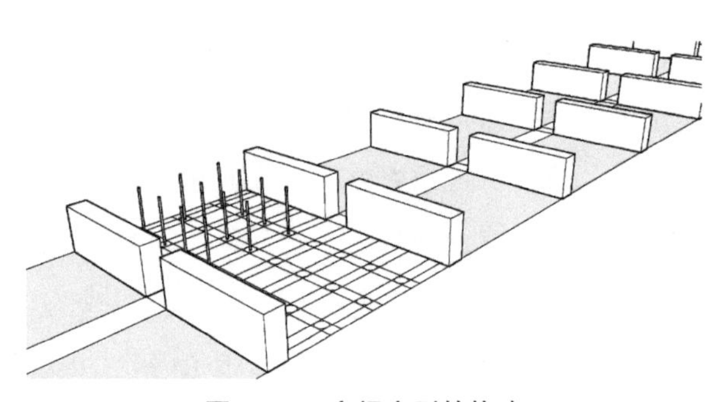

图 7-18　空间序列的构建

进不断变化的空间序列，具有很强的节奏感与步移景异的丰富表现力。除了设计理念、手法之外，场地内的所有铺装、坐凳、灯带、树池、栏杆等设计细节都十分精致。

在叙事性表达上，设计将品川地区富有特色的地方文化浓缩为7个主题景观（水、石、光、风、土、草、木）作为点要素（空间）贯穿整个公园，即水——品川海岸，石——高轮的大城门，光——二十六夜待，风——海滨

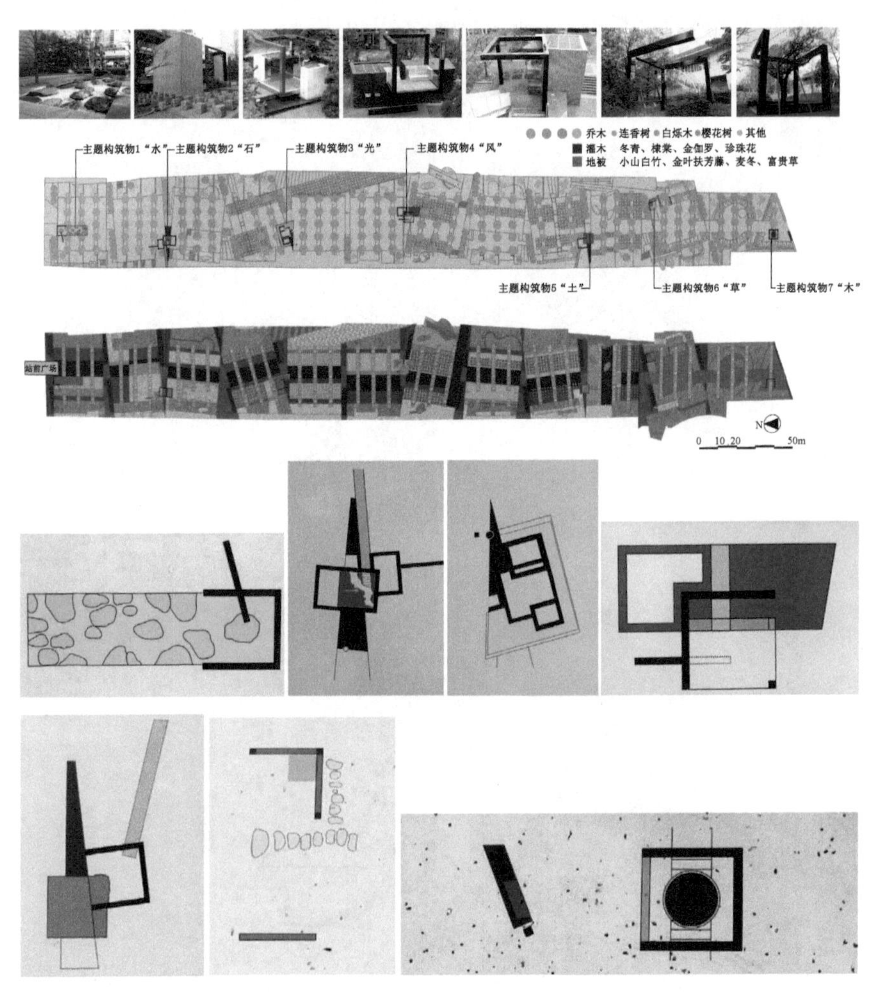

图7-19　平面图与7个主题景观

的风，土——品川台场，草——黑目川河道，木——御殿山的樱花，每一个主题景观又似立体(空间)构成，简洁、明快、现代而又禅意十足。通过这一系列富含历史与文化的事物，像讲故事般娓娓道来，让城市的后来者、游客了解并回顾品川周边的历史记忆与生活风俗(见图7-18、7-19、7-20)。总体而言，叙事性的主题景观传递了对场所精神与文化深刻的思考。这里的构成仅仅是设计控制与表现的手法，设计师要重点表达的是人与自然、建筑(城市)的关系以及场所的文化与历史思考。

图7-20　品川中心花园实景

911 国家纪念公园(911 Memorial Museum)

美国为了纪念在 2001 年 9 月 11 日恐怖袭击中遇害的市民，在原世贸中心的双塔遗址上建立起 911 国家纪念公园(国家纪念馆)。最终建设落成方案为彼得·沃克和以色列建筑师迈克尔·阿拉德共同提交的“倒映虚空”。设计方案占地 3 万多 m^2，将世贸双子大楼留下的大坑建成 6 m 深、各占地 4 000 m^2 的方形水池，其四周的人工瀑布最终汇入水池中央的深渊。巨大的水声遮蔽闹市区的喧嚣，而瀑布则能过滤外部强烈的光线。该设计能让人们强烈感受到历史上双子塔的存在，引人进入纪念的体验感受中，营造出喧嚣城市中一片宁静的沃土和安静、舒适、宜人的开放空间。

公园建造摒弃过多装饰性材料和元素，以简洁的构成取胜。双子塔原地基上设置的两个巨大瀑布，构成了两个下沉式的空间，超大尺度的瀑布引发的轰鸣，无时无刻不在提醒着游客广场承载着曾经的灾难，寓意深刻。在瀑布周围的青铜护栏上刻着受害者名字，强化场所的纪念性。周围规则式种植橡树，形成森林广场，表达人性与自然共存的模式追求，营造出可供人回忆沉思的场所，同时考虑空间的采光质量，树木的间距、座凳的位置以及下层植坛均按一定的节奏变换并形成规模。地面铺装也经过细致研究，最终使用 12″×60″铺石和 3″×15″鹅卵石铺设成条纹图案，将整个场地平面分割成尺度宜人的区域，为举办仪式而专门设计树林内静谧的草地空间，整个场地色彩运用单一而沉稳(图 7-21)。

> 整个广场设计呈现出一种坚韧的素雅，清晰的细节令人惊叹。苍翠的广场树林与世贸双塔遗址处的方形坑洞瀑布水景池相互映衬，却又形成各自独立的景观语言。尽管从这些图片中无法体会到瀑布水声所带来的心灵震撼，但此情此景依旧引人注目。
>
> ——2012 年 ASLA 专业奖评语

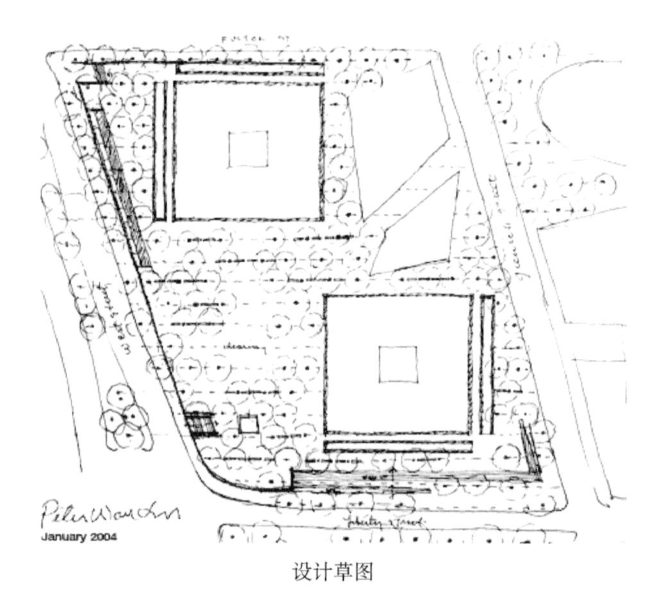

设计草图

设计效果图

鸟瞰图

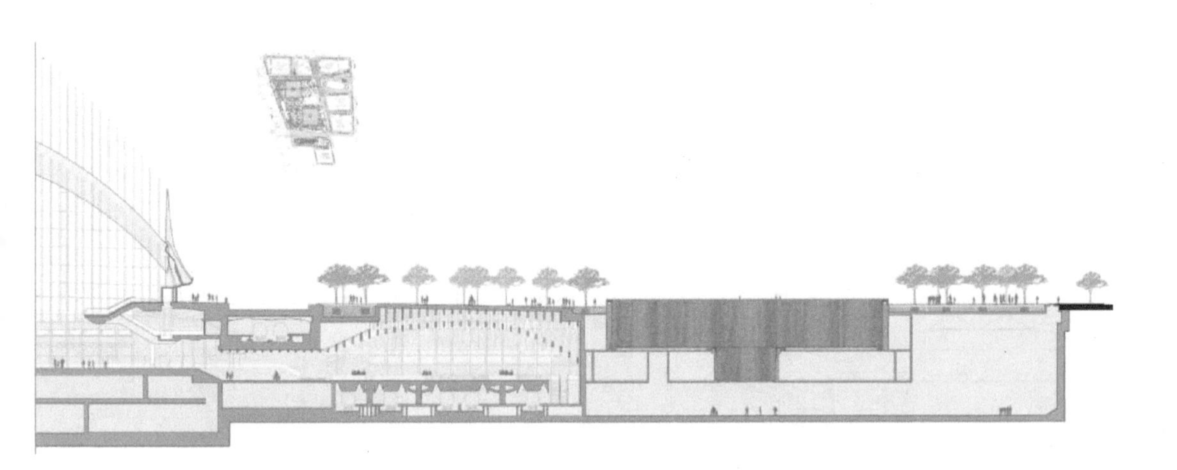

剖面图

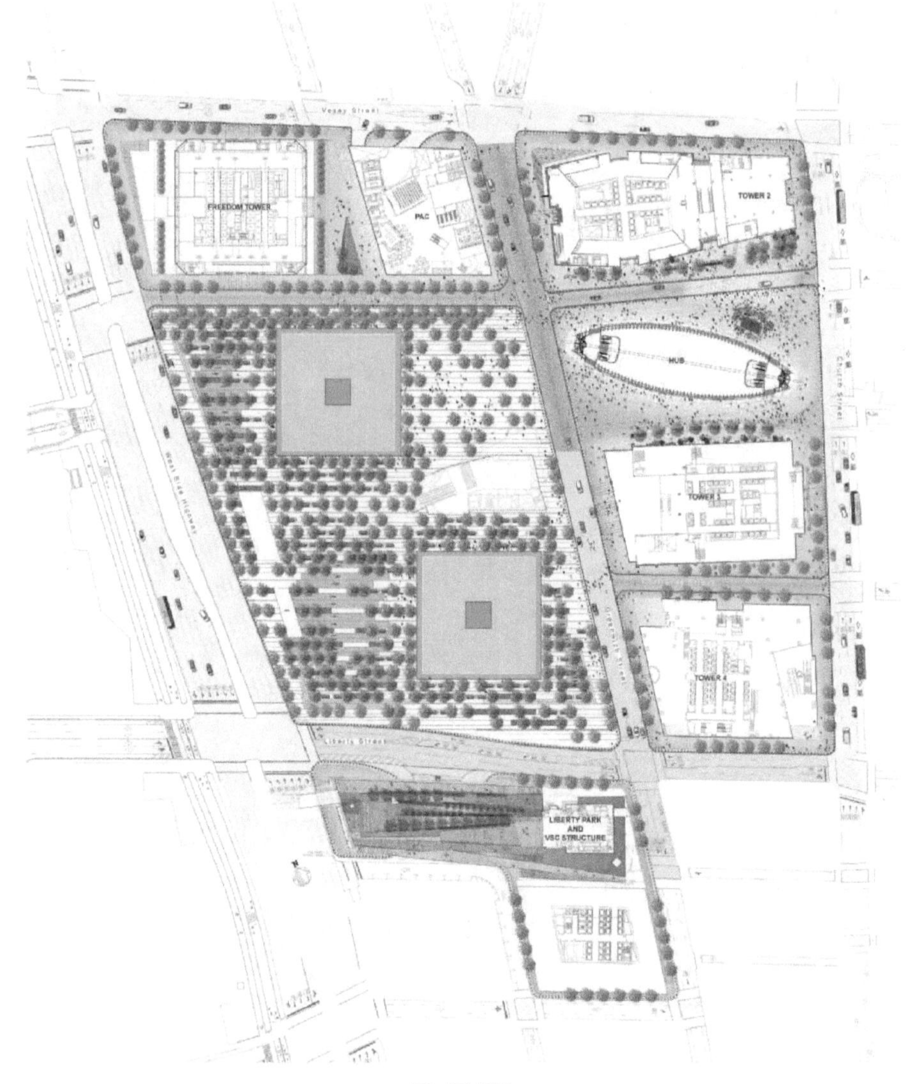
Vesey Street
FREEDOM TOWER
PAC
TOWER 2
HUB
Church Street
TOWER 3
West Side Highway
Greenwich Street
TOWER 4
Liberty Street
LIBERTY PARK
AND
VSC STRUCTURE

平面示意图

下层瀑布

穿行与休憩空间

绿地景观

图 7-21　911 国家纪念公园

上述景观项目，整个设计无论是平面的构图与布局，整个底界面的处理，还是竖向空间的划分设计，抑或景观小品的单体设计，都彰显构成学的应用魅力——格网、重复、近似、变异、对比、分割、聚集、肌理等平面、色彩、立体和空间构成的各种手法，以及点、线、面、体和空间的体系与转化关系，既体现了规整的几何结构美学，又呈现出相互穿插联系的丰富的空间体验；有的富含东方禅宗哲学的极致追求，有的彰显西方古典主义韵味，同时又不失现代场所精神。从这些优秀的现代园林实践中可以发现形式和功能的均衡设计。

构成是关于"形"的艺术，能够将构成学原理和方法融于环境设计中，根据功能要求对设计中的各要素进行安排，合理地组织空间，更为注重功能与空间的合理性，并体现秩序、控制、比例、分割、韵律等构成美学，使得设计具有整体、统一、和谐的美感，同时兼顾考虑地域人文历史等社会文化，这应该是构成学运用需要达到的目标。当然，正如前文所述，一个优秀的景观设计项目需要考虑方方面面，基于时代背景，以风景园林师的设计敏感度、创新思维，营建好的风景！

> 在任何既定的背景环境中，自然、文化和审美要素都具有历史必然性，设计者必须充分认识它们，然后才能以之为基础，决定此环境中该发生什么。
>
> ——劳伦斯·哈普林（1916—2009，Lawrence Halprin）

参考文献

[1] 怀特,2001.建筑语汇[M].林敏哲,林明毅,译.大连:大连理工大学出版社.

[2] 奥夫相尼柯夫,拉祖姆内依,1981.简明美学词典[M].冯申,译.北京:知识出版社.

[3] 班石,2002.构成谈[J].装饰(4):12-13.

[4] 陈静勇,2000."建筑构成基础"引导设计启蒙的教学探讨[J].建筑学报(6):39-44.

[5] 程大锦,2005.建筑:形式、空间和秩序[M].天津:天津大学出版社.

[6] 弗兰克·惠特福德,2001.包豪斯[M].林鹤,译.北京:生活·读书·新知三联书店.

[7] 顾大庆,2002.设计与视知觉[M].北京:中国建筑工业出版社.

[8] 汉娜,2003.设计元素:罗伊娜·里德·科斯塔罗与视觉构成关系[M].李乐山,韩琦,陈仲华,译.北京:中国水利水电出版社.

[9] 胡长龙,2002.园林规划设计:上册[M].2版.北京:中国农业出版社.

[10] 洪得娟,1999.景观建筑[M].上海:同济大学出版社.

[11] 韩冬青,2003. 空间[J]. 世界建筑(5):104-105.

[12] 赫茨伯格,2003. 建筑学教程:设计原理[M]. 仲德崑,译. 天津:天津大学出版社.

[13] 洪石龙,2001. 墙:建筑空间构成的基本要素[J]. 南方建筑(2):86-89.

[14] 韩巍,2006. 形态[M]. 南京:东南大学出版社.

[15] 何伟民,2003. 形态构成的思维方法和发展趋势[J]. 装饰(5):90-91.

[16] 金剑平,2001. 立体构成[M]. 武汉:湖北美术出版社.

[17] 蒋学志,胡颖荭,2005. 以构成思维为核心的建筑形态设计基础教学研究[J]. 高等建筑教育(3):34-36.

[18] 克莱尔·库珀·马库斯,卡罗琳·弗朗西斯,2001. 人性场所(第二版):城市开放空间设计导则[M]. 俞孔坚,孙鹏,王志芳,等译. 北京:中国建筑工业出版社.

[19] 李嘉乐,2002. 现代风景园林学的内容及其形成过程[J]. 中国园林(4):3-6.

[20] 刘滨谊,1999. 现代景观规划设计[M]. 南京:东南大学出版社.

[21] 李道增,1999. 环境行为学概论[M]. 北京:清华大学出版社.

[22] G. 卡伦,1992. 城市景观艺术[M]. 刘杰,周湘津,等译. 天津:天津大学出版社.

[23] 刘家麒,2004. Landscape Architecture 译名探讨[J]. 中国园林(5):10-11.

[24] 卢少夫,1993. 立体构成[M]. 杭州:中国美术学院出版社.

[25] 罗小未,2004. 外国近现代建筑史[M]. 2 版. 北京:中国建筑工业出版社.

[26] 梁雪,肖连望,2006. 城市空间设计[M]. 2 版. 天津:天津大学出版社.

[27] 李泳,2004.商业步行空间设计探讨[J].中山大学学报(自然科学版)(S1):186-189.

[28] 刘永德,三村翰弘,川西利昌,等,1996.建筑外环境设计[M].北京:中国建筑工业出版社.

[29] 刘云月,2004.公共建筑设计原理[M].南京:东南大学出版社.

[30] 芦原义信,1985.外部空间设计[M].尹培桐,译.北京:中国建筑工业出版社.

[31] 芦原义信,2006.街道的美学[M].尹培桐,译.天津:百花文艺出版社.

[32] 贝弗林,2006.艺术设计概论[M].孙里宁,译.上海:上海人民美术出版社.

[33] 莫天伟,2004.建筑设计基础[M].南京:江苏科学技术出版社.

[34] 布思,1989.风景园林设计要素[M].曹礼昆,曹德鲲,译.北京:中国林业出版社.

[35] 欧雷,2005.浅析传统院落空间[J].四川建筑科学研究(5):127-130.

[36] 潘鲁生,2005.设计艺术教育笔谈[M].济南:山东画报出版社.

[37] 彭一刚,1986.中国古典园林分析[M].北京:中国建筑工业出版社.

[38] 彭一刚,1998.建筑空间组合论[M].2版.北京:中国建筑工业出版社.

[39] 史津,2002.城市生态空间[J].天津城市建设学院学报(1):9-13.

[40] 孙筱祥,2002.风景园林(L. A.):从造园术、造园艺术、风景造园:到风景园林、地球表层规划[J].中国园林(4):7-12.

[41] 沈玉麟,1989.外国城市建设史[M].北京:中国建筑工业出版社.

[42] 谭芬芳,2002.空间构成元素[J].室内设计(2):38-41.

[43] 田学哲,1999.建筑初步[M].2版.北京:中国建筑工业出版社.

[44] 田学哲,俞靖芝,郭逊,等,2005.形态构成解析[M].北京:中国建筑

工业出版社.
[45] 陶云,2007.西方艺术设计流派和设计思想[M].南京:东南大学出版社.
[46] 王富臣,2002.城市形态的维度:空间和时间[J].同济大学学报(社会科学版)(1):28-33.
[47] 王化斌,1994.黑白平面构成[M].北京:人民美术出版社.
[48] 王建国,1999.城市设计[M].南京:东南大学出版社.
[49] 吴家骅,1999.景观形态学:景观美学比较研究[M].叶南,译.北京:中国建筑工业出版社.
[50] 王群山,2000.平面构成艺术[M].上海:中国纺织大学出版社.
[51] 王珊,刘心一,2001.街道的空间构成[J].北京工业大学学报(3):365-368.
[52] 王书万,2002.建筑与园林艺术[J].装饰(11):55-56.
[53] 王晓俊,2000a.风景园林设计[M].增订本.南京:江苏科学技术出版社.
[54] 王晓俊,2000b.西方现代园林设计[M].南京:东南大学出版社.
[55] 王向荣,林箐,1997.拉·维莱特公园与雪铁龙公园及其启示[J].中国园林(2):27-29.
[56] 王向荣,林箐,2002.西方现代景观设计的理论与实践[M].北京:中国建筑工业出版社.
[57] 万叶,叶永元,等,2001.园林美学[M].2版.北京:中国林业出版社.
[58] 奚传绩,2005.设计艺术经典论著选读[M].2版.南京:东南大学出版社.
[59] 辛华泉,1999.形态构成学[M].杭州:中国美术学院出版社.
[60] 夏镜湖,1996.平面构成[M].重庆:西南师范大学出版社.
[61] 夏建统,2001.点起结构主义的明灯:丹·凯利[M].北京:中国建筑工业出版社.

[62] 小林克弘,2004.建筑构成手法[M].陈志华,王小盾,译.北京:中国建筑工业出版社.

[63] 贝尔,2004.景观的视觉设计要素[M].王文彤,译.北京:中国建筑工业出版社.

[64] 夏祖华,黄伟康,2002.城市空间设计[M].2版.南京:东南大学出版社.

[65] 杨秉德,2004.关于建筑空间形式系统的讨论[J].建筑学报(8)12-14.

[66] 余昌冰,廖雨注,2004.立体构成[M].武汉:湖北美术出版社.

[67] 盖尔,2002.交往与空间:第四版[M].何人可,译.北京:中国建筑工业出版社.

[68] 西蒙兹,2000.景观设计学:场地规划与设计手册[M].3版.俞孔坚,王志芳,等译.北京:中国建筑工业出版社.

[69] 俞孔坚,李迪华,2004.《景观设计:专业 学科与教育》导读[J].中国园林(5):7-8.

[70] 杨贤春,李芃,2001.形态构成与包装造型设计[J].包装工程(2):18-19.

[71] 杨志疆,2003.当代艺术视野中的建筑[M].南京:东南大学出版社.

[72] 张斌,杨北帆,2000.城市设计与环境艺术[M].天津:天津大学出版社.

[73] 卡梅尔-亚瑟,2002.包豪斯[M].颜芳,译.北京:中国轻工业出版社.

[74] 诸葛铠,1991.图案设计原理[M].南京:江苏美术出版社.

[75] 詹和平,2006.空间[M].南京:东南大学出版社.

[76] 曾坚,1997.从传统园林到当代的解构:藤井的解构理论对我们的启示[J].建筑学报(9):35-39.

[77] 朱瑾,2001.浅析构成艺术在建筑设计中的运用[J].东华大学学报

（自然科学版）(5)：54-60.

[78] 张鹏举，1997. 界面：从城市空间环境看建筑形态构成[J]. 新建筑(1)：9-12.

[79] 朱翔，1997. 构成[M]. 天津：天津科学技术出版社.

[80] 张毓峰，崔艳，2002. 建筑空间形式系统的基本构想[J]. 建筑学报(9)：55-57.

[81] 张毓峰，2003. 建筑学的科学：空间及其形式语言[J]. 建筑师(5)：71-73.

[82] 郑永莉，2005. 平面构成在现代景观设计中的应用研究[D]. 哈尔滨：东北林业大学.

[83] Booth N K，1983. Basic elements of landscape architectural design [M]. New York：Elsevier.

[84] Gillette J B，2005. Peter walker and partners：landscape architecture：defining the craft[M]. London：Thames & Hudson.

[85] Meinig D W，1976. The beholding eye：ten version of the same scene[J]. Landscape Architecture Magazine(1)：47-53.

[86] Newton N T，1971. Design on the land：the development of landscape architecture[M]. Cambridge，Mass：Belknap Press of Harvard University Press.

[87] Schwartz M，Richardson T，2004. The vanguard landscapes and gardens of martha schwartz[M]. London：Thames & Hudson.

图片来源

图 2-2、2-3、2-4、2-9、2-14、2-15，图 3-1、3-23、3-24、3-30、3-37、3-41、3-42、3-44、3-47、3-53，图 4-3、4-22(b)、4-22(c)、4-57，图 6-18、6-19、6-27、6-30，图 7-13 引自：https://image. baidu. com

图 2-5，图 3-10、3-17、3-18、3-19、3-21、3-51，图 4-34，图 5-3、5-12、5-17 引自：夏镜湖. 平面构成[M]. 重庆：西南师范大学出版社，1996.

图 2-6、2-7、2-8，引自：[英]卡梅尔·亚瑟，包豪斯[M]. 颜芳，译. 北京：中国轻工业出版社，2002.

图 2-13 引自：莫天伟. 建筑设计基础[M]. 南京：江苏科学技术出版社，2004.

图 3-12，图 5-6、5-8、5-9、5-21 引自：王化斌. 黑白平面构成[M]. 北京：人民美术出版社，1994.

图 3-25、3-26、3-28，图 4-2、4-4、4-16、4-20、4-51，图 5-7、5-10，图 6-7、6-8、6-9 引自：程大锦. 建筑：形式、空间和秩序[M]. 刘丛红，译. 天津：天津大学出版社，2005.

图 3-35、3-62，图 5-23、5-24、5-28(a)，图 7-12、7-15、7-16 引自：

王向荣，林箐．西方现代景观设计的理论与实践[M]．北京：中国建筑工业出版社，2002.

图 3-42 引自：https://bbs.co188.com/thread-1607009-1-1.html.

图 3-44 引自：刘敦桢．苏州古典园林[M]．北京：中国建筑工业出版社，2005.

图 3-45(左)引自：王志伟．园林环境艺术与小品表现图[M]．天津：天津大学出版社，1991.

图 3-45(右)引自：刘翰林．LANDSCAPE CONPETITION 景观竞赛[M]．常文心，译．沈阳：辽宁科学技术出版社，2012.

图 3-49、3-52 引自：[美]金伯利·伊拉姆．设计几何学：关于比例与构成的研究[M]．李乐山，译．北京：中国水利水电出版社，2003.

图 3-58(a)、(c) 引自：王晓俊．西方现代园林设计[M]．南京：东南大学出版社，2000.

图 3-60、3-61 引自：[英]西蒙·贝尔．景观的视觉设计要素[M]．王文彤，译．北京：中国建筑工业出版社，2004.

图 3-63 引自：夏建统．点起结构主义的明灯：丹·凯利[M]．北京：中国建筑工业出版社，2001.

图 4-1，图 5-20 引自：梁雪，肖连望．城市空间设计[M]．2 版．天津：天津大学出版社，2006.

图 4-14(b)引自：彭一刚．中国古典园林分析[M]．北京：中国建筑工业出版社，1986.

图 4-21 引自：约翰·O·西蒙兹．景观设计学：场地规划与设计手册[M]．3 版．俞孔坚，王志芳，等译．北京：中国建筑工业出版社，2000.

图 4-22(a)引自：章俊华．内心的庭园：日本传统园林艺术[M]．昆明：云南大学出版社，1999.

图 4-32 引自：http://new.capg.org.cn

图 4-38(右)，图 5-4、26(c)引自：田学哲．建筑初步[M]．2 版．北

京:中国建筑工业出版社,1999.

图 4-46(右)引自:张斌,杨北帆. 城市设计与环境艺术[M]. 天津:天津大学出版社,2000.

图 5-19(a)引自:Richardson T, Schwartz M. The vanguard landscapes and gardens of martha schwartz[M]. London: Thames & Hudson, 2004.

图 5-19(b)引自:刘滨谊. 现代景观规划设计[M]. 南京:东南大学出版社,1999.

图 5-29 引自:[美]盖尔·格里特·汉娜. 设计元素:罗伊娜·里德·科斯塔罗与视觉构成关系[M]. 李乐山,韩琦,陈仲华,译. 北京:中国水利水电出版社,知识产权出版社,2003.

图 5-30 引自:余昌冰,廖雨注. 立体构成[M]. 武汉:湖北美术出版社,2004.

图 5-31 引自:詹和平. 空间[M]. 南京:东南大学出版社,2006.

图 6-12 引自:王晓俊. 风景园林设计(增订本)[M]. 南京:江苏科学技术出版社,2000.

图 7-10、7-11 引自:https://www.sasaki.com/zh/projects/greenacre-park/

图 7-21 引自:https://www.pwpla.com/national-911-memorial.

图 2-10、2-11、2-12,图 4-12、4-23、4-25、4-37、4-55、4-56,图 5-22,图 6-34,图 7-1、7-4、7-6、7-7、7-8、7-9 为南京农业大学风景园林系部分学生作业。

其余图片均为作者绘制或拍摄。

在此对以上作者和学生一并致谢!